高职高专电子信息类指导性专业规范（II）

教育部高职高专电子信息类专业教学指导委员会

中国铁道出版社
CHINA RAILWAY PUBLISHING HOUSE

内 容 简 介

本书是教育部高等学校高职高专电子信息类专业教学指导委员会承担的教育部立项研究课题“高职高专电子信息类专业指导性专业规范”的二期研究成果，是在《高职高专电子信息类指导性专业规范（Ⅰ）》基础上完成的。

本书内容分为两部分，第一部分在《专业规范（Ⅰ）》基础上，进一步完善了高等职业教育“职业竞争力导向的工作过程-支撑平台系统化课程模式”，尤其是深化了职业竞争力的内涵及其与专业课程开发关系的研究，并给出了“职业竞争力导向的工作过程-支撑平台系统化课程模式”的专业课程开发方法和开发规范。在此基础上开发了8个专业的人才培养方案，形成了专业规范和专业教学基本要求。第二部分以校企共同研发的专业人才培养方案为基础，构建起电子信息教指委产学合作平台，并在产学合作平台上开展产学合作项目，形成产学合作新模式，探索产学合作新机制。目前，已开展的产学合作项目包含专业、课程、实践环境、资源建设等方面。

本书适合高职高专电子信息类专业教师、学生以及管理人员使用，也可供其他专业的教师、教育行政部门和研究人员参考。

图书在版编目（CIP）数据

高职高专电子信息类指导性专业规范. 2 / 教育部高职高专电子信息类专业教学指导委员会组织编写. —北京：中国铁道出版社，2011.11

ISBN 978-7-113-13846-2

Ⅰ. ①高… Ⅱ. ①教… Ⅲ. ①电子技术－高等职业教育－教学参考资料②信息技术－高等职业教育－教学参考资料 Ⅳ. ①TN-41②G202-41

中国版本图书馆CIP数据核字(2011)第230095号

书　　名：高职高专电子信息类指导性专业规范（Ⅱ）

作　　者：教育部高职高专电子信息类专业教学指导委员会

策　　划：严晓舟　秦绪好　　**读者热线：**400-668-0820

责任编辑：秦绪好　彭立辉　鲍　闻

封面设计：刘　颖

责任印制：李　佳

出版发行：中国铁道出版社（100054，北京市西城区右安门西街8号）

网　　址：http://www.edusources.net

印　　刷：三河市华丰印刷厂

版　　次：2011年11月第1版　　2011年11月第1次印刷

开　　本：787mm×960mm　1/16　**印张：**25　**字数：**445千

印　　数：1～3 000册

书　　号：ISBN 978-7-113-13846-2

定　　价：55.00元

编委会

前言

FOREWORD

2009年，教育部高等学校高职高专电子信息类专业教学指导委员会(简称电子信息教指委)编写出版了《高职高专电子信息类指导性专业规范（Ⅰ）》，简称《专业规范（Ⅰ）》。此后，电子信息教指委又组织来自全国多所高职院校专业的教师研制《专业规范（Ⅱ）》。除学校教师外，有很多国际、国内行业、企业专家参加了《专业规范（Ⅱ）》的研制。《专业规范（Ⅱ）》主要针对教育部高职高专电子信息类专业中在校学生数量最多的几个专业和随着新一代信息技术发展新开办的专业提出规范。依据《专业规范（Ⅰ）》中提出并在实践中进一步完善的“职业竞争力导向的工作过程-支撑平台系统化课程模式”进行专业课程开发，从而构建起对专业和课程的规范化要求。《专业规范（Ⅱ）》推出后，期望成为各高职院校电子信息类专业制定相关专业人才培养方案和编写课程大纲的指导性规范要求和参照性标准。

《专业规范（Ⅰ）》的发布距今已有近三年时间，这一期间也是我国高等职业教育内涵发展，深化改革，提高质量的关键几年，质量工程、示范校、骨干校建设开始取得成果，尤其是我国《国家中长期教育改革和发展规划纲要（2010—2020年）》于2010年正式颁布实施，使高等职业教育发展进入了一个新阶段，即建设中国特色的高等职业教育阶段。高等职业教育实践的发展大大深化了高等职业教育的理论研究，高等职业教育在理论研究和应用研究层面都在逐步形成体系，学科专家、专业带头人和骨干教师队伍逐步形成，水平不断提高，进而又推动了高等职业教育实践的发展。

在《专业规范（Ⅰ）》中曾经提出：我国高等职业教育20多年的发展历程，是不断探索、深化专业和教学改革的历程。其间，学习和借鉴发达国家的经验成为教学改革的重要推动力。早在20世纪80年代末、90年代初，教育部就曾三次组团赴北美考察，引进了加拿大、美国等国家在职业教育中普遍实施的CBE人才培养理念和模式以及DACUM课程开发方法；20世纪90年代末、21世纪初，又三次派团到澳大利亚，带回了澳大利亚职业教育TAFE和开发培训包TP的经验；自2006年以来，结合高职示范校建设，以学习德国基于工作过程的职业教育课程为切入点，再一次组织多批示范校领导和教师去德国考察学习，希望以德国职业教育的最新思想和方法推动中国高等职业教育的教学改革。伴随着高等职业教育改革力度的持续加大，人们对于专业和课程改革核心地位的认识也逐步统一。经过20多年的改革发展历程，中国的高等职业教育已经逐步形成自己的特点，而且改革的趋势仍在延续，为建设中国特色的高等职业教育奠定了坚实的基础。以《国家中长期教育改革和发展规划纲要（2010—2020年）》的颁布为标志，高等职业教育发展进入了一个新阶段，并且有一系列重要问题需要在这一阶段解决，主要包括：

（1）建立发展职业教育的国家制度；

（2）建设现代职业教育体系；

（3）创新中国特色高等职业教育人才培养模式；

（4）建设高等职业教育教学标准；

（5）建设产学合作制度、机制、模式，成立工学结合学习基地。

专业规范是建设高等职业教育教学标准的重要方面，实际上就是指导性国家专业标准。所谓“指导性”是指这一专业标准应该既具有任何标准的钢性要求，也应该具有体现学校专业特点的柔性特征，这也是我们在研制专业规范时的努力目标。专业规范的研制是以高等职业教育的理念和专业人才培养模式为基础，并遵循科学的专业课程开发方法开发而进行并完成的。伴随我国高等职业教育发展进入新阶段和对专业规范的研制，我们对专业规范中提出的高等职业教育理念又进行了深入研究并取得新的发展，对专业规范中提出的“职业竞争力导向的工作过程-支撑平台系统化课程模式”又做了进一步的完善，并进一步提升成为高等职业教育专业人才培养模式和课程开发方法。《专业规范（Ⅱ）》的主要内容就是依据“职业竞争力导向的工作过程-支撑平台人才培养模式”开发的 8 个专业的人才培养方案，每个专业人才培养方案都是由来自全国不同地区的相关专业教师和行业企业专家共同开发的，反映高等职业教育专业教学的基本要求，因此可以作为指导性的专业规范。

本书内容分为两部分：第一部分“专业建设与专业规范”，在《专业规范（Ⅰ）》基础上，进一步完善了高等职业教育“职业竞争力导向的工作过程-支撑平台系统化课程模式”，尤其是深化了职业竞争力的内涵及其与专业课程开发关系的研究，并给出了“职业竞争力导向的工作过程-支撑平台系统化课程模式”的专业课程开发方法和开发规范。在此基础上开发了 8 个专业的人才培养方案，形成了专业规范（包括专业教学基本要求）。由于篇幅所限，在这部分中我们只给出了“信息安全技术”专业和“电子信息工程技术（下一代网络及信息技术应用方向）”专业或“下一代网络及信息技术应用”专业的全部“专业规范”内容，展示了专业开发的全过程，其他专业只给出了“专业规范”的“专业教学基本要求”。

第二部分“创新产学合作模式与机制”，推出了一个新的产学合作平台模式，即在教指委主导下建构的产学合作平台模式。其主要特点是：电子信息教指委组织指导并主持开发，行业、企业、学校共同参与，完成专业课程开发和教学设计。由于专业课程开发和教学设计是由电子信息教指委组织行业企业专家和全国不同地区各高职学院相关专业骨干教师共同完成的，使其职业分析和课程开发更具代表性和广泛性；又由于高职教育理论专家和一线教师协手合作，既提升了课程开发的理论高度，又夯实了教学设计实践基础。以这种形式研发的专业人才培养方案形成的专业规范为基础，构建电子信息教指委产学合作平台，是产学合作的优质资源。在产学合作平台上开展产学合作项目，并进行产学合作的教学实践，就形成了产学合作新的模式，进而可以探索产学合作新的机制。目前，在此平台上已开展的产学合作项目包含专业、课程、实践环境、资源建设等方面。

自 2009 年 6 月《专业规范（Ⅰ）》出版之后，教育部高等学校高职高专电子信息教指季先后在深圳、北京、福州、杭州等地多次召开教指委工作会议，对《专业规范（Ⅱ）》的主要内容进行研讨和完善。

参加《专业规范（Ⅱ）》研制和试点实践的高职院校有北京信息职业技术学院、北京电子科技职业学院、北京联合大学、北京农业职业学院、北京青年政治学院、北京工业职业技术学院、北京北大方正软件技术学院、上海电子信息职业技术学院、天津电子信息职业技术学院、重庆电子工程职业学院、重庆城市管理职业学院、深圳信息职业技术学院、浙江机电职业技术学院、杭州职业技术学院、金华职业技术学院、温州科技职业学院、福建信息职业技术学院、山东商业职业技术学院、山东淄博职业学院、东营职业学院、河源职业技术学院、郑州铁路职业技术学院、湖北十堰职业技术学院、武汉软件工程职业学院、黄冈职业技术学院、武汉语言文化职业学院、湖南警官学院、广西柳州铁道职业技术学院、石家庄职业技术学院、安徽芜湖职业技术学院、青岛职业技术学院、无锡职业技术学院、淮安信息职业技术学院、南京信息职业技术学院等。

参加《专业规范（Ⅱ）》研制的行业和企业有工业和信息化部电子行业职业技能鉴定指导中心、工业和信息化部通信行业职业技能鉴定指导中心、公安部网络安全管理局、诺基亚（中国）投资有限公司、Intel有限公司、西门子有限公司、首都信息发展股份有限公司、中兴通讯NC教育管理中心、IBM系统集成部、神州数码网络有限公司、联想网御科技有限公司、天融信公司、绿盟科技公司、红帽Linux公司、CISO 信息化安全培训认证管理中心、北京天亿电联科技有限公司、国网亿力科技、图渊信息技术有限公司、中环电子信息集团有限公司（中环系统工程公司）、北京扬帜信通科技有限公司、瑞星科技有限公司、欧科建联数据存储公司、北京百科融创教学设备有限公司、康智达数字技术（北京）有限公司、北京方正数字艺术有限公司、北京敦煌禾光信息技术有限公司、杭州东讯计算机信息技术有限公司、北京递归开元教育科技有限公司、北京欣智通科技发展有限公司、杭州巨星机电有限公司、浙大快威科技集团有限公司、杭州远智科技有限公司、杭州摩托罗拉科技有限公司、杭州蓝特信息技术有限公司、杭州英泰信息化工程监理有限公司、浙江八方电信有限公司、西子富沃德电机有限公司、福建三元达通讯设备有限公司、神州中美捷思西公司、福建先创电子有限公司、南京纳宏通信、华北石油通信有限公司、浙江省仪器仪表学会、杭州士腾科技有限公司、浙江求是科教设备有限公司、杭州新三联电子有限公司、河北网讯数码科技有限公司、长沙市公安局网络监察处、新大陆电脑股份有限公司、福建福诺通信技术有限公司、福建星网锐捷网络有限公司、福建新意科技有限公司等。

参加《专业规范（Ⅱ）》研讨的教指委委员和专家有高林、温希东、鲍洁、周明、张基宏、李泽国、高忠武、尹洪、曹建林、肖耀南、唐瑞海、李国洪、魏淑桃、史旦旦、张艺、盛鸿宇、管平、武马群、魏文芳、成立平、杨秀英、李国桢、梁永生、杨翠明、俞宁、熊发涯、黄盛兰、叶曲炜等。

参加《专业规范（Ⅱ）》研讨的主要行业企业专家有腾伟、姚明、李宝林、程庆梅、徐雪鹏、陈西玉、张伟、张勇、胡佳、周几、陈继欣、林志强、姜涛、李蕙敏、孙利梅、张明白、高宝等。

参加《专业规范（Ⅱ）》研制的高职院校教师有（按姓氏音序排列）蔡建军、曹金玲、曹静、曹昕鸷、陈鸿、陈晓文、程智宾、邓延安、范志庆、冯泽虎、高斐、龚永坚、洪雪飞、黄锋、贾宁、姜洪侠、景妮琴、李朝林、李贺华、李晶骅、李佩禹、李天真、李湘林、梁丽平、林火养、刘欢、刘良华、刘松、倪勇、裴春梅、钱卫星、乔江天、沈洁、沈海娟、苏刚、孙小红、孙晓雷、孙学耕、孙逸洁、汤昕怡、陶影、武春岭、万冬、王芳、王辉、韦龙新、蔚芝敏、吴红梅、吴弋旻、徐蓁、杨莉、杨欣斌、杨承毅、于京、余红娟、于鑫、曾照香、张军、张洋、张波云、张景璐、张馨月、张秀玉、赵菁、郑士芹、朱相磊、朱咏梅、卓树峰等。

中国铁道出版社严晓舟副总编参加了《专业规范（Ⅱ）》的研讨，且对本书出版给予了大力支持；秦绪好、翟玉峰、王春霞等为本书出版做了大量工作，提供了支持。

值此本书出版之际，我们向一切关心支持并为之做出贡献的单位和个人致以衷心的谢意。

教育部高等学校高职高专电子信息类专业教学指导委员会

2011年11月

CONTENTS 目录

第一部分　专业建设与专业规范

第二部分 创新产学合作模式与机制

第一部分 专业建设与专业规范

本部分在《专业规范（Ⅰ)》的基础上，进一步完善了高等职业教育“职业竞争力导向的工作过程–支撑平台系统化课程模式”，尤其深化了职业竞争力的内涵及其与专业课程开发关系的研究，并给出了“职业竞争力导向工作过程–支撑平台系统化课程模式”的专业课程开发方法和开发规范。在此基础上开发了8个专业的人才培养方案，形成了专业规范（包括专业教学基本要求）。由于篇幅所限，在《专业规范（Ⅱ)》中我们只给出了“信息安全技术”专业和“电子信息工程技术（下一代网络及信息技术应用专业方向)”或“下一代网络及信息技术应用”专业的全部“专业规范”内容，展示了专业开发的全过程。其他专业只给出了“专业规范”的“专业教学基本要求”。

第1章　专业规范和专业教学基本要求概述

《国家中长期教育改革和发展规划纲要（2010—2020年）》指出：把提高质量作为教育改革发展的核心任务，树立以提高质量为核心的教育发展观，建立以提高教育质量为导向的管理制度和工作机制，把教育资源配置和学校工作重点集中到强化教学环节、提高教育质量上来。制定教育质量国家标准，建立教育质量保障体系。

在高等职业教育中，专业是提高人才培养质量最基层的教学组织，也是最基础的教学系统。各种教育理念思想必须通过专业教育教学才能落实于教育对象，学生具有的知识、能力、素质只有通过专业才能达到培养目标，各项制度、机制、教育资源配置都必须集中到专业中来，提高人才培养质量才有意义。因此，提高人才培养质量首先必须抓好专业建设这一关键环节。课程是专业教育系统中的元素，服务专业教育总体目标，承担专业教学中的具体任务，课程质量必须寓于专业建设讨论才有意义。2003年，教育部曾在高等职业教育中评审国家精品建设专业，2011年又一次在国家财政支持下开展"中央财政支持高等职业学校专业建设项目"，2011—2012年，在全国高等职业教育中，评审一批重点建设专业，推动高等职业院校提高人才培养质量和办学水平，提高服务国家经济社会发展的能力。

1.1　做好专业建设的基础工作

加强专业建设，首先要做好专业建设的基础工作，这不仅包括很多基础性专业建设的实际工作，更重要的是涉及专业建设的重要理念认识层面的准备和能体现先进教育理念的人才培养模式等方面的准备。

1.1.1　关于职业教育普适性规律和高等职业教育的中国特色

近20年来，高等职业教育坚持对外开放的学习活动和教学改革的有益探索，使我们思想大为解放，深刻认识到世界职业教育有其共同规律，学习借鉴发达国家经验，有助于我国高等职业教育的跨越发展。当前我国职业教育发展进入一个新阶段，作为世界上越来越有影响力的一个大国，悠久的历史文化和经济社会发展的独特性，使为其服务的高等职业教育也必然要有自己的特色。

加强专业建设是提高教学质量的基础，创新中国特色的高等职业教育专业人才培养模式是加强专业建设的核心。要实现中国特色的高等职业教育专业人才培养模式的创新，必须首先搞清高等职业教育需要遵从的基本规律，这也是现代职业教育应遵从的普适性规律。这些规律主要有：

(1) 职业教育要以培养技能型人才为主，实施能力本位的教育，但要注意其能力内涵是随着经济社会发展状态不同而变化的，这种变化也反映职业教育的发展状态和先进程度；

(2) 职业教育必须实施工学结合，工学结合的课程成为人才培养方案中的主要课程形式；

(3) 产学合作是发展职业教育的根本途径和基本保障，必须建立产学合作制度，形成产学合作机制，探索切实可行的产学合作模式；

(4) 职业教育课程开发必须以职业需求为基础，依据职业分析的结果，因此职业分析是课程开发的逻辑起点；

(5) 职业教育的专业和课程要体现职业工作的科学运作过程。

在遵从这些基本规律的基础上，我国高等职业教育的发展已经进入形成自身特色的阶段，体现高等职业教育的中国特色，必须研究形成特色的基础条件。

(1) 中国的高等职业教育是高等教育领域的职业教育，这就意味着它即要遵从职业教育的普适性规律，还要具有高等教育的基本特征；

(2) 中国的高等职业教育是在中国传统文化教育基础上蕴育成长的职业教育，它应继承中国传统文化教育中的优秀元素，又要吸纳国际职业教育的先进经验；

(3) 中国的高等职业教育是在社会主义市场经济条件下实施的职业教育，它必须符合社会主义核心价值观；

(4) 中国的职业教育是分层次的，目前有中等和高等两个层次，高等职业教育培养高素质技能型专门人才，属高端技能型人才，授予大学专科学历。

1.1.2 关于能力本位和能力内涵的发展

近 20 年来高等职业教育教学改革中，对职业教育专业导向性的讨论，集中体现在能力本位这一问题上，前 10 多年一直纠结于职业教育专业建设是应该以学科为本位还是以能力为本位，以及如何才是能力本位的职业教育等方面。国外经验使我国职教界翻然顿悟：职业教育课程应该是基于能力而非基于知识的；职业教育课程开发程序是倒过来的，课程开发的起点是职业分析而非学科分析。这一次课程改革的共同特点表现在：课程设计思想方面，从基于学科知识的课程设计转换为基于职业能力的课程设计；在课程设计方法上，从以学科为起点的课程转换为以职业分析为起点的课程。高职课程走出传统的学科体系课程框架的束缚，开始构建以职业能力培养为基础的新课程模式。

在这一问题初步解决后，由于经济社会发展和技能型人才需求的高移，问题讨论又开始集中到能力本位的内涵变化，以及当前中国的技能型专门人才需求能力内涵的表现形式是什么等问题上来。

由于历史的原因，起初在人才培养上人们对职业能力内涵的理解更侧重于职业适应力，尤其是从事职业工作的技术–技能等操作层面的能力培养，即便提出职业素质和关键能力培养，其视角也还是集中于适应职业岗位工作要求。20 世纪 90 年代，德国不莱梅大学技术与教育研究所(ITB)在所长 Felix Rauner 教授的带领下与德国大众汽车公司合作，提出了基于工作过程的职业教育课程理念和设计方法，称为以工作过程为导向的整体化工作任务分析法(BAG)，并于本世纪初在德国职业教育中推广。基于工作过程的课程设计方法遵循设计导向的现代职业教育思想，赋予职业能力全新的内涵意义，它打破了传统学科系统化的束缚，将学习过程、工作过程与学生的能力和个性发展联系起来，在培养目标中强调创造能力（设计能力）的培养，而不仅仅是被动地适应能力的训练。该方法重视创造能力（设计能力）在职业能力构成要素中的重要作用，适用于创新型国家和市场经济对职业人才的要求，成为本世纪初最先进的职业教育思想和课程设计方法。

综观世界各国职业教育的发展，实施能力本位的职业教育是其共同特点，能力本位成为职业教育的基本理念。因此，可以总结以下几点值得我们特别关注的经验：

（1）职业教育是以能力为本位的教育，专业知识的学习是为能力本位服务的；

（2）在能力本位的职业教育中，能力的内涵是随着科学技术、经济社会的发展对职业教育人力资源需求的变化而有所发展的，从工业化时代单纯追求技术–技能熟练掌握的传统职业教育，到信息化时代更重视驾驭具体工作任务的设计、实施、评价等方面综合职业能力培养的现代职业教育；

（3）职业教育的专业应该是以职业能力培养为导向的；

(4) 为更准确把握职业要求的能力，职业教育的专业课程设计都是从描述职业开始的，描述职业过程称为职业分析；

(5) 职业教育课程设计的质量，首先取决于职业分析方法的先进性。

1.1.3 关于创新人才培养模式

在高等职业教育中，专业建设的基本要素有哪些？专业建设的核心和重点是什么？这是专业教育教学的首要问题，也是制定专业规范的基础。专业是高等职业教育最基础的教学系统，也是深化教学改革，提高人才培养质量的基本单元。专业建设千头万绪，涉及方方面面工作，因此，抓好专业建设，必须找到专业建设的基本要素。专业建设的基本要素大体包括以下几个方面，分别是教育理念、专业定位、培养方案、课程开发、教学实施、条件保障和质量评价。

专业建设的核心问题是要有一个好的人才培养模式。世界上先进的职业教育都有符合国情遵循现代职业教育普适性规律的人才培养模式。

所谓人才培养模式，是指在一定的教育理念指导下，人才培养主体在人才培养活动中所构建的一种主观模型，是教育者根据一定的人才培养目标而制定的操作方式和手段,为受教育者设计的知识、能力、素质结构,以及实现这一结构采取的培养方式。可以说,人才培养模式是对人才培养目标、培养规格、培养内容、培养方案、学制及教学过程等诸要素的优化设计组合，它回答了培养什么样的人才和如何培养人才的问题。

这就是说人才培养模式是一个职业教育人才培养的理论模型，专业建设的诸多要素以及要素在人才培养过程中所反映的诸多问题的解决，都要在理论模型中体现。例如：

(1) 针对经济社会发展阶段所决定的人才培养需求，反映了能力本位内涵的不同，而这种不同要在人才培养方案的人才培养规格中体现。传统上一般可以通过知识、能力、素质体现，用知识点、技能点表达，但对于现代经济社会发展对技能型人才的能力要求，应有更适宜的表达方式。

(2) 从学科本位到能力本位，要求在人才培养方案中的专业课程体系结构发生变化，有些专家称之为对专业课程体系的解构与重构。但学科本位专业课程体系的理论基础是学科结构，而“重构”的职业教育专业课程体系结构又应以什么理论为依据？还是仅仅凭教师或行业企业专家的经验？

(3) 在人才培养方案中，科目课程按目标的不同一般是分类的，如传统课程形式以学科课程为主，职业教育培养技能型人才又出现实训课程，现代职业教育对技能型人才的能力要求有更为丰富的内涵要求，这又使现代职业教育课程出现怎样的分类要求？

由于人才培养模式要从理论高度回答上述问题，使它具有理论指导实践的意义。从世界先进的职业教育经验看，先进的职业教育都是以先进的人才培养模式为基础，从世界职业教育发展的角度看，尽管人才培养模式多种多样，而且各具特色，但每个国家的职业教育人才培养模式并不很多。也就是说，在一个国家中人才培养模式不具有多样性，而依据人才培养模式并参照各学校专业特色，开发的人才培养方案可以是多样化的。人才培养模式的意义不在于多，而在于指导作用和产生的人才培养质量，它们在本国经济社会发展中起着重要作用。我国高等职业教育经历了学习借鉴国际先进经验的阶段，也曾经以学习德国基于工作过程职业教育人才培养模式为我国高等职业教育唯一的主流模式。发现问题后，又走向多样化人才培养模式状态，说明我们对创新中国特色高等职业教育人才培养模式的探索孜孜不倦，但也说明中国特色的人才培养模式还没有形成，创新中国特色人才培养模式仍然是当前建设中国特色的高等职业教育的主要任务。

1.1.4　关于产学合作的模式、机制建设

在教育部《关于全面提高高等职业教育教学质量的若干意见》（教高[2006]16号）中明确指出："各级教育行政部门和高等职业院校……要全面贯彻党的教育方针，以服务为宗旨，以就业为导向，走产学结合发展道路。"因此，产学结合、校企合作，是世界职业教育发展的普适性规律，也是我国发展高等职业教育的根本途径。

产学合作的本质是教育通过企业与社会需求紧密结合，高等职业院校要根据用人单位的需求，培养合格的人才，要根据企业需要为企业员工开展职业培训，与企业合作开展应用研究和技术开发，使企业在分享学校资源优势的同时，参与学校的改革与发展，使学校在校企合作中创新人才培养模式。

产学结合人才培养已成为国际职教界公认的技能型人才培养的途径，许多国家根据自身情况采取了不同的实施方针与措施。这是一种以市场和社会需求为导向的运行机制，是以培养学生的综合素质和实际能力为重点。

产学合作在高职教育中的重要作用：

1. 使专业培养目标贴近一线需要，推进就业

市场对人才的需求是高等职业教育专业教学改革和建设的依据，只有与企业紧密结合，才能真切深入地了解社会经济的需求以及行业企业发展需要，了解教学改革的内容和重点以及必须达到的目标，确立高职学院在市场经济条件下的办学定位和培养目标，促进学生就业，也不断增强自身办学活力。

2. 促进教师深入一线，提高“双师”素质

由于过去相当长时期受“重理论、轻实践，重科学、轻技术”的影响，高职学校的教师重视教会知识而不是学会技能，自身也缺乏企业实践的经验。“产学结合、校企合作”为教师提供了一个极好的舞台，教师深入企业第一线，能及时了解和掌握企业高新技术的应用状况；能及时了解和掌握企业对所需人才规格的要求；能把掌握的理论知识与实践更好地结合起来，提高自身工程技术实践素质。

3. 有利于学校自身的专业教学改革和建设

通过实施产学结合，可以促进学校改变传统的教育体系，按照实际要求，及时调整专业设置，改革教学计划，更新教学内容，促进了专业教学改革。专业设置和专业教学更及时更准确地反映经济发展和社会需求。

探索产学合作的新模式、新机制是当前高职教育的迫切任务。

1.2 创新中国特色高等职业教育人才培养模式的探索

高等职业教育课程理论的研究，是伴随着高等职业教育的发展而展开的。随着高等职业教育的发展，课程改革经历了不断探索、逐步提高的过程。根据上述思想，电子信息教指委在《专业规范（Ⅰ）》中采用和后续不断改进的“职业竞争力导向的工作过程-支撑平台系统化课程模式”，是在多年高职教育课程与教学改革基础上，借鉴和吸收国际上先进的职业教育理念和方法，结合中国高职教育特点提出的，是创新中国特色高等职业教育课程模式的有益探索。该模式在《专业规范（Ⅰ）》研究实践的基础上，结合各高职院校的教学实践，又在理论、方法和实践层面进一步完善提高，成为指导研制《专业规范Ⅱ》的基本理论模式和方法论基础，成为电子信息教指委创新中国特色高等职业教育人才培养模式的核心部分。为了更好地了解本《专业规范（Ⅱ）》中各专业规范产生的基础，了解电子信息教指委在《专业规范（Ⅰ）》基础上探索高职人才培养模式创新的理论研究成果，在此将“职业竞争力导向的工作过程-支撑平台系统化课程”模式及其开发方法的要素和内涵做一简要介绍。

1.2.1 “职业竞争力导向的工作过程-支撑平台系统化课程”模式及其开发方法

“职业竞争力导向的工作过程-支撑平台系统化课程”模式及其开发方法包括理念、模式、方法、策略四方面：

1．理念

为适应中国经济社会快速发展对高素质技能型专门人才能力的新需求，为应对日益增大的就业压力，为实现职业教育以人为本的目的，在中国经济和文化背景下，借鉴国际先进经验，我们提出高职教育人才培养目标上以培养职业竞争力为导向，即在培养职业适应力（岗位能力）的基础上，进一步培养职业竞争力（综合职业能力），实现培养的人才在职业岗位上不仅能够适应职业工作，而且能够主动设计或建构自己的工作任务，具有完成整体性工作任务的综合职业能力，在工作中成为具有竞争力的人，职业生涯可持续发展。并将职业竞争力作为创新高职课程模式与开发方法的主导理念，高等职业教育课程改革的目标导向。针对中国的国情，我们进一步提出职业竞争力培养的 3 个层次（详见 1.2.2 职业竞争力模型）。

2．模式

在上述理念的指导下，在广泛调查和研究的基础上，借鉴各国先进经验，分析我国高职教育的高等与职业的双重属性，考虑与以往课程改革所获得成果相衔接，实现以能力为本位并从“职业适应力导向”向“职业竞争力导向”的转变，我们提出职业竞争力导向的“工作过程-支撑平台系统化课程”模式，该模式内容包括：

1）内涵

模式强调培养目标以“职业竞争力”为导向，以基于工作过程的学习领域课程为核心和主线，以支撑学习领域课程的平台课程为基础。

模式以一条主线、3 个支撑平台、两组课程为基本要素。

一条主线——学习领域课程体系。

3 个支撑平台——专业（职业）基础课程平台；基本技术、技能训练平台；职业领域公共课程平台。

两组课程——职业证书（职业资格证书、行业、企业技术等级证书等）考试课程组；职业拓展课程组。

3 个支撑平台与两组课程组成支撑学习领域课程的平台课程。

学习领域课程的目的在于让学生在（尽量）真实的工作情境中完成工作过程完整的典型任务，学习如何“高效率的工作”和“富有创造性的工作”，以在这一过程中着重培养学生的综合职业能力，提升学生的职业竞争力。构建学习领域课程为主线的专业课程体系和理论-实践一体化的学习领域课程，是实现“职业竞争力”培养目标的基本保证。

支撑学习领域课程的平台课程是使学习领域课程有效高效实施的基础保证，也是实现职业竞争力培养中各层面内容落实的保证。在支撑学习领域课程的平台课程中，专业（职业）基础课程平台是由完成学习领域课程的工作任务中分解所需的支撑理论知识经优化组合后形成的平台课程，目的是使学生掌握完成工作任务所依托的方法、工具、功能、技术（智力）、规范或掌握完成工作任务所需要的系统化知识。基本技术、技能训练课程平台，是从完成学习领域课程的工作任务中分解出所需的基本技术、技能构建成的指向基本技术、技能训练的实训课程组成的平台课程，目的是使学生掌握熟练的基本技术技能。职业领域公共课程平台是根据职业竞争力模型和学习领域课程中完成工作任务所蕴含的职业能力和基本素质要求，以及对学习领域的专业基础平台课程的支持和国家对高等职业教育培养人才的基本要求，而设计的平台课程。模式中职业资格证书课程组包括获取相应职业资格证书性质的课程和单独开设的证书考试课程两部分，目的是使专业课程的教学内容与职业证书融通，使学生通过鉴定能获得职业证书，是满足用人单位要求的保证。模式中职业拓展课程组的目的在于实现知识和能力的拓展，可以是学习领域性质的课程拓展，也可以是平台性质的课程拓展。

2）3种基本结构

模式的基本要素组成3个典型的专业课程体系基本结构：

（1）专业课程体系典型结构（Ⅰ），如图1-1所示。

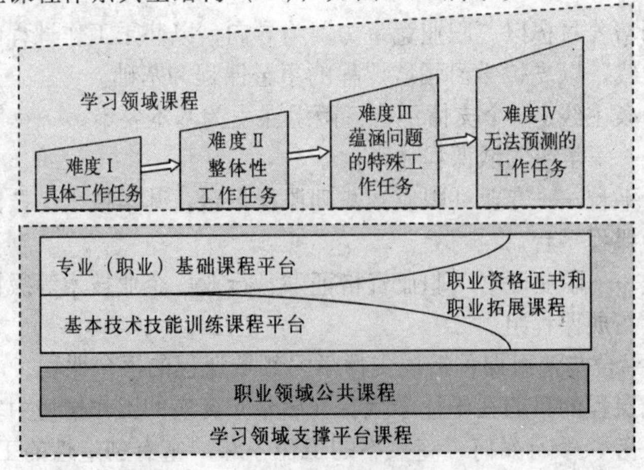

图1-1 专业课程体系典型结构（Ⅰ）

专业课程体系典型结构（Ⅰ）适用于对各难度等级的所有学习领域课程，具有相对共同的系统性知识和单项技术技能支持，因此可以设置相对共同的支撑平台课程。

（2）专业课程体系典型结构（Ⅱ），如图1-2所示。

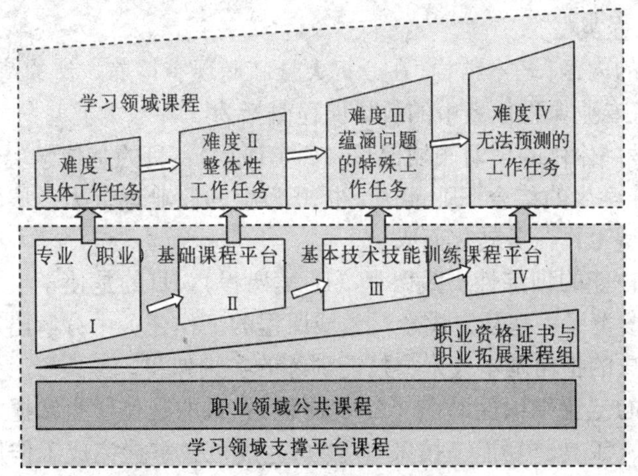

图1-2　专业课程体系典型结构（Ⅱ）

专业课程体系典型结构（Ⅱ）适用于每一难度等级的学习领域课程与相应支撑性课程之间有紧密相关的职业（专业），也就是各难度级别的学习领域课程与支撑性课程在教学内容上有较强的关联性。

（3）专业课程体系典型结构（Ⅲ），如图1-3所示。

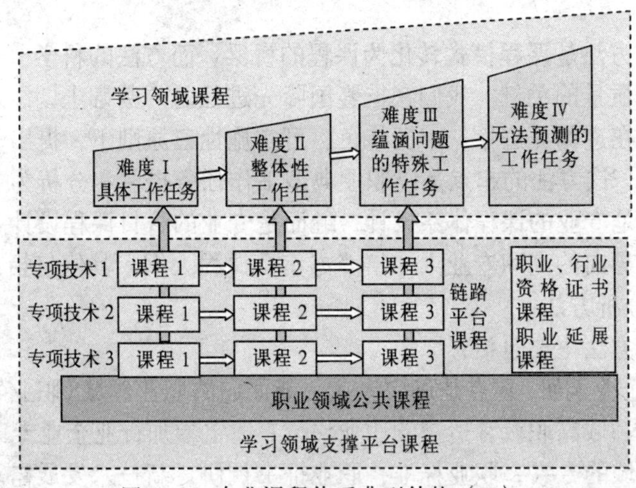

图1-3　专业课程体系典型结构（Ⅲ）

专业课程体系典型结构(Ⅲ)适用于典型技术特征比较明显的职业工作，尤其在 IT 等行业类中，职业岗位的核心技术比较明确，其 VOCSCUM 课程的专业改革已比较成熟，过渡到专业课程体系典型结构(Ⅲ)比较容易。

3）3 种课程类型

根据模式的内涵、基本结构，在分析大量高职现有培养方案的基础上，在“模式”中，我们将专业课程体系中的科目课程概括为 3 种基本类型：

理论-实践一体化的学习领域课程（C 类课程）：目的是使学生学会“创造性地工作”，培养学生的综合职业能力，提升学生的职业竞争力。该类课程由专业职业分析的典型工作任务转化而来。

基本技术技能的训练性实践课程（B 类课程）：目的是使学生掌握熟练的基本技术技能。该类课程是从完成学习领域课程的工作任务中分解出所需的基本技术、技能构建成的指向基本技术、技能训练的实训课程。

相对系统的专业知识性课程（A 类课程）：目的是使学生掌握完成工作任务所依托的方法、工具、功能、技术（智力）、规范或掌握完成工作任务所需要的系统化知识。该类课程由完成学习领域课程的工作任务中分解所需的支撑理论知识经优化组合后形成的课程。

不同类型的课程将实现不同的功能，依据功能与改革的要求，分别研究不同类型课程的特点、规律、作用，分门别类地设计好每一门科目课程，才能真正实现模式的目标，使改革落在实处，也是后续教材建设、教学环境建设的重要基础。

3. 方法

课程开发方法是课程模式转化为课程的桥梁，而方法的科学、先进是保证高职课程设计的质量的关键。我们在借鉴国际先进经验的基础上，经过多次全国范围内的实验，在遵循先进性、中国特色、可实施性三原则下，提出一套该课程模式的开发方法。该方法的起点是以职业典型工作任务提取和分析为主要内容的职业分析；然后是专业的课程体系设计；继而是专业的科目课程设计；最终可以形成职业竞争力导向的高职专业人才培养方案及课程大纲。具体包括：

1）职业分析方法

职业分析方法主要包括：

(1)行业企业调研：重点是确定专业可能面向的职业领域(职业领域数<=3)；确定每个职业领域高职教育适应的职业岗位；选定参加行业企业专家职业分析研讨会各职业领域的专家；职业标准、职业证书调研；新技术发展需求调研。

(2) 召开行业企业专家职业分析研讨会：主要是通过专家集体头脑风暴法，完成确定该职业领域典型工作任务，并对典型工作任务难度等级、核心典型工作任务进行系统研讨和调整审定；完成每个典型工作任务分析表；分析提取支撑完成典型工作任务需要的基础知识与基本技术技能等。

职业分析的结果是作为后续该专业课程开发工作的主要依据。

2）课程体系开发方法

课程体系开发方法主要包括：进行三类课程分析、构建课程体系结构、形成初步教学计划的方法。

3）科目课程开发方法

科目课程开发方法主要包括：学习领域课程设计、基本技术技能训练课程设计、专业基础知识课程设计的方法及形成各类课程大纲的规范。

此外，还有完成专业人才培养方案的方法及规范。

4．策略

“职业竞争力导向的工作过程–支撑平台系统化课程”模式是将国际先进的教育理念和中国国情相结合而提出的，其专业课程体系的基本结构具有一定的规律性。但在应用中，充分考虑到我国经济社会和教育发展的不平衡性，提出课程开发可以依据各地方、各学校、各专业的具体情况，灵活运用模式，形成特色，实施各按步伐、共同前进的专业课程开发与改革策略。

1.2.2　职业竞争力模型

把培养职业竞争力作为高等职业教育专业人才培养能力目标的导向，是基于对我国国情调研的基础上形成的认识：设计能力和建构能力培养是跨国界的，中国经济快速发展对新的高素质技能型人才需求十分迫切；此外，在当前国际金融危机影响下，就业压力明显增大，高等职业教育培养具有职业竞争力的人才尤为必要。在中国经济和文化背景下，坚持设计导向的职业教育理念更多地表现为职业竞争力培养，要求每一个职业岗位的从业人员不仅能够适应职业工作，而且能够主动设计或建构自己的工作任务，在工作中成为具有竞争力的人。因此，职业竞争力应成为新的高等职业教育专业人才培养和课程改革的目标导向。

20 世纪 80 年代，为适应国际经济社会现代发展上提出的新概念可分为组织竞争力和个人竞争力。个人竞争力，是个人的社会适应和社会生存能力，个人的创造能力和发展能力，以及由包括各种综合要素组合形成的个体的特定能力。个人竞争力的各种构成要素，一般仅仅限于通过个人的努力以及个人的自我修养而形成的竞争能力，而不包括非个人因素而形成或具备的竞争力，如完全是由他人的原因而获得的机会，如完全是由他人给自己所创造的条件，或是上一代留下来的财产，等等。个人竞争力在工作中一般是指解决一次性、重复性很低且具有较高难度、对后续影响较大的工作任务的能力，以及突发事件的紧急处理能力等，而一些按流程办事的能力和竞争力关系不大。提升一个人的竞争力，应该从低到高，逐步培养。个人竞争力可分为 3 个层次：

1）基础层

这是构成个人竞争力的基础，是参与竞争的根本条件。在市场体制下，不同的工作对人的要求各不相同，但是有一些却是最基本的，是从事任何工作都必需的，比如基本的知识和技能、责任心、吃苦精神、表达能力、勤奋度、承受力、道德感等。

2）中间层

中间层是个人获取竞争优势的来源，如果具备这方面的能力，将会获得较大的竞争优势，如预测力、诊断力、分析力等。

3）高层

拥有高层的竞争力，将获得绝对的竞争优势，而这其中又以个人信用、移情力（与他人结成伙伴关系的能力，在必要时果断采取行动的能力，向处于危难中的人伸出援手。移情力是维护社会联系和团结人类的重要力量）和创造力更为重要。

在此基础上，我们提出了职业竞争力概念和职业竞争力模型，如图 1-4 所示。

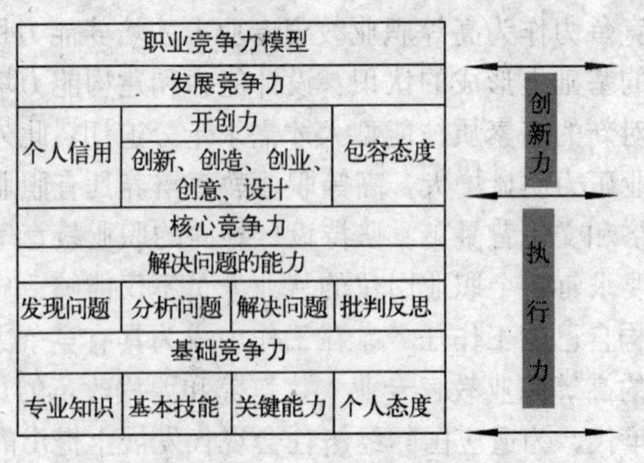

图 1-4 职业竞争力模型

职业竞争力是个人竞争力的一种类型，是个人竞争力在工作中的体现，也是在社会主义市场经济环境中，以社会主义核心价值观为基础，适应市场经济优胜劣汰的竞争法则，职业人所应具备和追求的能力。

与个人竞争力相同，职业竞争力也可以分为3个层次，分别为基础竞争力、核心竞争力和发展竞争力。基础竞争力主要是为提升竞争能力打好基础，包括专业基本知识、专业基本技能、关键能力和个人态度4个方面。

核心竞争力的概念是1990年美国密西根大学商学院教授普拉哈拉德（C.K.Prahalad）和伦敦商学院教授加里·哈默尔（Gary Hamel）在其合著的《公司核心竞争力》（*The Core Competence of the Corporation*）一书中首先提出来的。他们对核心竞争力的定义是："在一个组织内部经过整合了的知识和技能，尤其是关于怎样协调多种生产技能和整合不同技术的知识和技能"。整合基础竞争力的不同方面，用于完成高技能工作，最能体现高技能人才的竞争优势，因此解决问题的能力是高技能人才的核心竞争力。解决问题的能力包括发现问题、分析问题、解决问题和批判反思4个方面。

职业竞争力的最高层面是发展竞争力，发展竞争力包括个人信用、开创能力和包容态度3部分，发展竞争力的重点是开创力，如创新、创造、创业、创意、设计等都属于开创力范畴。在一定意义上，发展竞争力可以等同于创新能力，个人信用和开创能力是创新能力的支撑，也是创新人才必备的品格和态度。

职业竞争力中基础竞争力与核心竞争力的总和可以称为执行力。所谓执行力指的是贯彻战略意图，完成预定目标的操作能力，是把企业战略、规划转化成为效益、成果的关键。执行力包含完成任务的意愿，完成任务的能力，完成任务的程度。对个人而言执行力就是办事能力，是解决工作中的问题，按时按质按量完成自己的工作任务的能力。高素质技能型专门人才应该着重提升学生的工作执行力。

创新能力可以分为基于理论知识的创新能力和基于技能经验的创新能力。高素质技能型专门人才应该着重培养基于技能经验的创新能力，要加强因才施教，通过参加学生技能竞赛和教师科研活动等方式提升自己的创新能力。

1.3 "专业规范"与"专业教学基本要求"

1.3.1 "专业规范"与"专业教学基本要求"制定

专业规范制定是教育部高职高专电子信息教指委的一项主要工作任务，教育部在“高等学校本科教学质量与教学改革工程”之“专业结构调整与专业认证”项目中，分期分批支持了电子信息教指委专业规范研究制定工作。本电子信息教指委遵照教育部的工作部署，组织各高职院校电子信息类专业和行业企业专家共同开展了“专业规范”研制工作，并于 2009 年编写出版了《专业规范（Ⅰ)》，提出了“专业规范”的指导思想、制定原则；初步探索了专业人才培养模式；试点构建了专业人才培养方案。在《专业规范（Ⅰ)》研究基础上，电子信息教指委于 2009 年开始设置项目组，进行本《专业规范（Ⅱ)》的研制，并编写了关于“‘专业规范’的开发规范”，分别制定了高职高专电子信息类几个重点专业和新办专业的“专业规范”。2011 年，教育部又在“专业规范”研制基础上，委托电子信息教指委制（修）定“高等职业教育专业教学基本要求，简称“专业教学基本要求””（教职成司函【2011】158 号）。“专业教学基本要求”与《专业规范（Ⅱ)》具体专业规范中的“专业人才培养方案”内容一致，因此，“专业教学基本要求”是“专业规范”的结果部分，“专业规范”给出了“专业教学基本要求”的产生过程，两者的结果是一致的，对专业建设和专业教学的指导作用是共同的。

电子信息教指委在制定《专业规范（Ⅱ)》时选择的专业是按电子信息类专业目录中专业点数最多的专业选择的，如“电子信息工程技术专业（专业代码 590201)”有 580 个专业点，“应用电子技术专业（专业代码 590202)”有 750 个专业点，这也在一定意义上反映了电子信息产业的用人需求。由于电子信息技术和产业发展很快，对教育尤其是职业教育不断提出新的人才需求，需要更新专业课程内容、开设新的专业方向或设置新的专业。本次在“专业规范”和“专业教学基本要求”开发中，我们开发了两个新的专业：“下一代网络及信息技术应用”专业和“物联网系统工程”专业，他们标志着电子信息技术和产业发展的新方向。由于专业名称正在报批中，所以暂按“电子信息工程技术专业（专业代码 590201)（下一代网络及信息技术应用方向）和（物联网系统工程专业方向)”制定“专业规范”和“专业教学基本要求”，希望能尽快批准设置新专业。“专业规范”和“专业教学基本要求” 的开发工作，遵循了“工学结合、产学合作”的高等职业教育人才培养的基本规律，由电子信息教指委负责整体规划和设计组织；行业提供了对“职业分析”的指导；学校和企业共同完成“专业规范”和“专业教学基本要求”的制定。

本次制定的“专业规范”和“专业教学基本要求”共 8 个，分别为：

(1)“电子信息工程技术”专业（专业代码 590201)；

(2)“应用电子技术”专业（专业代码 590202）；

(3)“信息安全技术”专业（专业代码 590208）；

(4)“微电子技术”专业（专业代码 590210）；

(5)“数字媒体技术”专业（专业代码 590222）；

(6)“嵌入式系统工程”专业（专业代码 590226）；

(7)“电子信息工程技术”专业(下一代网络及信息技术应用专业方向)（专业代码 590201）或下一代网络及信息技术应用专业；

(8)“电子信息工程技术”专业(物联网系统工程专业方向)(专业代码 590201)或物联网系统工程专业。

由于篇幅所限，在《专业规范（Ⅱ)》中我们只给出了“信息安全技术”（专业代码 590208）专业和“电子信息工程技术（下一代网络信息技术应用方向)”专业或“下一代网络及信息技术应用”专业的全部“专业规范”内容，展示了专业开发的全过程，其他专业只给出了“专业教学基本要求”。

1.3.2　灵活运用模式，构建各具特色的院校人才培养方案

在本《专业规范（Ⅱ)》中，运用职业竞争力导向的工作过程–支撑平台系统化课程模式开发的专业和课程，是将国际先进的职教理念和中国国情相结合的结果，其专业课程体系的典型结构和课程内容具有一定的代表性、规律性以及规范属性。但在高职院校实际应用中，要依据各地方、各学校、各专业的具体情况，灵活运用，办出专业特色。

1. 专业课程体系结构的综合运用

需要指出的是，规范中的专业课程体系结构是实施工作过程–支撑平台系统化课程的典型结构。在实际中，各专业所对应的职业不一定具有这种典型结构的规范性，因此在实际设计过程中，可根据实际情况，灵活运用几个典型课程结构，如可采取综合、复合等方式设计出符合地域企业要求、适应实际情况的专业人才培养计划和课程教学方案，推动高等职业教育专业教学改革的落实。

2. 依据地方经济对职业岗位的具体要求调整专业课程结构

我国高等职业教育发展的主要动力是区域经济发展对高技能人才的需求，而不同地区经济社会发展不平衡，不同行业、产业布局结构、发展重点不同，对人才的需求和类型也有所不同。这实际意味着即使是相同专业、相同课程，即便遵循相

同的课程理念，采用相同的设计方法，作为结果的人才培养方案也可能有所不同。这就要求在制定人才培养方案时从实际出发，依据对专业职业分析的结果，科学处理实践与理论、专项技能和综合能力、职业适应力与职业竞争力的关系，灵活运用模式，构建与地方和行业经济发展水平相当的各俱特色的人才培养方案和课程。

3．依据不同学校和专业的基础条件，灵活设计培养方案和课程

“职业竞争力导向的工作过程-支撑平台系统化课程模式”的实施是需要严格的基础条件支持的，比如学习领域课程是一种实践和理论相融合的新的课程形式，对许多教师是陌生的，需要师资的准备，需要新的实践环境的支撑，尤其是课程内容的设计，需要产学合作进行，等等。而在我国高等职业教育专业和课程改革过程中，不同地区、不同学校处在不同状态，也就是说各学校和专业具有不同的基础条件。因此，在课程和教学改革过程中即要有基本的框架性要求，明确改革的主流趋势，又要不同院校、不同专业根据自己的基础条件实际情况，灵活设计培养方案和课程。

第 2 章 “信息安全技术”专业规范

2.1 产业发展与专业历史沿革

2.1.1 信息安全技术及其发展历史

信息安全技术是指信息网络的硬件、软件及其系统中的数据受到保护，不受偶然的或者恶意的原因而遭到破坏、更改、泄露，系统连续可靠正常地运行，信息服务不中断。信息安全主要包括以下五方面的内容，即需保证信息的保密性、真实性、完整性、未授权复制和所寄生系统的安全性。信息安全技术是一门涉及计算机科学、网络技术、通信技术、密码技术、信息安全技术、应用数学、数论、信息论等多种学科的综合性学科。

信息安全技术的发展经过 4 个阶段：

第一阶段：通信安全 COMSEC（Communication Security），时间在 20 世纪 40～70 年代。其核心思想：通过密码技术解决通信保密，保证数据的保密性和完整性，主要关注传输过程中的数据保护。主要的安全威胁是搭线窃听、密码学分析。采取的安全措施是：加密。

第二阶段：计算机安全 COMPUSEC（Computer Security），时间在 20 世纪 70～90 年代，其核心思想是：预防、检测和减小计算机系统（包括软件和硬件）用户（授权和未授权用户）执行的未授权活动所造成的后果。主要关注于数据处理和存储时的数据保护。安全威胁：非法访问、恶意代码、脆弱密码等。安全措施：安全操作系统设计技术（TCB）。

第三阶段：INFOSEC（Information Security），时间是 20 世纪 90 年代后，其核心思想是：综合通信安全和计算机安全，重点在于保护比“数据”更精练的“信息”，确保信息在存储、处理和传输过程中免受偶然或恶意的非法泄密、转移或破坏。安全威胁：网络入侵、病毒破坏、信息对抗等。安全措施：防火墙、防病毒、漏洞扫描、入侵检测、PKI、VPN 等。

第四阶段：信息保障 IA（Information Assurance），时间是 21 世纪至今，其核心思想：保障信息和信息系统资产，保障组织机构使命的执行；综合技术、管理、过程、人员；确保信息的保密性、完整性和可用性。安全威胁：黑客、恐怖分子、信息战、自然灾难、电力中断等安全措施：技术安全保障体系、安全管理体系、人员意识培训/教育、认证和认可。

2.1.2 我国信息安全产业发展现状

我国信息化安全产业大致可以划分 3 个发展阶段：

第一阶段：1995 年以前，以通信保密和依照 TCSEC 的计算机安全标准开展计算机的安全工作，其主要的服务对象是政府保密机构和军事机构。主要从事这方面的工作的是一些科研机构和军事机构，例如原电子工业部第 15 所、电子工业部 30 所和原邮电部数据所等研究机构及其相关企业。

第二阶段：1995 年开始，以北京天融信网络安全技术有限公司、北京启明星辰信息技术有限公等一批从事信息化安全企业的诞生为标志的创业发展阶段，主要从事计算机与互联网的网络安全。2000 年，我国第一个行业性质的《银行计算机系统安全技术规范》出台，为我国信息化安全建设奠定了基础，树立了典范。但是，这个时期主要提供的是隔离、防护、检测、监控、过滤等中心的局域网安全服务技术与产品，其主要面对病毒、黑客和非法入侵等威胁。到 2001 年，全国成立 1 300 多家从事信息化安全的企业。

第三阶段：以 2002 年成立中国信息产业商会信息安全产业分会为标志的有序发展阶段。这个阶段不仅从事互联网的信息与网络安全，而且开始对国家基础设施信息化安全开展工作，产生了许多自有知识产权的信息与网络安全产品。我国电子政务、银行、证券、保险、电信、电力、铁路、交通、民航、海关、税收、工商、公安、安全、保密、机要和军队都相应开展了信息化安全建设，信息化安全建设已经在信息化全方位领域中进行，信息化安全得到了普遍的重视。目前，信息安全产业正在进入新的快速发展时期。

从产业的生命周期来看，我国信息安全产业还处于一个成长的初级阶段。产业的生命周期，一般从启蒙期、成长期、成熟期和衰退期来看，2002 年以前中国信息安全产业处在启蒙期，2012 年之后开始进入成长期。随着安全需求的大力挖掘，产业增长方式向多元化驱动模式转型，产业规模持续扩大，以及产业竞争愈发激烈，整个生命周期仍处于波动周期上升阶段。

2.1.3 高职“信息安全技术”专业发展沿革及全国各院校“信息安全技术”类专业设置情况

高职“信息安全技术”专业是 2005 年教育部开设的新专业。但在此之前信息安全技术大多来自传统的计算机网络技术、计算机网络管理、计算机应用技术等。最早在 2002 年就由高职院校招生。经过近 10 年的发展，特别是近几年网络技术的飞速发展，“信息安全技术”专业也蓬勃地发展，已有近 90 所院校开设了该专业。表 2-1 所示为 2010 年各地高职“信息安全技术”专业院校统计。

表 2-1　2010 年各地高职“信息安全技术”专业招生院校统计

地　区	招生院校数量	地　区	招生院校数量
河北省	7	湖南省	6
山西省	1	广东省	1
吉林省	1	四川省	6
黑龙江省	1	陕西省	4
浙江省	3	广西	2
安徽省	4	新疆	1
福建省	4	北京市	5
江西省	1	天津市	3
山东省	3	重庆市	6
河南省	5	上海市	3
湖北省	3	总计	70

2.2 专业-职业分析

2.2.1 专业-职业背景分析

一、专业-职业定位分析

专业-职业定位分析从专业技术领域、专业职业范围、专业职业岗位 3 个方面来进行，表 2-2 列出了职业岗位汇总表。

表 2-2　职业岗位汇总表

序号	职业领域	专业职业范围	初始岗位	发展岗位	预计平均升迁时间(年)
1	信息安全产品生产或集成	在信息安全软件、硬件及服务厂商进行技术支持、售后服务、客户服务、产品销售、系统集成、辅助测评等工作	信息安全产品实施工程师	信息安全产品项目经理	4～5年
			信息安全产品售后技术支持工程师	信息安全产品售后技术支持经理	3～5年
			信息安全产品客户服务人员	信息安全产品客户经理	3～5年
			信息安全产品销售员	信息安全销售经理	5年
			助理信息安全系统集成工程师	信息安全系统集成工程师	3～5年
2	信息安全产品的应用与维护	在各企事单位网络中心从事网络安全维护工作或系统管理工作	企业信息系统安全维护工程师或系统管理员等	企业信息系统安全经理或信息中心主管	4～5年

二、职业要求分析

1. 职业标准要求

高职“信息安全技术”专业学生对应的职业标准目前只有“信息安全师（三级)”，具体的职业标准如表 2-3 所示。

表 2-3　职业标准–工作要求汇总表——信息安全师（三级）

职业标准	职业标准细分	工作要求
职业道德（基本素质）	职业道德基本知识	
	职业守则	爱岗敬业、恪尽职守；诚实守信、优质服务；遵纪守法、精通业务；注重质量、确保安全
基础知识	法律法规知识	（1）国家信息安全的法律法规和标准 （2）从事信息安全职业的道德规范
	信息安全应用基础理论	（1）信息技术 （2）信息系统 （3）计算机及网络信息系统安全基础 （4）计算机及网络信息系统安全体系结构 （5）计算机及网络信息系统安全服务的框架 （6）计算机及网络信息系统风险和安全需求

续表

<table>
<tr><th>职业标准</th><th>职业标准细分</th><th colspan="3">工作要求</th></tr>
<tr><td>信息系统安全管理知识</td><td>具体内容包括</td><td colspan="3">(1) 信息系统安全管理的基本原则和要素
(2) 管理组织机构的设立
(3) 人员管理
(4) 技术管理
(5) 设备管理
(6) 场地管理</td></tr>
<tr><td rowspan="11">专业要求</td><td>知识领域</td><td>知识单元</td><td>知识点</td><td>技能（能力）</td></tr>
<tr><td>操作系统安全</td><td>安全维护Linux操作系统</td><td>(1) Linux账号
(2)Linux文件格式
(3)Linux常用命令
(4)Linux常用服务
(5)Linux常用安全模块</td><td>(1)能进行Linux账号管理
(2)能进行Linux数据管理
(3)能进行Linux网络服务安全管理
(4)能应用Linux安全模块</td></tr>
<tr><td rowspan="3">数据库安全</td><td>设计安全的数据库</td><td>(1) 数据库物理设计的安全性
(2) 数据库逻辑设计的安全性</td><td>(1) 能进行安全数据库的物理设计
(2) 能进行安全数据库的逻辑设计</td></tr>
<tr><td>安全维护MySQL数据库</td><td>MySQL的安全漏洞与解决方案</td><td>(1) 能配置MySQL的内部安全
(2) 能配置MySQL的网络安全
(3) 能配置MySQL的授权表</td></tr>
<tr><td>安全维护Microsoft SQL Server 2000</td><td>SQL Server 2000的安全漏洞与解决方案</td><td>(1) 能配置SQL Server 2000的内部安全
(2) 能配置SQL Server 2000的网络安全
(3)能对SQL Server 2000进行安全规划</td></tr>
<tr><td>防火墙技术和网络隔离器B</td><td>使用网络隔离器</td><td>网络隔离器技术原理</td><td>能够安装网络隔离器
能够配置网络隔离器</td></tr>
<tr><td rowspan="3">安全审计技术</td><td>查看系统审计与日志</td><td>操作系统的审计与日志知识</td><td>Linux操作系统日志设置和使用</td></tr>
<tr><td>使用网络安全审计系统</td><td>网络审计原理和技术</td><td>(1) 能安装网络审计系统
(2) 能配置网络审计系统
(3) 能分析网络审计系统结果</td></tr>
<tr><td>分析日志和审计日志</td><td></td><td>(1) 能使用日志分析工具
(2) 能对日志进行审计</td></tr>
</table>

续表

职业标准	职业标准细分	工作要求		
专业要求	安全策略管理技能	配置应用服务的安全管理	网络应用服务的基本知识	(1)能配置管理HTTP服务 (2)能配置管理FTP服务 (3)能配置管理SMTP服务
		配置其他安全管理	基本的安全管理技术原理	(1)能管理共享服务安全 (2)能配置低端口保护 (3)能防止网络病毒
	密码技术原理	加密	(1)网络加密技术 (2)数据加密技术	(1)能够使用网络加密工具 (2)能够使用数据加密工具
		认证	(1)数据验证技术 (2)数字签名技术 (3) SSL	(1)能够使用数据验证工具 (2)能使用身份认证工具
		管理密钥	密钥管理知识	能使用密钥管理工具
	扫描和入侵检测技术	使用网络安全漏洞扫描器	(1)漏洞基本知识 (2)网络安全漏洞扫描器基本原理	(1)能够操作网络安全漏洞扫描器 (2)能够对扫描结果进行分析
		使用入侵检测系统	(1)入侵检测基本原理 (2)入侵检测基本技术	(1)能够安装snort (2)能够操作入侵检测系统
	应急事件处理技能	维护磁盘数据	(1)磁盘基本原理 (2)磁盘数据维护基本原理	(1)能简单排除磁盘故障 (2)能使用硬盘工具修复硬盘数据
		备份和还原数据库数据	(1)备份的基本原理 (2)还原的基本原理	(1)能执行事务日志备份 (2)能恢复完全备份数据库文件 (3)能进行日志还原
		备份和恢复操作系统数据	操作系统备份和恢复的基本原理	(1)能利用工具修复操作系统 (2)能使用自身工具对Windows进行备份
	综合任务	能够熟练运用基本技能和专门技能完成较为复杂的信息安全保障工作，能够独立处理和维护信息安全保障工作中出现的常见问题		

2. 新技术应用要求

信息安全技术飞速发展，其中3G网络技术及云技术给信息安全技术的应用带来新的挑战。因此，高职学校教育也要紧跟技术发展，为学生补充新的知识及技能。表 2-4 所示为新技术发展-工作要求的汇总。

表 2-4　新技术发展-工作要求汇总表

<table>
<tr><th>序号</th><th>技术发展</th><th>工作要求</th><th>工作要求汇总</th></tr>
<tr><td>1</td><td>3G 网络技术：3G 是指第三代移动通信技术(英语：3rd-generation)，是指支持高速数据传输的蜂窝移动通信技术。3G 服务能够同时传送声音(通话)及数据信息(电子邮件、即时通信等)。其代表特征是提供高速数据业务</td><td>(1) 了解手机木马和病毒的基本原理
(2) 了解侵犯用户个人隐私权的基本方法
(3) 了解垃圾短信和骚扰电话的基本原理
(4) 掌握手机安全软件的安装及配置
(5) 掌握无线加密的概念和基本方法</td><td rowspan="2">(1) 掌握手机安全软件的安装及配置
(2) 掌握无线加密的概念和基本方法
(3) 掌握云技术和云安全概念
(4) 掌握云安全软件的基本原理及基本操作</td></tr>
<tr><td>2</td><td>云安全技术：云安全（Cloud-Security）通过网状的大量客户端对网络中软件行为的异常监测，获取互联网中木马、恶意程序的最新信息，推送到服务端进行自动分析和处理，再把病毒和木马的解决方案分发到每一个客户端。整个互联网，变成了一个超级大的杀毒软件</td><td>(1) 了解并行处理的基本概念
(2) 了解网格计算的基本概念
(3) 掌握云技术和云安全概念</td></tr>
</table>

三、职业技术证书分析

经过对工业和信息化部、劳动部、教育部及各大信息安全服务提供商信息安全技术相关证书做调研，共找到信息安全相关证书 10 种（见表 2-5），其中大致可分为岗位职业证书和各厂商证书两大类。其中，第一类证书均来自工业和信息化部等中立机构，其证书基本脱离厂商，证书内容以理论考核为主，技能考试为辅助，理论基础全面，比较适合高职在校期间作为从业资格证书。另外一类是各大信息安全厂商证书。厂商的证书内容以各厂商产品为主，证书的面向对象是其产品的代理商。厂商证书的优点是以技能考核为主，并具有较强就业的倾向性，如果学生毕业毕业后能从事厂商的售后服务、技术支持、代理商等工作，在校考取此类证书对学生就业将有很大帮助。但此类证书的缺点是有局限性。各学校可根据当地技术发展情况自行选择职业技术证书。

表 2-5 证书选择建议表

分类	证书名称	内涵要点	颁发证书单位
岗位职业证书	《信息安全师》国家职业资格证书(三级)	培训目标：信息安全师是在各级行政、企事业单位、信息中心、互联网接入单位中从事信息安全或者计算机网络安全管理工作的人员 技术要求：能够运用基本技能和专门技能完成复杂的信息安全保障工作，能够处理和维护信息安全保障工作中出现的常见问题 考试内容：操作系统安全、数据库安全、防火墙技术和网络隔离器、安全审计技术、安全策略管理、密码技术原理、扫描和入侵检测技术、应急事件处理	上海市劳动和社会保障局《信息安全师》国家职业资格证书
	《信息安全工程师》国家信息安全技术水平考试(NCSE)二级	培训目标：为各行政、企事业单位网络管理员，系统工程师，信息安全审计人员，信息安全工程实施人员 技术要求：要求熟练掌握安全技术的专业工程技术人员，能够针对业已提出的特定企业的信息安全体系，选择合理的安全技术和解决方案并予以实现，撰写相应的文档和建议书 考试内容：信息安全的基本元素、密码编码学、应用加密技术、网络侦查技术审计、攻击与渗透技术、控制阶段的安全审计、系统安全性、应用服务的安全性、入侵检测系统原理与应用、防火墙技术、网络边界的设计与实现、审计和日志分析、事件响应与应急处理、Intranet 网络安全的规划与实现	工业和信息化部国家信息化工程师认证考试管理中心
	《信息安全管理师》(CISO)	考试内容：信息安全基础、信息安全技术、信息安全管理技术与应用、病毒分析与防御、攻击技术与防御基础、Intranet 网络安全的规划与实现	国家信息化培训认证管理中心
	《网络安全高级工程师》CIW 认证	考试内容：必修课程：网络安全基础与防火墙、操作系统安全、安全审核与风险分析；选修：数据加密与 PKI 技术、数据备份与灾难恢复、数据库安全 认证特点：CIW 认证网络安全高级工程师秉承了中立厂商的背景特点，强调专业技术与应用技能的开放和通用，该认证不依托任何软硬件厂商，致力于中立网络安全专业课程研究与开发	CIW 英文全称 Certified Internet Web Professional，是超越厂商背景的互联网证书

续表

分类	证书名称	内　涵　要　点	颁发证书单位
岗位职业证书	《网络信息安全工程师》NSACE 认证	考试内容：安全体系框架、网络与通信安全、密码学、防火墙技术、入侵检测技术、实验与答疑、VPN 技术、Windows 系统安全管理、UNIX 系统安全管理、系统加固实验、安全审计技术、黑客攻防技术及实验、应用安全技术、信息安全管理体系建设、信息安全标准、风险评估、业务连续性与灾难备份、应急响应建设 认证特点：NSACE 目标是培养“德才兼备、攻防兼备”信息安全工程师，能够在各级行政、企事业单位、网络公司、信息中心、互联网接入单位中从事信息安全服务、运维、管理工作。既要满足当前的信息安全工作岗位要求，又能使学员具备职业发展的潜力。对网络信息安全有较为完整的认识，掌握计算机安全防护、网站安全、电子邮件安全、Intranet 安全部署、操作系统安全配置、恶意代码防护、常用软件安全设置、防火墙的应用等技能	“全国信息技术人才培养工程信息安全工程师高级职业教育项目”(Network Security Advanced Career Education)，由工业和信息化部教育与考试中心推出
各厂商相关证书	网络安全工程师证书 DCNSE（DigitalChina Network Security Engineer）神州数码认证	培养目标：DCNSE 认证主要定位在从事网络管理、网络安全、信息安全产品与系统的管理、运行、维护人员；信息安全系统规划、设计、分析人员及安全企业的售前工程师 考试内容：认证内容有网络安全的体系结构、网络中实施安全规则，识别常见攻击；防火墙的基本概念和类型，码防火墙的安装和配置方法，对不同的防护级别规划防火墙系统；常用的 TCP/IP 协议；计算机病毒的基本知识和防治方法；入侵检测系统的工作原理，部署基于网络或主机入侵检测系统	神州数码网络有限公司（简称 DCN）
	网络安全工程师 CCSP（Cisco Certified Security Professional）思科认证	技术要求：CCSP 认证（思科认证资深安全工程师）表示精通或者熟知思科网络的安全知识。获得 CCSP 认证资格的网络人士能够保护和管理网络基础设施，以提高生产率和降低成本 考试内容：认证内容侧重于安全 VPN 管理、思科自适应安全设备管理器(ASDM)、PIX 防火墙、自适应安全设备(ASA)、入侵防御系统(IPS)、思科安全代理(CSA) 和怎样将这些技术集成到一个统一的集成化网络安全解决方案之中等主题	思科系统公司（Cisco System, Inc.）

续表

分类	证书名称	内　涵　要　点	颁发证书单位
各厂商相关证书	H3C认证安全技术高级工程师证书	培养目标：H3CSE Security（H3C Certified Senior Engineer for Security，H3C认证网络安全高级工程师）主要定位在从事信息安全产品安装、调试、运行、维护人员 考试内容：ISF（Implementing Secure Firewalls，布署安全防火墙系统）；BSVPN（Building Secure Virtual Private Networks，构建安全 VPN 网络）；AIPSC（Advanced Intrusion Prevention System Configuration & Security Audit，入侵防御系统与安全审计）	杭州华三通信技术有限公司（简称 H3C）
	RCSA（锐捷认证安全工程师）	技术要求：获得 RCSA 认证的技术工程师将具有构建中小型网络、并为网络提供基本的安全解决方案、对现有网络以及网络中的设备及主机进行安全性评估的能力。获得 RCSA 认证的工程师能够针对网络中的安全需求对系统进行安全加固，在网络中部署网络安全设备，对网络安全设备进行安装以及基本的配置和调试 考试内容：RCSA 认证课程中主要涉及网络安全基础、网络安全体系结构、操作系统安全、计算机病毒以及网络安全设备的安装和基本配置	锐捷网络有限公司
	天融信认证安全专业人员(TCSP)	考试内容：（1）信息安全保障体系与解决方案；（2）防火墙技术原理；（3）VPN 技术原理；（4）Windows 系统安全；（5）IDS 技术原理；（6）病毒防护技术；（7）防火墙应用（初级）；（8）防火墙应用（高级）；（9）VPN 应用；（10）安全审计应用篇	北京天融信公司

2.2.2 专业-职业典型工作任务分析

一、行业企业专家研讨会

“信息安全技术”专业典型工作任务研讨会与 2009 年 11 月 15 日在北京信息职业学院召开。参加研讨会的企业专家代表有：IBM 系统集成部信息安全技术工程师、联想网御科技有限公司工程师、天融信公司安全工程师、绿盟科技公司安全工程师、瑞星科技有限公司病毒工程师、欧科建联数据存储公司工程师、河北网讯数码科技有限公司(集成商)工程师、长沙市公安局网络监察处工程师、公安部网络安全保卫局工程师、红帽 Linux 系统安全工程师、国家信息化等多位工程师。

参加研讨会高职业学院的教师有重庆电子工程职业技术学院、湖南警官学院、柳州铁道职业技术学院、石家庄职业技术学院、北京联合大学、北京信息职业技术学院等6所学院信息安全教师代表。研讨会确定高职信息安全技术专业学生的就业领域可分为三类：一、信息安全技术提供商，包括信息安全软件、硬件、集成、服务等甲方单位和信息安全监理、信息安全测评等中立的第三方单位；二、信息安全技术乙方单位，各应用系统安全维护人员，即各单位的系统安全、网络安全维护人员。经过几轮认真的研讨，最终确定典型工作任务 12 个，并对其难度等级进行了划分，同时确定了4个核心典型工作任务。

二、典型工作任务汇总及学习难度范围（见表 2–6、表 2–7）

表 2-6　典型工作任务汇总

专业名称	信息安全技术
专业技术领域	信息安全技术服务提供商、系统安全维护、信息安全测评等
典型工作任务编号	**典型工作任务名称**
1	分析网络拓扑结构
2	安装调试产品
3	网络调试
4	安全结构分析
5	用户培训
6	系统运行维护
7	数据备份与恢复
8	安全评估
9	辅助应急响应
10	安全产品测试
11	需求分析与初步解决方案设计
12	辅助开发

表 2-7　典型工作任务学习难度范围

难度等级	典型工作任务编号	典型工作任务名称	是否核心典型工作任务
难度 I	1	分析网络拓扑结构	否
	2	安装调试产品	否
	3	网络调试	否

续表

难度等级	典型工作任务编号	典型工作任务名称	是否核心典型工作任务
难度II	4	安全结构分析	否
	5	用户培训	否
	6	系统运行维护	是
	7	数据备份与恢复	否
难度III	8	安全评估与测试	是
	9	辅助应急响应	否
	10	安全产品测试	否
难度IV	11	需求分析与初步解决方案设计	是
	12	辅助开发	否

三、典型工作任务描述

表 2-8～表 2-19 所示为典型工作任务分析记录表，每个典型工作任务列出一张表。

表 2-8　典型工作任务分析记录表（1）

专业名称	信息安全技术		
职业领域	信息安全技术服务提供商		
典型工作任务 1	分析网络拓扑结构	难度等级	I
工作岗位： 公司或生产企业技术部门：充分了解客户需求，制作合理的解决方案，与客户进行交流，反复修正合作方案并与技术研发部门沟通研发方案 **工作过程：** 了解网络产品、网络的整体架构、系统所需要解决的问题、网络所提供的服务以及网络服务的群体。通过招标、客户主动找上门或者他人介绍获得合同。完成网络拓扑结构分析后，将分析报告送达技术部。最后，通过制定解决方案来交付已完成的合同。工作的客户为政府或企事业单位 **工作任务的对象：** 工作的对象是对网络拓扑结构进行系统分析，在工作中需要了解系统并分析系统结构			

续表

工作任务的工具： 工作中使用计算机整理收集到的方案，对数据进行整合，制作文档并打印制作合作方案 **工作方法：** 现场了解网络设备、网络拓扑结构以及网络所解决的问题 **劳动组织：** 工作由部门负责人安排，工作中要与产品研发部门和产品设计部门进行合作。 **工作要求：** 企业的要求：真正了解企业的网络拓扑，完成分析报告。客户的要求：了解网络架构。法律法规和质量标准：要符合网络设计标准。同行业默认潜规则和标准：积极了解同行业的技术标准，严格保密技术机密。工作人员对工作的要求：制定的方案标准、专业，能按时完成任务

表 2-9 典型工作任务分析记录表（2）

专业名称	信息安全技术		
职业领域	信息安全技术服务提供商		
典型工作任务 2	安装调试产品	**难度等级**	I
工作岗位： 技术支持工程师：负责产品在客户处的安装调试，搭建测试环境，进行产品演示，在产品质保期内解决故障 **工作过程：** 了解客户环境情况，合理制定客户产品实施计划，合理配置，调试产品，最终将产品正常部署在用户环境。交付时提供产品安装调试验收单。验收方式是采用功能验收性能验收，数量验收。该工作由技术部经理分配。工作的客户为政府、企业、事业单位。验收由客户和监理方验收。该工作主要是提供防火墙、入侵检测、防病毒产品、病毒网关、入侵防御、漏洞扫描、安全审计、安全认证等产品或服务 **工作任务的对象：** 工作对象是防火墙、IPS、VPN、安全审计等安全产品，在工作过程中需要设备的安装，以及设备配置规则			

续表

工作任务的工具：

(1) 计算机；(2) 网络连线，通过计算机和网络连线配置安全产品

工作方法：

现场安装调试，远程安装调试。故障排除方法有：零件替换法、系统替换法、配置修改法

劳动组织：

小型项目的产品安装调试常独自工作，大型项目常用项目组工作方法，并由项目经理负责。该工作需要团队协作、积极勤奋、认真态度、工作细致以及学习新技术的能力

项目经理对产品安装实施的进度、成本有影响。该组织与产品生产和实施部门、销售体系、研发体系、客户信息中心有合作

工作要求：

企业的要求：实施速度快，客户反馈良好，产品策略发挥作用。客户的要求：达到预期功能，对网络影响小，实施速度快，移交工作完善。社会的要求：不影响，用户系统对社会提供的服务。法律法规和质量标准：实施中要参考 ISO 9000 质量标准，要符合国家对招投标项目的管理规则。同行业默认潜规则和标准：在实施现场尽量不改动其他厂商的设备以免导致意外故障。工人自己对工作要求：产品质量高，从而减少实施中出现意外；客户环境准备周全，避免环境因素导致实施中断

表 2-10 典型工作任务分析记录表（3）

专业名称	信息安全技术		
职业领域	信息安全技术服务提供商		
典型工作任务 3	网络调试	**难度等级**	Ⅰ

工作岗位：

网络设备调试员：使用专用仪器、工具等调试设备，对各种计算机网络设备进行安装、调试的人员

网络管理员：从事计算机网络运行、维护工作的人员

工作过程：

编好程序后，用各种手段进行查错和排错的过程，更重要的是对意外情况进行正确处理

工作任务的对象：

工作对象是交换机、路由器、服务器、安全设备等安全产品，在工作过程中需要网络的

续表

规划设计、综合布线、设备安装调试、服务器安装与配置到网络工程测试验收等 **工作任务的工具：** (1) 计算机；(2) 路由器、交换机、服务器、存储安全设备、备用电源等 **劳动组织：** 小型项目的网络调试常独自工作，大型项目常用项目组工作方法，并由项目经理负责。该工作需要积极勤奋、态度认真、工作细致，并具有学习新技术的能力。项目经理对网络调试的进度、成本有影响。该组织与产品生产和实施部门、销售体系、客户信息中心有合作关系 **工作要求：** 会安装：学会主流网络设备的安装方法 会配置：学会网络设备的配置方法 会管理：学会熟练管理计算机网络及各种网络设备的方法 会维护：学会各种网络设备的维护方法

表 2-11　典型工作任务分析记录表（4）

专业名称	信息安全技术		
职业领域	信息安全技术服务提供商		
典型工作任务 4	安全结构分析	难度等级	II
工作岗位： 产品行业工程师：充分了解客户需求，与客户进行交流，制作合理的解决方案，保证主机系统安全和网络安全 **工作过程：** 对网络结构有较深刻的了解，包括针对现有的网络和终端，用了什么样的安全产品和措施；是否解决网络承载内容与安全；在网络与安全中存在哪些可进行攻防的漏洞；双方找到切入点的方法和措施。将网络结构分析提供给初步设计人员。工作的客户是信息中心主任、信息工程师。完成网络安全结构分析后，提交综合分析测评报告，并交给需求分析初步设计人员 **工作任务的对象：** 工作的对象是技术产品的技术应用，产品文化资料的收集、整理与分析			

续表

工作任务的工具：
各类相关的软件工具，如攻击工具、取证工具等
工作方法：
利用各类工具查找安全漏洞，并提交分析测评报告
劳动组织：
前期可以是个体工作，也可以是团队工作。工作中要与网络工程师、安全工程师、信息中心主任进行交流、沟通和合作。在工作中，员工的交流沟通能力、安全技术应用能力和网络应用能力共同发挥作用
工作要求：
企业的要求：最大可能地找到客户存在的薄弱环节。客户的要求：解决存在的隐患，使系统能安全地运行。社会的要求：网络攻击与防范，信息资源的监管。法律法规和质量标准：遵守刑法、治安处罚法、计算机安全条例的规定。同行业默认潜规则和标准：符合公共安全标准。工人自己对工作要求：销售业绩与报酬挂钩

表 2-12　典型工作任务分析记录表（5）

专业名称	信息安全技术		
职业领域	信息安全技术服务提供商		
典型工作任务 5	用户培训	难度等级	II
工作岗位： 企业内部培训师：负责现场讲解演示培训客户掌握产品的日常操作方法，告知客户必要的信息			
工作过程： 现场讲解产品功能作用、产品的使用工作环境、安装调试常识，演示产品使用维护方法，与客户沟通了解其使用需求并为其提供解决方案（产品功能范围内）。培训后由用户填写培训评价。该工作主要是培训用户了解使用防火墙、入侵检测、防病毒产品、病毒网关、入侵防御、漏洞扫描、安全审计、安全认证等产品或服务			
工作任务的对象： 工作对象是产品客户，在工作过程中为客户提供讲解演示			

续表

工作任务的工具：
(1) 计算机；(2) 网络连线、安全产品及PPT软件；(3) 投影仪
工作方法：
现场演示讲解
劳动组织：
普通产品用户培训常独自工作。该组织与产品技术部门有合作关系
工作要求：
企业的要求：实施速度快，客户反馈良好，产品策略发挥作用。客户的要求：通俗易懂。社会的要求：不影响用户系统对社会提供的服务。法律法规和质量标准：讲解时不能通过欺骗手段误导客户。同行业默认潜规则和标准：不刻意贬低其他厂商的产品。工人自己对工作要求：讲解通俗易懂、客户满意

表2-13　典型工作任务分析记录表（6）

专业名称	信息安全技术		
职业领域	信息安全技术服务提供商		
典型工作任务6	系统运行维护	难度等级	II
工作岗位： 服务工程师：懂得产品的技术性能和原理，能够解答客户的专业性问题，排除客户对于购买公司产品的疑虑，增强客户对公司产品优越性能的信心。他们所面临的是客户对于产品性能和应用的具体问题，必须掌握专业技术知识，同时还要具备较强的问题敏感性和分析能力 **工作过程：** 业务、系统等信息的调研；以调研结果制定必要的操作手册、维护手册和日常工作内容；日常工作的执行与反馈；异常行为的监控及报告（循环此过程） **工作任务的对象：** 技术过程，服务 **工作任务的工具：** 计算机，常用安全工具，用户网络及系统信息			

续表

工作方法： 安装软（硬）件；发现问题；报告并解决问题 劳动组织： 该工作需要团队协作、积极勤奋、认真态度、工作细致以及学习新技术的能力，还需要与用户的运维部门进行沟通与合作 工作要求： 企业的要求：实施速度快，客户反馈良好，产品策略发挥作用，遵守企业的相关安全制度、行业网的相关法规。客户的要求：达到预期功能，对网络影响小，实施速度快，移交工作完善。社会的要求：不影响用户系统对社会提供的服务；客户环境准备周全，避免环境因素导致实施中断。员工需要有以下能力：(1) 常见系统、应用、设备的操作；(2) 常见攻防远离的了解；(3) 常见病毒查杀

表 2-14　典型工作任务分析记录表（7）

专业名称	信息安全技术		
职业领域	信息安全技术服务提供商		
典型工作任务 7	数据备份与恢复	难度等级	II
工作岗位： 售前工程师、售后工程师、项目经理和培训顾问等。负责设计客户数据备份与恢复方案，及安装实时数据存储备份、恢复软硬件产品 工作过程： 主要客户有政府、医务、教育、金融等，通过了解客户需求，设计客户数据备份与恢复方案，安装实时数据存储备份、恢复软硬件产品，完成数据备份与恢复，通过项目经理验收。最后，安装调试完进行合同交付，为客户测试成功后由客户验收 工作任务的对象： 工作对象是技术产品、技术过程、服务等。在工作过程中主要是操作设备和设备维修 工作任务的工具： 计算机、存储设备、备份恢复软件 工作方法： 主要通过专用测试软件来判断分析			

续表

劳动组织： 可独立工作也可团队工作，项目经理对工作的影响大。整个工作渠道集成高，售后服务部、单位信息中心、保密局等部门或单位关系密切。需要员工有团队合作精神，有技能，保密意识强 工作要求： 企业的要求：保证企业网络和数据安全。客户的要求：数据不能丢失，网络不能停止。社会的要求：信息容量越来越大，不得随意泄露测试资料。法律法规和质量标准：遵守保密守则，遵守 ISO 9001 等质量标准。同行业默认潜规则和标准：无。工人自己对工作要求：及时准确不断学习新知识

表 2-15　典型工作任务分析记录表（8）

专业名称	信息安全技术		
职业领域	信息安全技术服务提供商		
典型工作任务 8	安全评估与测试	难度等级	III
工作岗位： 安全服务专家：通过资产重要性明确需要重点保护的资产信息；通过系统弱点分析、威胁分析、安全措施的有效性分析确定各项资产所面临的真实安全威胁问题，为用户提供全面或部分信息安全解决方案 工作过程： 根据用户所提供的网络和信息系统，对信息资产进行分类，确定安全级别，通过漏洞评估、维系评估、风险评估，查找和分析当前系统中存在的不安全因素，提供系统的安全评估报告。交付时提供改进方案和加固以后系统的运行状态数据。验收方式是功能验收、性能验收，由用户考核验收。该工作是由技术部经理分配。工作的客户为：政府、企业、事业单位。验收由客户、监理和施工方共同完成。该工作主要提供：安全评估报告、专家经验、SCANNER、IDS/ISP、现场评估服务（远程评估）等服务 工作任务的对象： 工作的主题是信息资产、漏洞、威胁、风险、IT 体系架构等安全技术，在工作过程中涉及评估产品安装、调试和项目的管理 工作任务的工具： （1）计算机；（2）网络连线；（3）防火墙；（4）入侵检测系统；（5）路由器；（6）漏洞			

续表

<table>
<tr><td>

扫描软件；（7）Scomne（网络系统数据库）ids/isp 项目管理工具。

工作方法：

现场测试、远程测试；故障排除方法有：漏洞攻击法、系统升级法、系统测试法

劳动组织：

项目常采用团队工作方法，并由项目经理负责。该工作需要团队协作、积极勤奋、认真态度、工作细致以及学习新技术的能力。项目经理对项目实施的进度、成本有影响。该组织与方案设计部门、规划部门、安全加固服务体系、采购部门有合作

工作要求：

企业的要求：了解自身 IT 整体风险现状，获得风险评估报告。客户的要求：达到预期功能，对网络影响小，实施速度快，移交工作完善。社会的要求：不影响，用户系统对社会提供的服务，促进社会的和谐。法律法规和质量标准：实施中要参考 ISO 9000 质量标准、ISO 27000、ISO 15408 安全评估规划、ISO 13335。同行业默认潜规则和标准：国际国内标准。工人自己对工作要求：产品质量高，从而减少实施中的意外。客户环境准备周全，避免环境因素导致实施中断

</td></tr>
</table>

表 2-16　典型工作任务分析记录表（9）

<table>
<tr><td>专业名称</td><td colspan="3">信息安全技术</td></tr>
<tr><td>职业领域</td><td colspan="3">信息安全技术服务提供商</td></tr>
<tr><td>典型工作任务 9</td><td>辅助应急响应</td><td>难度等级</td><td>III</td></tr>
<tr><td colspan="4">

工作岗位：

服务工程师：懂得产品的技术性能和原理，能够解答客户的专业性问题，排除客户对于购买公司产品的疑虑，增强客户对公司产品优越性能的信心。他们所面临的是客户对于产品性能和应用的具体问题，必须掌握专业技术知识，同时还要具备较强的问题敏感性和分析能力

工作过程：

用户报告→取得基本信息→现场响应→响应完成→原因分析→报告输出

工作任务的对象：

客户的问题

</td></tr>
</table>

续表

工作任务的工具： 计算机、软件、参考设备说明书 工作方法： 安装软件→发现问题→解决问题 劳动组织： 该工作需要团队协作、积极勤奋、态度认真、工作细致，并具有学习新技术的能力，还需要与用户的运维部门进行沟通与合作 工作要求： 企业的要求：实施速度快，客户反馈良好，产品策略发挥作用，了解并遵守客户的相关安全制度。客户的要求：达到预期功能，对网络影响小，实施速度快，移交工作完善。社会的要求：不影响用户系统对社会提供的服务；客户环境准备周全，避免环境因素导致实施中断

表 2-17　典型工作任务分析记录表（10）

专业名称	信息安全技术		
职业领域	信息安全技术服务提供商		
典型工作任务 10	安全产品测试	难度等级	III
工作岗位： 产品测试工程师：负责产品研发测试、质评测试以及多次回归测试，编写测试报告 工作过程： 接收研发部提供的产品和文档，编写或熟悉测试用例，执行测试并输出测试报告。主要验证产品功能性能，发现缺陷，提出改进意见及建议，提供测试报告，给出结论。测试完成后产品被发布，进行正式生产 工作任务的对象： 工作对象是技术产品、技术文档等。在工作过程中主要是操作设备 工作任务的工具： 交换机、路由器、PC、服务器、攻防软件 smatbit			

续表

工作方法：
根据使用手册及产品规格书搭建工作环境，编写测试用例，逐一执行测试用例并记录测试过程的结果，必要时需联系研发人员现场复现问题以便分拆解决：利用攻防软件验证安全产品的安全功能，利用 smartbits 等工具测试产品的处理性能
劳动组织： 一般成立相对独立的测试部门，团队工作。发现产品重大缺陷，避免售后服务事故，提出产品改进意见及建议，提高产品质量。要求员工具有细致认真负责任的心态和工作主动性，共同发挥作用，需要不断改进完善测试用例。测试经理、研发经理、产品经理对测试工作的开展有影响
工作要求： 企业的要求：发现产品全部存在的重大功能性能缺陷输出报告清晰明确。客户的要求：测试过程和结论清晰，问题可重现，提出建议完善。社会的要求：不得随意泄露测试资料。法律法规和质量标准：遵守保密守则，遵守 ISO 9001 等质量标准。同行业默认潜规则和标准：严重问题，但一般用不到或后果轻微可缓慢修改。工人自己对工作要求：测试产品和文档及时到位

表 2-18　典型工作任务分析记录表（11）

专业名称	信息安全技术		
职业领域	信息安全技术服务提供商		
典型工作任务 11	需求分析与初步解决方案设计	**难度等级**	IV
工作岗位： 售前顾问：充分了解客户需求，制作合理解决方案，与客户交流，反复修正合作方案并与技术研发部门沟通研发方案			
工作过程： 通过与客户交流，了解客户对安全产品的需求，了解哪些行业有特殊的要求，制定合理的合作方案，设计定制合作方案以及特殊问题解决方案。为客户提供网络安全解决方案、CIW 网络安全市场（中国本地）规划，市场分析报告，评估报告。工作完成后，将分析报告送达技术部，最后通过制定解决方案来交付已完成的合同。工作的客户为政府或企事业单位			
工作任务的对象： 工作的对象是系统需求分析与初步解决方案的设计，工作中的角色是产品市场研发专员			

续表

工作任务的工具：
使用计算机和各类软件工具整理收集到的方案，对数据进行整合，制作文档并打印制作合作方案
工作方法：
遇到问题及时与客户和研发公司进行沟通
劳动组织：
以团队合作的方式进行工作。工作中要与研发人员、各行业专家委员会、销售人员进行合作。在工作中要具有团队合作精神以及积极勤奋努力的工作作风
工作要求：
企业的要求：操作性强，操作环节简单。客户的要求：方案需求完整、内容全面、操作性强。社会的要求：具有安全性和合法性。法律法规和质量标准：遵守保密规定，且符合国家新的网络标准。同行业默认潜规则和标准：积极了解同行业的技术标准，严格保守技术机密。工人自己对工作的要求：制定的方案标准专业，能按时完成任务

表 2-19　典型工作任务分析记录表（12）

专业名称	信息安全技术		
职业领域	信息安全技术服务提供商		
典型工作任务 12	辅助开发	难度等级	IV
工作岗位： 程序员：负责软件项目的详细设计、编码和内部测试的组织实施，兼任系统分析工作，完成系统项目的实施和技术支持工作			
工作过程： 对企业的环境、运行情况、管理方法、基础数据管理状态、系统需求分析等方面做初步调查，然后进行系统总体方案设计及可行性研究，根据设计方案进行程序设计，将开发出的系统安置于企业局域网中运行测试，得出系统评估，最后对该项目进行验收，提交验收报告。最终，安全产品进入维护阶段。系统的验收方式是采用项目验收。该工作由项目经理进行分配。工作的客户为：政府、企业、事业单位。验收由客户和监理方验收。该工作主要为企业作如下服务：结合企业的实际情况，建立起立体式、纵深的安全防护系统，部			

续表

署安全监控机制，编写系统安装运行手册，指导企业员工使用系统软件，并提出信息安全管理理念，推广到企业的具体管理活动

工作任务的对象：

工作对象是软件开发文档、用户文档等相关技术文档

工作任务的工具：

（1）计算机；（2）C++、.NET 等编程语言、软件测试工具、文本剪辑工具

工作方法：

面向对象方法、模块化设计方法

劳动组织：

项目的产品开发常组团工作，并由项目经理负责。该工作需要团队协作、积极勤奋、态度认真、工作细致，并具有学习新技术的能力。项目经理对产品研发的进度有影响

工作要求：

企业的要求：按项目计划完成，客户反馈良好。客户的要求：产品功能、交货期等按合同要求。社会的要求：符合职业道德和职业标准。法律法规和质量标准：要符合国家相关法律与标准。同行业默认潜规则和标准：符合匈牙利命名法等。工人自己对工作要求：不断学习提升专业技术能力，充分沟通，积极协作，发挥团队力量快速完成任务，认真仔细避免发生错误

四、典型工作任务支撑知识点、技能点（见表 2-20）

表 2-20　典型工作任务支撑知识、技能分析表

典型工作任务编号	典型工作任务名称	基本知识点	知识点分类	基本技能点	技能点分类
1	分析网络拓扑结构	网络交换理论	C1	网络交换机	C1
		网络路由理论	C1	网络路由器	C1
		服务器及系统	A1	服务器	B1
		备份种类	C4	存储设备	C4
		安全理论	A2	安全设备	C2
		强电设计	A3	供电保证	B2
		备用电源设计	A4	备用电源	B2

续表

典型工作任务编号	典型工作任务名称	基本知识点	知识点分类	基本技能点	技能点分类
2	安装调试产品	防火墙原理	C2	防火墙安装配置	C2
		入侵检测原理	C2	入侵检测安装调试	C2
		防病毒系统原理	C2	防病毒系统安装调试	C2
		入侵防护系统原理	C2	入侵防护安装调试	C2
		网络系统原理	C2	网络系统安装调试	C2
		VPN 系统原理	C2	VPN 系统安装调试	C3
3	网络调试	网络交换理论	C1	交换机	C1
		路由理论	C1	路由器	C1
		服务器及产品	A1	服务器	B1
		备份种类	C4	存储	C4
		安全理论	A2	安全设备	C2
		强电设计	A3	供电	B2
		备用电源设计	A4	备用电源	B2
4	安全结构分析	网络基础	A5	网络调试	C1
		软件基础	A6	扫描技巧	C5
		微软 Windows 内核基础	A1	安全配置	C2
		攻防基础知识	A2	漏洞发现方法	C5
		安全产品了解	C2	产品的配置	C2
5	用户培训	沟通能力	G1	制作 PPT 能力	B3
6	维护运行维护	常见系统安全原理	C3	系统策略管理	B2
		常见攻防原理及分析	C3	系统及日志分析及监控	B2
		常见扫描器原理及使用	C3	安全扫描	C5
		常见系统、应用、网络故障分析能力及处理能力	C3	异常事件处理	C3
		对行业或用户或国家的相关法规有一定了解	C3		
		对安全业内动态有一定了解，能将业内动态与用户现场情况结合分析	C3	合规判断（检查）	C3

续表

典型工作任务编号	典型工作任务名称	基本知识点	知识点分类	基本技能点	技能点分类
7	数据备份与恢复	硬盘工作原理	C4	硬盘数据恢复	C4
		硬盘阵列技术原理	C4	安装调试	C4
		备份功能	C4	数据备份	C4
		容灾功能	C4	数据容灾	C4
		重复数据删除技术	C4	运用重复数据删除技术	C4
8	安全评估与测试	资产分类与赋值原理	C5	方法与工具	C5
		IT 体系架构知识	C5	架构调研	C5
		IT 管理概念	C5	了解 ISO 27000	C5
		漏洞原理	C5	漏洞扫描	C5
		威胁原理	C5	威胁文件检测人士评估	C5
		风险原理	C5	风险确认与计算	C5
		Office 软件	C5	报告输出机制	C5
		PWI	C5	项目定义	C5
		项目管理原理	C5	项目启动	C5
				项目计划	C5
				项目执行与控制	C5
				项目结果	C5
9	辅助应急响应	常见病毒原理及相关检测工具的使用	C3	病毒查杀	B4
		常见攻击及防护原理的利用手法	C3	入侵分析	B4
		常见的操作及安全原理	C3	系统异常处理	C3
		常见应用的使用及原理	C3	应用异常处理	C3
		常见网络设备调试	C2	网络异常处理	C3
		TCP/IP 原理 常见网络分析工具	A7	常见网络分析工具	C3

续表

典型工作任务编号	典型工作任务名称	基本知识点	知识点分类	基本技能点	技能点分类
10	安装产品测试	网络通信技术	A7	熟练使用主流交换机路由器	C1
		操作系统基础知识	A7	Windows Linux 系统安装应用	B1
				Office 软件熟练使用	B4
		攻防方法	C3	主要攻击工具使用	B5
		测试方法	C3	熟练 smartbits 等工具使用	C2
11	需求分析与初步解决方案设计	市场营销知识	C6	推广、营销、调研	G2
				Word、PPT、数据库	B4
		沟通技巧	G1	拟重点沟通	G2
		网络安全基础知识	A7	专业术语、专业基础知识	C1
		产品知识	C2	每个产品的特点及优势	C2
12	辅助开发	了解开发工具	C7	配置开发环境	C7
		熟悉编程语言	C7	代码编写	C7
		软件测试工具	C7	掌握黑盒测试、白盒测试等方法	C7
		文本剪辑工具	C7	编写开发文档	C7

五、专业-职业分析汇总

专业-职业分析汇总表如表 2-21 所示。

表 2-21 专业-职业分析汇总表

项目	专业-职业定位			专业-职业基本要求			证书选取
	专业技术领域	专业职业范围	专业职业岗位	典型工作任务	基本要求	拓展要求	
1	信息安全产品生产或集成	主要在各类信息安全服务提供商工作。包括：信息安全软件或硬件产品生产商做技术支持、产品实施、客户服务、售后技术服务、系统集成、产品销售等工作；在信息安全软件产品提供商做辅助开发工作；在信息安全测评或安全管理厂商做辅助测评及辅助评估等工作	信息安全产品实施工程师；信息安全产品售后技术支持工程师；信息安全产品客户服务人员；信息安全产品销售员；助理信息安全系统集成工程师； 信息安全产品项目经理（提升岗位）；信息安全产品售后技术支持经理（提升岗位）； 信息安全产品客户经理（提升岗位）；信息安全销售经理（提升岗位）；信息安全系统集成工程师（提升岗位）	（1）分析网络拓扑结构； （2）安装调试产品； （3）网络调试； （4）安全结构分析； （5）用户培训； （6）数据备份与恢复； （7）安全评估与测试； （8）安全产品测试； （9）需求分析与初步解决方案设计； （10）辅助开发	技能： （1）能够分析网络拓扑，并制定必要的网络安全策略 （2）能够掌握常见网络安全设备的配置及管理 （3）能够对企业网络进行日常的维护及安全事件的处理 （4）能够对常见系统防护软件进行安装及配置 （5）能够具有简单的程序编写能力，并能够对简单安全系统进行开发 （6）能够对系统进行安全测试，并写出安全评估报告 （7）能够根据信息安全管理原则制定安全策略： •处理英文文档的能力 •自我管理、学习和总结能力 •熟练使用IT工具进行相关文档编写的能力 •很好地进行团队合作及协调能力 •与他人沟通的能力 •身心健康	技能： （1）掌握手机安全软件的安装及配置 （2）掌握云安全软件基本安装与基本操作	（1）《信息安全师》国家职业资格证书（三级） （2）《信息安全工程师》国家信息安全技术水平考试（NCSE）二级 （3）《信息安全管理师》（CISO） （4）《网络安全高级工程师》CIW认证 （5）《网络信息安全工程师》NSACE认证 （6）网络安全工程师证书DCNSE（DigitalChina Network Security Engineer）神州数码认证

续表

项目	专业-职业定位			专业-职业基本要求			证书选取
	专业技术领域	专业职业范围	专业职业岗位	典型工作任务	基本要求	拓展要求	
2	信息安全产品的应用与维护	主要在各企事业单位从事单位网络安全维护工作	企业信息系统安全维护工程师；系统管理员；企业信息系统安全经理（提升岗位）；信息中心主管（提升岗位）	（1）系统运行维护 （2）辅助应急响应	知识： （1）国家信息安全的法律法规和标准 （2）信息系统安全管理知识 （3）计算机硬件基本知识 （4）程序设计基础知识 （5）网络技术基本知识 （6）信息安全基本知识 （7）数据库及数据库安全基本知识 （8）操作系统安全基本知识 （9）防火墙及网络各类技术 （10）安全审计技术 （11）密码技术原理 （12）扫描和入侵检测技术 （13）应急事件处理技能	知识： （1）掌握无线加密的概念和基本方法。 （2）掌握云技术和云安全概念。 （3）掌握云安全技术的基本原理	（1）网络安全工程师 CCSP（Cisco Certified Security Professional）思科认证 （2）H3C 认证安全技术高级工程师证书 （3）RCSA（锐捷认证安全工程师） （4）天融信认证安全专业人员(TCSP)

说明：

（1）专业核心课程后以“*”标记，为必须开设课程；
（2）建议第五学期至少安排 12 周课；
（3）选修课为公共选修课和专业选修课，预留 10～20 学分，未在专业教学计划表中列出；
（4）学时根据各学校的学分学时比自行折算。

六、培养目标与规格确定

培养目标：

培养具有良好职业道德，熟悉网络在信息安全方面的法律法规，自觉维护国家、社会和公众的信息安全；能够综合运用所学基本知识、技能，集成信息安全系统，熟练应用信息安全产品，具有信息安全维护和管理能力的高素质技能型专门人才。就业面向是信息安全硬件或软件产品的安装调试、系统集成、售后技术支持，产品销售及客户服务等工作；或在具有计算机网络的公司、银行、证券公司、海关、企事业单位及公、检、法等部门，从事计算机信息安全管理和维护工作。

培养规格：

毕业生应具备的综合职业能力（职业核心能力）：

信息安全管理能力；

信息安全系统的集成和维护能力。

毕业生应达到的基本要求（基本素质、基本知识、基本能力、职业态度）：

1．基本素质

（1）英文文档的能力；

（2）自我管理、学习和总结能力；

（3）熟练使用IT工具进行相关文档编写的能力；

（4）很好地进行团队合作及协调能力；

（5）与他人沟通的能力；

（6）身心健康。

2．基本知识

（1）国家信息安全的法律法规和标准；

（2）信息系统安全管理知识；

（3）计算机硬件基本知识；

（4）程序设计基础知识；

（5）数据库及数据库安全基本知识；

（6）操作系统系统安全基本知识；

（7）网络技术基本知识；

（8）信息安全基本知识。

3．基本能力

（1）有计算机操作（Office组件）基本能力；

（2）具有计算机组装维修基本能力；

（3）具有 Windows 和 Linux 操作系统安全配置能力；

（4）具有局域网组建基本能力；

（5）具有网络攻防技术基本能力；

（6）具有计算机病毒防范基本能力；

（7）具有路由和交换基本能力；

（8）具有信息安全产品配置与应用基本能力；

（9）具有系统运行安全与维护基本能力；

（10）具有数据备份与恢复的基本能力；

（11）具有安全扫描与风险评估的基本能力。

4．职业态度

（1）维护国家、社会和公众的信息安全；

（2）诚实守信，遵纪守法；

（3）努力工作，尽职尽责；

（4）发展自我，维护荣誉。

2.3　课程体系设计

前一阶段高职课程改革模式多采用德国的“基于工作过程的专业及课程”开发方法。该方法彻底改变了以前以学科体系为主导的课程开发方法，使得高职教育与本科教育从专业及课程设置上完全分开。但由于中国的高职办学体制和德国的职业教育有很大的差别，此种方法遇到了很多实际困难，如高职的数学、英语等基础课程如何改革和如何开设等问题。针对此类方法在实际运用中的各类困难，电子信息类教指委高林教授和鲍洁教授提出了“基于竞争力导向的课程开发方法”，该套方法的核心是提出了“ABC”三类课程的概念，并在德国“基于工作过程课程开发方法”提出了改进方法，以期解决上述问题。

2.3.1　学习领域课程（C 类课程）分析

C 类课程即：实践-理论一体化的学习领域课程。按学习领域课程设计方法，从典型工作任务直接转换形成的课程。在课程转换过程中，是不是每个典型工作任务都能转化成一门学习领域课程?在实践过程中，证明答案是否定的。有的典型工作任务知识点和技能点较少，并且与其他典型工作任务明显有前后逻辑关联性，可与相关典型工作任务合并开设一门学习领域课程，称之为小 C。对于典型工作任务所包含的知识点和技能点丰富，并且相对独立，可直接利用开发设计学习领域课程，称之为大 C。经过合并和整理，原来的 12 个典型工作任务转化为 7 门学习领域课程，具体的转换过程如表 2–22 所示。

表 2-22　典型工作任务到学习领域课程转换表

难度等级	典型工作任务编号	典型工作任务名称	是否核心典型工作任务	归并	学习领域课程
难度Ⅰ	1	分析网络拓扑结构	否	C6	C1：网络产品配置与管理
	2	安装调试产品	否	C4	
	3	网络调试	否	C1(大)	
难度Ⅱ	4	安全结构分析	否	C6	C2：数据备份与恢复
	5	用户培训	否	C4	
	6	系统运行维护	是	C3	
	7	数据备份与恢复	否	C2（大）	
难度Ⅲ	8	安全评估与测试	是	C5	C3：系统运行安全与维护
	9	辅助应急响应	否	C3	C4：信息安全产品配置与应用
	10	安全产品测试	否	C4	C5：安全扫描与风险评估
难度Ⅳ	11	需求分析与初步解决方案设计	是	C6	C6：网络安全方案设计
	12	辅助开发	否	C7（大）	C7：安全系统开发

从典型工作任务转化构成的学习领域课程，可分为核心和一般学习领域课程两组。每一个典型工作任务转化为一门学习领域课程，形成一张学习领域课程分析表，如表 2–23～表 2–29 所示。

表 2-23　学习领域课程分析表（1）

<table>
<tr><td colspan="12">“信息安全技术”专业</td></tr>
<tr><td colspan="3">学习领域编号 1
学习难度范围 I</td><td colspan="3">网络设备配置
与管理</td><td colspan="3">一般学习领域</td><td colspan="3">时间安排 90 学时
实践（45 学时）；讲授（45 学时）</td></tr>
<tr><td colspan="12">职业行动领域描述</td></tr>
<tr><td colspan="12">首先对网络进行规划和设计，确定该网络工程的应用背景、业务需求、管理需求、安全性需求、通信量需求、网络扩展性需求以及网络环境需求等，并根据规划进行相关网络综合布线；然后，将交换机、路由器、网络服务器、防火墙等进行安装与配置；安装与配置完成后，给网络进行故障的分析与排除；最后，进行网络的测试与验收。最终，整个网络进入维护阶段（数据备份等）</td></tr>
<tr><td colspan="12">学习目标</td></tr>
<tr><td colspan="6">实践学习：
方案设计、项目实施、线路网络设备调试员（网络管理员）能够正确理解上级所交待给的任务，制作好工作计划，能够及时向上级汇报，并能够根据客户需求分析对网络环境进行综合布线，掌握交换机、路由器、网络服务器、防火墙的安装与配置，根据完成的网络环境进行故障分析与排除；安装完成后对网络进行测试、验收，根据要求进行数据备份</td><td colspan="6">理论学习：
学生能够在教师的指导下，掌握交换机、路由器、服务器、防火墙的安装与配置。学生通过合作完成对网络的规划和设计，并根据设计完成网络综合布线，了解强电设计、备用电源的工作原理等，并根据完成的网络布线进行安全评估，根据客户的需求再进行相应的调整</td></tr>
<tr><td colspan="12">学习内容</td></tr>
<tr><td colspan="4">学习资源：
文档（使用手册《用户使用手册和管理员手册》，验收文档，日常维护手册，备份清单）
学习组织：
采用分组教学方式，在小组组长（项目经理）组织下，组员分工协作共同参与完成方案设计、铺设线路、线路测试等工作任务</td><td colspan="4">学习环境：
路由交换实训室
综合布线实训室
施工现场（校内外实训基地）</td><td colspan="4">基础支持（技术、知识等）：
工程制图、工程规范、网络基础知识、相关工具的使用</td></tr>
</table>

表 2-24　学习领域课程分析表（2）

<table>
<tr><td colspan="6">“信息安全技术”专业</td></tr>
<tr><td>学习领域编号 2
学习难度范围Ⅱ</td><td colspan="2">数据备份与恢复</td><td colspan="2">一般学习领域</td><td>时间安排 64 学时
实践（32 学时）；讲授（32 学时）</td></tr>
<tr><td colspan="6">职业行动领域描述
由技术经理（系统负责人/信息主管/安全主管）负责分配任务。首先召开项目启动会，了解安全产品的技术要求、物理环境的要求；分清工作责任；对相关参数的配置给出配置清单，如、端口的配置、网关的配置；然后，将设备运到甲方的机房，进行物理安装，包括加电，网络连线，设备上架；设备安装完毕，给产品做相应的配置；再验证配置是否生效，进行试运行；最后对该项目进行验收，提交验收报告。最终，安全产品进入维护阶段</td></tr>
<tr><td colspan="6">学习目标</td></tr>
<tr><td colspan="3">实践学习：
受训者能够正确理解上级所交待的任务，制作好工作计划，有序开展工作。工作完成中或完成后能够及时向上级汇报。了解硬盘工作原理，掌握常见硬盘数据备份恢复技术；学习硬盘阵列技术原理，并能安装调试；学习存储架构原理，设计、构建各类常用存储架构，并能够独立完成系统测试；了解备份功能，掌握数据备份技能；了解容灾功能，实现数据容灾；深入了解各种数据恢复技术，掌握数据备份与恢复的基本知识和操作技能；学习重复数据删除技术，并能学会应用。最后，将学到的知识用到实践中去，为企业作贡献</td><td colspan="3">理论学习：
学生能够在教师的指导下，完成如下任务：了解硬盘工作原理，掌握常见硬盘数据备份恢复技术；学习硬盘阵列技术原理，并能安装调试；学习存储架构原理，设计、构建各类常用存储架构，并能够独立完成系统测试；了解备份功能，掌握数据备份技能；了解容灾功能，实现数据容灾；深入了解各种数据恢复技术，掌握数据备份与恢复的基本知识和操作技能；学习重复数据删除技术，并能学会应用。提高自身职业技能，提高信息安全层次，为社会作贡献</td></tr>
<tr><td colspan="6">学习内容</td></tr>
<tr><td colspan="2">学习资源：
实验指导、文档（使用手册《用户使用手册和管理员手册》，验收文档，日常维护手册）
学习组织：
采用分组教学方式，在小组组长（项目经理）组织下，组员分工协作共同参与完成方案设计、项目实施、线路测试等工作任务</td><td colspan="2">学习环境：
网络存储实训室
施工现场（校内外实训基地）</td><td colspan="2">基础支持（技术、知识等）：
计算机硬件基础知识，网络技术基础、计算机硬盘维护、局域网组建技术</td></tr>
</table>

表 2-25 学习领域课程分析表（3）

<table>
<tr><td colspan="12">“信息安全技术”专业</td></tr>
<tr><td colspan="3">学习领域编号 3
学习难度范围 III</td><td colspan="3">系统运行安全与维护</td><td colspan="3">一般学习领域</td><td colspan="3">时间安排 90 学时
实践（45 学时）；讲授（45 学时）</td></tr>
<tr><td colspan="12">职业行动领域描述
由技术经理（系统负责人/信息主管/安全主管）负责分配任务。首先召开项目启动会，了解安全产品的技术要求、物理环境的要求；分清工作责任，并对相关参数的配置给出配置清单，如端口的配置、网关的配置；然后，将设备运到甲方的机房，进行物理安装，包括加电、网络连线、设备上架；设备安装完毕，给产品做相应的配置；再验证配置是否生效，进行试运行；最后对该项目进行验收，提交验收报告。最终，安全产品进入维护阶段</td></tr>
<tr><td colspan="12">学习目标</td></tr>
<tr><td colspan="6">实践学习：
受训者能够正确理解上级所交待的任务，制作好工作计划，有序开展工作。工作完成中或完成后能够及时向上级汇报。了解常见系统安全原理，常见攻防原理及分析，常见攻击及防护原理的利用手法，常见扫描器原理及使用，常见病毒原理及相关检测工具的使用，常见的操作及安全原理，常见应用的使用及原理，常见网络设备调试 TCP/IP 原理，常见网络分析工具，常见系统、应用、网络故障分析能力及处理能力，对行业或用户或国家的相关法规有一定了解，对安全业内动态有一定了解，能将业内动态与用户现场情况结合分析，并将学到的知识用到工作中，为企业作贡献</td><td colspan="6">理论学习：
学生能够在教师的指导下，了解常见系统安全原理，常见攻防原理及分析，常见攻击及防护原理的利用手法，常见扫描器原理及使用，常见病毒原理及相关检测工具的使用，常见的操作及安全原理，常见应用的使用及原理，常见网络设备调试 TCP/IP 原理，常见网络分析工具，常见系统、应用、网络故障分析能力及处理能力，对行业或用户或国家的相关法规有一定了解，对安全业内动态有一定了解，能将业内动态与用户现场情况结合分析。提高自身职业技能，为社会作贡献</td></tr>
<tr><td colspan="12">学习内容</td></tr>
<tr><td colspan="4">学习资源：
项目指导书、PPT 等。
学习组织：
采用分组教学方式，在小组组长（项目经理）组织下，组员分工协作共同参与完成系统扫描、系统加固、网络防御、病毒查杀</td><td colspan="4">学习环境：
网络攻防实训室
病毒防范实训室
系统防护实训室（校内外实训基地）</td><td colspan="4">基础支持（技术、知识等）：
网络攻防技术、病毒防护技术
操作系统安全防护知识、漏洞扫描技术、系统加固技术</td></tr>
</table>

表 2-26　学习领域课程分析表（4）

<table>
<tr><td colspan="12">“信息安全技术”专业</td></tr>
<tr><td colspan="3">学习领域编号 4
学习难度范围 III</td><td colspan="3">信息安全产品配置与应用</td><td colspan="3">一般学习领域</td><td colspan="3">时间安排 90 学时
实践（45 学时）；讲授（45 学时）</td></tr>
<tr><td colspan="12">职业行动领域描述
由技术经理（系统负责人/信息主管/安全主管）负责分配任务。首先，召开项目启动会，了解安全产品的技术要求，物理环境的要求；分清工作责任；对相关参数的配置给出配置清单，如端口的配置；网关的配置；然后，将设备运到甲方的机房，进行物理安装，包括加电、网络连线、设备上架；设备安装完毕，给产品做相应的配置；再验证配置是否生效，进行试运行；最后对该项目进行验收，提交验收报告。最终，安全产品进入维护阶段</td></tr>
<tr><td colspan="12">学习目标</td></tr>
<tr><td colspan="6">实践学习：
受训者能够正确理解上级所交待的任务，制作好工作计划，有序开展工作。工作完成中或完成后能够及时向上级汇报，并能够独立阅读并理解各种安全产品（产品（硬件/软件）：防火墙、防病毒（防病毒墙）、入侵防护、反垃圾邮件、漏洞扫描、VPN、网页过滤（安全代理）、安全网关等的技术文档，根据技术文档对安全产品进行安装。安装完成后对安全产品进行调试，并进行半年以上的测试，根据要求进行安全策略的调优</td><td colspan="6">理论学习：
学生能够在教师的指导下，了解几种安全产品的技术文档，如防火墙、防病毒入侵防护、反垃圾邮件、漏洞扫描、VPN、网页过滤、安全网关等。学生通过合作完成安全产品的安装，并根据教师的要求，对安全产品进行一定的配置，制定一系列的安全策略。根据安全产品的运行情况，评估安全产品的性能、功能性。对安全策略进行评估，并各具需求进行相应的调整</td></tr>
<tr><td colspan="12">学习内容</td></tr>
<tr><td colspan="4">学习资源：
实验指导、文档（使用手册《用户使用手册和管理员手册》，验收文档，日常维护手册）
学习组织：
采用分组教学方式，在小组组长（项目经理）组织下，组员分工协作共同参与完成方案设计、项目实施、网络测试等工作任务</td><td colspan="4">学习环境：
网络安全设备实训室
施工现场（校内外实训基地）</td><td colspan="4">基础支持（技术、知识等）：
信息安全基础、网络技术基础
网络攻防技术，病毒防范技术</td></tr>
</table>

表 2-27 学习领域课程分析表（5）

<table>
<tr><td colspan="4">"信息安全技术"专业</td></tr>
<tr><td>学习领域编号 5
学习难度范围 III</td><td>安全扫描与风险评估</td><td>一般学习领域</td><td>时间安排 64 学时
实践（32 学时）；讲授（32 学时）</td></tr>
<tr><td colspan="4">职业行动领域描述
由技术经理（系统负责人/信息主管/安全主管）负责分配任务。首先召开项目启动会，了解网络和信息系统安全需求；分清工作责任；给定 SCANNER、IDS/ISP 工具的测试参数；然后，到达企业要求的现场，安装测试的软件，做相应的配置；通过工具软件的测试，获得网络和信息系统的安全现状，提交安全评估报告和改进措施；最后对该项目进行验收，提交验收报告。最终，进入维护阶段</td></tr>
<tr><td colspan="4">学习目标</td></tr>
<tr><td colspan="2">实践学习：
受训者能够正确理解上级所交待的任务，制作好工作计划，有序开展工作。工作完成中或完成后能够及时向上级汇报。并能够独立阅读并理解各种安全产品（产品（硬件/软件）：防火墙、防病毒（防病毒墙）、入侵防护、反垃圾邮件、漏洞扫描、网页过滤（安全代理）、安全网关等的技术文档，根据技术文档对安全产品进行安装。安装完成后对安全产品进行调试，并进行半年以上的测试，根据要求进行安全策略的配置</td><td colspan="2">理论学习：
学生能够在教师的指导下，掌握信息资产的分类、IT 体系架构的基础知识，运用工具对系统进行漏洞评估和威胁评估，了解几种安全评估产品的技术文档，如 ISO 27000、漏洞扫描、入侵检测系统、SCANNER、IDS/IPS 等技术及工具的使用。学生通过合作完成信息系统的安全评估，并根据教师的要求，提供安全评估报告。根据评估报告，完成对系统的升级</td></tr>
<tr><td colspan="4">学习内容</td></tr>
<tr><td colspan="2">学习资源：
项目指导书、风险评估软件。
学习组织：
采用分组教学方式，在小组组长（项目经理）组织下，组员分工协作共同参与完成系统扫描、风险评估、评估报告生成</td><td>学习环境：
模拟企业网环境
风险评估软件</td><td>基础支持（技术、知识等）：
漏洞扫描技术、系统加固技术
信息安全管理知识、Office 文档处理</td></tr>
</table>

表 2-28　学习领域课程分析表（6）

<table>
<tr><td colspan="12">“信息安全技术”专业</td></tr>
<tr><td colspan="3">学习领域编号 6
学习难度范围 IV</td><td colspan="3">网络安全方案设计</td><td colspan="3">一般学习领域</td><td colspan="3">时间安排 64 学时
实践（32 学时）；讲授（32 学时）</td></tr>
<tr><td colspan="12">职业行动领域描述
由技术经理（系统负责人/信息主管/安全主管）负责介绍企业网络或网络需求情况。首先召开项目启动会，了解网络的技术要求、用户的产品和技术要求、物理环境的要求；分清工作责任；对用户的应用类型、工程范围、网络环境确定后，对安全结构进行分析并做出相应的设计。在做好需求分析的基础上，接下来的工作才能具有针对性，对用户布线的应用类型进行界定，然后确定网络安全的工程范围，并再次综合考察网络环境，画出实际的物理连接图，然后根据逻辑关系画出逻辑图，形成网络图谱结构；最后，对该项目进行验证和分析，提交验证报告和分析报告并完成相应的设计方案</td></tr>
<tr><td colspan="12">学习目标</td></tr>
<tr><td colspan="6">实践学习：
受训者能够正确理解上级所交待的任务，制作好工作计划，有序开展工作。工作进行中或完成后能够及时向上级汇报。完成网络拓扑结构分析和安全结构分析，能够独立阅读并理解各种安全产品（产品（硬件/软件）：防火墙，防病毒（防病毒墙）、入侵防护、反垃圾邮件、漏洞扫描、VPN、网页过滤（安全代理）、安全网关等的技术文档，根据技术文档对安全产品进行安装。安装完成后对安全产品进行调试，并进行半年以上的测试，根据要求进行安全策略的调优</td><td colspan="6">理论学习：
学生能够在教师的指导下，了解几种网络产品的使用和分析，通过对网络产品的安装以及相互之间的连接对网络的拓扑结构和安全结构进行分析，最终形成网络的拓扑结构和安全结构的分析方案。了解几种安全产品的技术文档，如防火墙、防病毒入侵防护、反垃圾邮件、漏洞扫描、VPN、网页过滤、安全网关等。学生通过合作完成安全产品的安装，并根据教师的要求，对安全产品进行一定的配置，制定一系列的安全策略。根据安全产品的运行情况，评估安全产品的性能、功能性。对安全策略进行评估，并各具需求进行相应的调整</td></tr>
<tr><td colspan="12">学习内容</td></tr>
<tr><td colspan="4">学习资源：
项目指导书、PPT 等。
学习组织：
采用分组教学方式，在小组组长（项目经理）组织下，组员分工协作共同参与完成网络拓扑分析，网络方案的生成等</td><td colspan="4">学习环境：
模拟企业网环境</td><td colspan="4">基础支持（技术、知识等）：
信息安全管理知识、网络攻防知识、网络技术基础、路由交换技术、Office 文档处理</td></tr>
</table>

表 2-29　学习领域课程分析表（7）

<table>
<tr><td colspan="4">"信息安全技术"专业</td></tr>
<tr><td>学习领域编号 7
学习难度范围 IV</td><td>安全系统开发</td><td>一般学习领域</td><td>时间安排 64 学时
实践（32 学时）；讲授（32 学时）</td></tr>
<tr><td colspan="4">职业行动领域描述</td></tr>
<tr><td colspan="4">由项目经理负责分配任务。首先召开项目启动会，了解安全系统的技术要求，物理环境的要求；对企业的环境、运行情况、管理方法、基础数据管理状态、系统需求分析等方面做初步调查；然后进行系统总体方案设计及可行性研究，根据设计方案进行程序设计；将开发出的系统安置于企业局域网中运行测试，得出系统评估，最后对该项目进行验收，提交验收报告。最终，安全系统进入维护阶段</td></tr>
<tr><td colspan="4">学习目标</td></tr>
<tr><td colspan="2">实践学习：
受训者能够正确理解上级所交待的任务，制作好工作计划，有序开展工作；期间负责项目的详细设计、编码和内部测试的组织实施，兼任系统分析工作，完成系统项目的实施和技术支持工作；工作中能向项目经理及时反馈系统开发中的情况，并根据实际情况提出改进建议；系统开发完后对其进行调试，并进行半年以上的测试，根据要求进行安全策略的优化</td><td colspan="2">理论学习：
学生能够在教师的指导下，了解软件开发生命周期的全过程及软件开发规范；掌握软件系统开发的一般方法和有关软件文档的编写，为今后更深入地学习和从事软件开发实践打下良好的基础。根据教师的要求，对安全系统进行一定的优化，制定一系列的安全策略。根据系统的运行情况，评估其性能和功能性，并作出相应的调整</td></tr>
<tr><td colspan="4">学习内容</td></tr>
<tr><td>学习资源：
实验指导、PPT
学习组织：
采用分组教学方式，在小组组长（项目经理）组织下，组员分工协作共同参与完成方案设计、项目实施、网络测试等工作任务</td><td colspan="2">学习环境：
程序开发实训室</td><td>基础支持（技术、知识等）：
信息安全基础、网络技术基础
网络攻防技术、病毒防范技术
程序开发基础</td></tr>
</table>

2.3.2　基本技能平台课程（B 类课程）分析

B 类课程的概念：从典型工作任务中提取技能点，并对其进行分析，将不属于完成整体性工作任务的综合性技能，但又将完成整体性工作任务构成支持的基础性技能点剥离出来，并按行业规范进行适当归纳整理，将整理后规范化的技能点称为基本技术技能；结合行业规范要求给出训练标准，并依此设计训练性课程，为基本技术技能的训练性实践课程。

从基本技能点中分析汇总优化构成的支撑性课程（B类）（见表2-30），参考规范的专业类基础性课程（B类），尽量采用已规范的基础性课程（B类）。

表2-30　B类支撑性课程分析表

基本技能点	基本知识点	技术或方法	课程名称	支持的典型工作任务
(1) 掌握Word的基本功能，能够制作简历、论文、工程标书等文档 (2) 掌握Excel的基本操作，能进行综合表格的制作，并能进行函数计算 (3) 掌握PPT的基本操作，能制作针对用户培训的文档，并进行讲解 (4) 掌握Project的基本功能，能对利用该软件进行简单工程管理 (5) 掌握viso的基本功能，能制作简单的工程图	(1) 项目管理基本知识 (2) 网络工程图的基本制作	掌握工科常用Office组件的安装、使用方法	计算机操作基础实训(Office组件)	用户培训；安全评估与测试
(1) 能够拟定组装计划并对计算机部件的进行选购 (2) 能够对计算机的部件进行组装 (3) 能够对计算机系统的CMOS设置和硬盘分区 (4) 能够安装计算机系统软件和常用软件 (5) 能够对计算机系统的测试和优化 (6) 能够安装计算机主要的外部设备，如打印机、扫描仪等 (7) 能够排除计算机常见的故障	计算机基本原理和组成	(1) 常用系统软件和应用软件的安装和配置； (2) 常用计算机外设的安装和配置	计算机组装维修实训	安装调试产品；网络调试；系统运行维护；数据备份与恢复
(1) 能够进行Windows安装配置安全 (2) 能够配置账户设置安全 (3) 能够配置Windows数据安全 (4) 能够进行网络应用安全配置 (5) 能够进行应用服务安全配置 (6) 能够进行软件限制安全配置 (7) Windows安全分析配置 (8) 能够进行注册表安全配置 (9) 能够进行系统监控审核配置 (10) 能够进行备份与恢复	Windows软件的基本知识	对Windows软件进行安装及安全配置	Windows操作系统安全配置实训	系统运行维护；数据备份与恢复；安全评估与测试；辅助应急响应

续表

基本技能点	基本知识点	技术或方法	课程名称	支持的典型工作任务
(1)能够对局域网进行规划设计 (2) 能够实施局域网布线系统 (3) 能够实现网络互连与优化 (4) 能够实现服务器的架设 (5)能够实现局域网与外网连接 (6)能够实现局域网的安全与管理	(1)局域网基本知识 (2) IP 地址规划方法 (3)网络互连基本知识 (4) 综合布线基本知识 (5)网络安全管理基本知识	掌握局域网组建过程的基本方法和常用软件	局域网组建实训	分析网络拓扑结构；安装调试产品；网络调试；安全结构分析；系统运行维护；数据备份与恢复；辅助应急响应；需求分析与初步解决方案设计
(1) 掌握漏洞扫描的基本方法 (2) 能够防范远程控制攻击 (3) 能够防范木马攻击 (4) 能够防范网络嗅探与欺骗 (5) 能够防范缓冲区溢出攻击 (6)掌握 cookies 欺骗与防御技术 (7) 能够防范 xss 跨站脚本攻击 (8) 能够防范拒绝服务攻击 (9) 能够防范入侵数据库的web 脚本攻击 (10)掌握网络攻防技术的系统防护知识 (11)掌握密码防护与破译的基本方法	(1)网络攻防基本原理 (2)系统防护的基本知识 (3)漏洞和后门的基本概念 (4)黑客的基本	(1) 掌握各类攻击的基本软件和防护软件 (2) 掌握系统防护的基本方法 (3) 掌握各类文档和系统加密和解密的工具软件	网络攻防技术实训	分析网络拓扑结构；安装调试产品；安全结构分析；系统运行维护；安全评估与测试；辅助应急响应；需求分析与初步解决方案设计
(1)能够防范传统计算机病毒概述 (2) 能够防范蠕虫病毒 (3) 能够防范木马病毒分析 (4) 能够防范网页脚本病毒 (5) 能够防范即时通信病毒 (6)能够防范系统漏洞攻击病毒 (7) 能够防范移动通信病毒 (8) 能够防范网络钓鱼 (9) 能够防范流氓软件	(1) 计算机病毒的基本概念 (2)计算机病毒的发展历史 (3)计算机病毒的危害 (4)计算机病毒的查杀基本方法	(1) 掌握常见杀毒软件的使用方法 (2) 掌握各种病毒的专杀工具 (3) 掌握系统维护的基本技术：打补丁、升级等	计算机病毒防范实训	安装调试产品；安全结构分析；系统运行维护；辅助应急响应；需求分析与初步解决方案设计

2.3.3 基本理论平台课程（A 类课程）分析

从基本知识点中分析汇总优化构成的支撑性基本理论课程（A 类）（见表 2-31），参考规范的专业类基础性课程（A 类），尽量采用已规范的基础性课程（A 类）。

表 2-31 A 类支撑性课程分析表

基本知识点	基本知识单元	课程名称	支持的典型工作任务
（1）了解计算机的发展概述 （2）了解微处理器发展概述 （3）了解微型计算机系统 （4）掌握微型计算机系统的主要性能指标	计算机基础知识	计算机硬件基础	系统运行维护；数据备份与恢复；辅助应急响应
（1）掌握计算机数制及算术运算 （2）了解计算机数字电路	数字电路基础		
（1）理解 CPU 的功能和组成 （2）掌握 8086/8088 的编程结构 （3）掌握 8086/8088 CPU 的引脚及其功能 （4）了解8086/8088的存储器组织与I/O组织 （5）了解 8086/8088 的 CPU 时序	中央处理器		
（1）理解总线的基本概念 （2）了解总线技术 （3）掌握常用系统总线 （4）掌握外围设备总线 （5）理解主板的基本概念 （6）了解主板结构 （7）掌握主板控制芯片组 （8）了解主板的发展趋势	总线和主板		
（1）理解指令系统概述 （2）理解寻址方式 （3）掌握 8086/8088 指令系统 （4）了解汇编语言基本程序设计	指令系统与汇编语言		
（1）理解存储系统概述 （2）掌握随机读写存储器（RAM） （3）掌握只读存储器（ROM） （4）了解 CPU 与存储器的连接 （5）了解外存储器	存储系统		
（1）理解中断系统基本概念 （2）掌握中断的处理过程 （3）理解 IBM-PC 中断系统结构 （4）理解 Intel 8259A 可编程中断控制器 （5）理解 8259A 的初始化编程举例	中断系统		

续表

基本知识点	基本知识单元	课程名称	支持的典型工作任务
(1) 理解微型计算机接口技术概述 (2) 理解输入与输出 (3) 理解并行数据接口 (4) 理解串行数据接口 (5) 了解 DMA 接口 (6) 了解可编程定时计数器	微型计算机接口技术		
(1) 了解 C 语言的发展及特点 (2) 了解 C 语言程序基本结构 (3) 熟悉 C 语言集成开发环境	C 语言概述	程序设计技术（C 语言）	安全产品测试；辅助开发
(1) 掌握基本语法 (2) 掌握数据的输入／输出 (3) 掌握程序的算法基础 (4) 掌握顺序结构程序设计	顺序结构流程及应用		
(1) 掌握单分支选择结构 (2) 掌握双分支选择结构 (3) 掌握多分支选择结构	选择结构程序设计		
(1) 掌握 while 语句的流程及应用 (2) 掌握 do　while 语句的流程及应用 (3) 掌握 for 语句的流程及应用 (4) 了解循环的嵌套 (5) 了解 break 语句和 continue 语句	循环结构流程及应用		
(1) 了解一维数组、二维数组和、字符数组 (2) 了解结构体类型概述 (3) 了解共用体 (4) 了解位运算	数组、结构体、共用体与位运算		
(1) 掌握函数的定义 (2) 理解函数的参数传递 (3) 理解变量的分类 (4) 理解函数的作用域 (5) 掌握函数与变量的应用	函数和变量		
(1) 理解指针的概念 (2) 理解指针与数组的关系 (3) 了解指向结构体类型数据的指针 (4) 了解指针的应用	指针		
(1) 掌握文件的基本概念与分类 (2) 掌握打开和关闭文件的方法 (3) 了解文件的顺序读/写 (4) 了解随机文件的读/写	文件		

续表

基本知识点	基本知识单元	课程名称	支持的典型工作任务
（1）了解数据库的概述和发展历史 （2）理解数据库系统的模型和结构 （3）能够设计简单的数据库结构	数据库技术基础	数据库应用技术（SQL Server）	系统运行维护；数据备份与恢复；辅助应急响应
（1）掌握 SQL Server 2005 的安装和设置 （2）了解 SQL Server 2005 的工具	SQL Server 2005 软件概述		
（1）了解 Transact-SQL （2）了解函数 （3）能够使用流程控制语句	使用 Transact-SQL 语言		
（1）了解数据库结构 （2）能够创建数据库 （3）能够管理数据库	创建与管理数据库		
（1）掌握创建数据表 （2）掌握修改数据表 （3）了解使用完整性约束 （4）了解使用规则与默认值 （5）了解添加和修改表数据	创建与管理数据表		
（1）掌握简单查询 （2）掌握连接查询 （3）了解子查询 （4）了解联合查询 （5）了解使用 SQL Server Management Studio 实现查询	查询数据		
（1）掌握创建视图 （2）掌握使用视图 （3）了解维护视图 （4）了解创建索引 （5）了解管理和维护索引	使用视图与索引		
（1）掌握建立和执行存储过程 （2）掌握管理和维护存储过程 （3）了解使用游标	使用存储过程和游标		
（1）掌握创建触发器的方法 （2）掌握管理与维护触发器 （3）了解事务的基本概念	使用触发器和事务		
（1）了解设置验证模式 （2）掌握登录管理 （3）掌握用户管理 （4）掌握角色管理 （5）掌握权限管理	数据库的安全性管理		

续表

基本知识点	基本知识单元	课程名称	支持的典型工作任务
(1) 掌握备份数据库 (2) 掌握还原数据库 (3) 掌握导出与导入数据	备份与还原数据库		
(1) Linux 系统的产生与特点 (2) Linux 的发行版本介绍	Linux 操作系统概述	Linux 操作系统应用	系统运行维护；数据备份与恢复；辅助应急响应
(1) Linux 安装前的准备及过程 (2) Linux 系统的使用基础 (3) Linux 系统的网络接入 (4) 常见的互联网应用	系统安装与使用基础		
(1) 文件与目录概述 (2) 文件和目录的基本操作 (3) 文本编辑器VI的使用	文件与目录的管理		
(1) 用户与组概述 (2) 用户／组账号的配置文件 (3) 用户与组账号的管理	Linux 用户与组的管理		
(1) 存储设备与文件系统 (2) 在 Linux 系统中使用光盘 (3) 在 Linux 系统中使用闪存盘 (4) 磁盘的分区及维护	存储设备的使用与管理		
(1) 图形化的 RPM 软件包管理工具 (2) 命令行界面下的 RPM 软件包管理 (3) Linux 的 TAR 源码包管理 (4) Linux 内核编译与升级	软件管理与内核编译		
(1) Shell 与 Shell 环境变量 (2) Shell 脚本的建立和执行 (3) 进程的基本管理	Shell、多任务与进程		
(1) 配置 Samba 服务器 (2) 配置 NFS 服务器 (3) 配置 Apache 服务器 (4) 配置 VSFTP 服务器 (5) 配置 DNS 服务器 (6) 配置 DHCP 服务器	常用服务器配置与管理		
(1) Linux 的主要安全问题 (2) Linux 系统下的病毒防治 (3) Linux 系统下的防火墙使用	Linux 系统的安全管理		

续表

基本知识点	基本知识单元	课程名称	支持的典型工作任务
（1）了解计算机网络的产生与发展 （2）理解计算机网络的基本概念 （3）了解数据通信技术基础 （4）掌握计算机网络的体系结构	计算机网络概述	网络技术基础	分析网络拓扑结构；网络调试；安全结构分析；系统运行维护；数据备份与恢复；辅助应急响应；需求分析与初步解决方案设计
（1）理解局域网基本概念 （2）了解高速局域网技术 （3）了解局域网的组网设备 （4）了解局域网综合布线技术	局域网组建与管理		
（1）理解网络操作系统的基本基本概念 （2）了解 Windows 网络操作系统 （3）了解 Linux 网络操作系统 （4）了解 UNIX 网络操作系统	局域网综合布线技术		
（1）理解网络互连基本概念 （2）掌握划分子网 （3）了解 CMP 和 IGMP	互联网基础		
（1）了解因特网上的基本应用 （2）了解因特网的接入方式	因特网上的应用		
（1）理解广域网的基本概念 （2）了解接入网技术 （3）公用数据网	广域网		
（1）理解网络安全概述 （2）了解信息加密技术 （3）了解认证技术与数字签名 （4）了解防火墙技术 （5）了解网络病毒与防治	网络安全技术		
（1）了解虚拟专用网技术 （2）了解蓝牙技术 （3）了解下一代网际协议 IPv6 （4）了解光网络技术	网络新技术介绍		
（1）理解信息安全技术概述 （2）了解信息安全技术发展历史 （3）了解信息安全主流技术介绍	信息安全概念	信息安全基础	安装调试产品；安全结构分析；系统运行维护；安全评估与测试安全评估与测试；辅助应急响应；安全产品测试需求分析与初步解决方案设计
（1）理解密码学基本概念 （2）理解对称密码和非对称密码 （3）了解密码学应用：数字签名、数字证书、公钥基础设施	密码学基础		
（1）理解信息隐藏的基本概念 （2）理解隐藏信息的基本方法 （3）了解数字水印技术 （4）了解数字隐写技术	信息隐藏技术		

续表

基本知识点	基本知识单元	课程名称	支持的典型工作任务
(1) 理解授权和访问控制策略的概念 (2) 了解自主访问控制 (3) 了解强制访问控制 (4) 了解基于角色的访问控制	计算机访问控制技术		
(1) 理解计算机病毒概念 (2) 理解计算机病毒分析 •传统病毒分析 •蠕虫病毒 •木马病毒分析 •网页病毒分析 (3) 了解计算机病毒防范	计算机病毒防范		
(1) 理解网络攻击概念 (2) 了解信息收集技术 (3) 了解欺骗攻击 (4) 了解拒绝服务攻击 (5) 了解密码破译原理 (6) 了解缓冲区溢出攻击 (7) 了解跨站脚本攻击	网络攻防技术		
(1) 了解防火墙技术 (2) 了解入侵检测设备 (3) 了解安全管理平台的概念 (4) 了解统一威胁管理系统	网络安全设备		
(1) 了解操作系统安全技术 (2) 了解数据库安全技术 (3) 了解可信计算技术	主机系统安全技术		
(1) 了解 Web 服务安全 (2) 了解常用互联网服务安全 (3) 了解互联网使用安全	应用安全		
(1) 了解我国信息安全法律体系综述 (2) 了解现行重要信息安全法律 (3) 了解信息安全国家政策	信息安全法律法规		
(1) 了解安全标准化概况 (2) 了解信息安全评估标准 (3) 了解信息安全管理标准	信息安全标准		

2.3.4　职业-技术证书课程分析

“信息安全技术”专业在证书选择上：可以选择工业和信息化部颁发的相关职业资格证书；也可以根据学校的硬件设备情况选择相关的厂商资格证书等。除此之外，在开设专业核心课程时可以结合实训室情况选择相关的专项企业认证，作为职业资格证书的补充。例如：路由交换技术课程可以选取思科、华为、神州数码、锐捷网络等网络工程师证书；信息安全产品配置与应用课程可以选取思科、H3C、神州数码、锐捷网络等公司的网络安全工程师证书；对于 Linux 操作系统课程可以选择红旗或红帽的 Linux 认证工程师证书；对于 Windows 操作系统实训可以选取微软的 MCSE 工程师认证；对于计算机病毒防护实训，可以选取瑞星等病毒公司的防病毒工程师证书。

2.3.5　竞争力培养在课程体系中的整体规划

职业竞争力是个人竞争力的一种类型，是个人竞争力在工作中的体现，也是在市场经济环境中，以核心价值观为基础，适应市场经济优胜劣汰的竞争法则，职业人所应具备和追求的能力。职业竞争力分为：基础竞争力、核心竞争力、高端竞争力，在“信息安全技术”专业中，通过职业分析形成专业课程体系，在专业课程体系中，通过支撑平台课程可以培养基础竞争力，学习领域课程用于培养核心竞争力，再通过“信息安全技术应用”技能大赛来提升高端竞争力。竞争力培养在课程体系中的整体规划如图 2-1 所示。

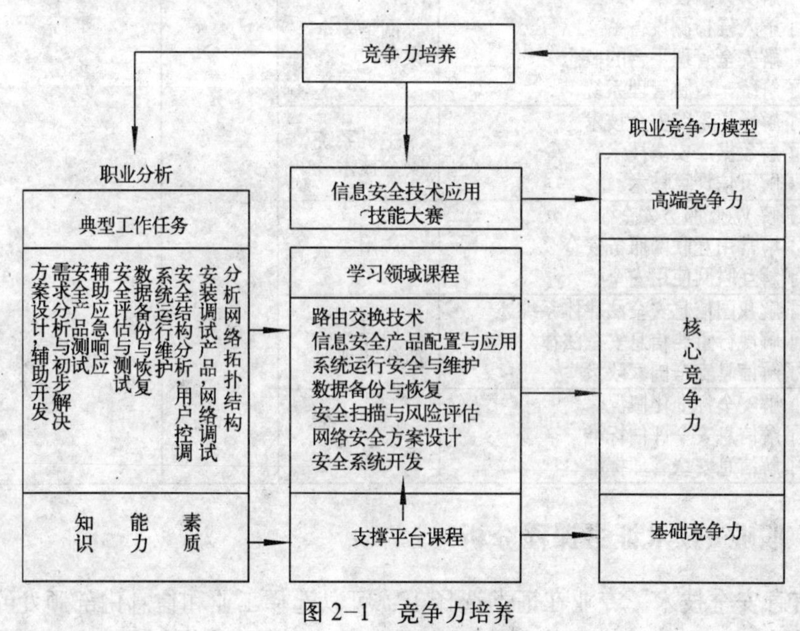

图 2-1　竞争力培养

2.3.6　专业课程体系基本结构设计

设计专业课程体系结构的依据、思路及形成的具体结构类型（属于第几种典型结构）等，并列出专业课程体系结构图。“信息安全技术”专业课程体系如图 2-2 所示。

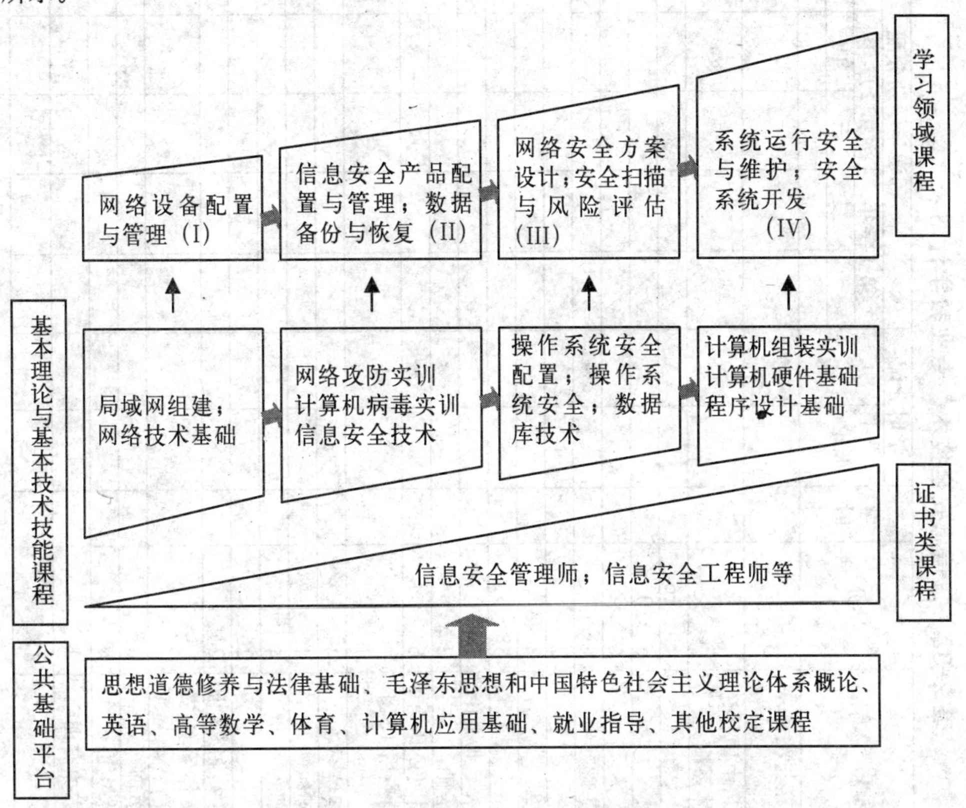

图 2-2　“信息安全技术”专业课程体系

2.3.7　教学计划初步制订

“信息安全技术”专业教学计划表如表 2-32 所示。

表 2-32 “信息安全技术”专业教学计划表

课程类型	序号	课程名称	学分	学时	学时分配		学年学期分配						备注
					理论	实践	第1学年		第2学年		第3学年		
							一	二	三	四	五	六	
公共基础平台课程	1	思想道德修养与法律基础	3				√	√					
	2	毛泽东思想和中国特色社会主义理论体系概论	4						√	√			
	3	英语	10～16				√	√	√	√			
	4	高等数学	5～10				√						
	5	体育	6				√	√					
	6	计算机应用基础	4～6				√						
	7	就业指导	2						√				
	8	其他校定课程	4～6				√	√					
	小计		38～53										
专业基础理论知识平台课程	1	信息安全技术专业概论	2				√						
	2	计算机硬件基础	2				√						
	3	程序设计技术（C 语言）	6				√						
	4	数据库技术与应用（SQL Server）	4					√					
	5	Linux 操作系统*	4						√				
	6	网络技术基础*	4					√					
	7	信息安全基础*	4						√				
	小计		26										
专业基本技术－技能平台课程	1	计算机组装维修维修实训	2					√					
	2	Windows 操作系统安全配置实训*	4					√					
	3	局域网组建实训	4							√			
	4	网络攻防技术实训*	4						√				
	5	计算机病毒防护实训*	4						√				
	小计		18										

续表

课程类型	序号	课程名称	学分	学时	学时分配		学年学期分配						备注
					理论	实践	第1学年		第2学年		第3学年		
							一	二	三	四	五	六	
学习领域课程	1	信息安全产品配置与应用*	4						✓				
	2	信息安全产品配置与应用*	4							✓			
	3	系统运行安全与维护*	4								✓		
	4	数据备份与恢复	4							✓			
	5	安全扫描与风险评估	4							✓			
	6	网络安全方案设计*	4								✓		
	7	安全系统开发	4								✓		
	小计		28										
拓展课程	1	信息安全新技术介绍	2								✓		
	2	信息安全相关技术拓展	2							✓			
	3	其他学校规定拓展课程	2～4							✓	✓		
	小计		6～8										
		毕业实践	18									✓	
合计			134～157				9	8	8	8	5	1	

说明：

（1）专业核心课程后以“*”标记，为必须开设课程；

（2）建议第五学期至少安排12周课；

（3）选修课为公共选修课和专业选修课，预留10～20学分，未在专业教学计划表中列出；

（4）学时根据各学校的学分学时比自行折算。

2.4 课程设计

2.4.1 学习领域课程设计（C类课程）

表 2-33～2-39 为学习领域课程设计表。

表 2-33 学习领域课程设计（1）

<table>
<tr><td colspan="2">学习领域课程编号 1</td><td>信息安全产品配置与应用</td><td>一般学习领域</td><td colspan="2">难度等级：I</td></tr>
<tr><td rowspan="2">讲授单元</td><td colspan="3">名　称</td><td>学　时</td><td>90</td></tr>
<tr><td colspan="3">子学习领域 1：网络的规划与设计
子学习领域 2：网络综合布线
子学习领域 3：交换机的安装与配置
子学习领域 4：路由器的安装与配置
子学习领域 5：网络服务的安装与配置
子学习领域 6：网络故障的分析与排除
子学习领域 7：网络的测试、验收与维护</td><td colspan="2">10
10
20
30
8
4
8</td></tr>
<tr><td>行动单元</td><td colspan="5">子学习领域 1：网络的规划与设计　学时：10
项目名称：网络的规划与设计
项目教学性质：完全设计，由学生根据实验任务书和实验指导分组完成
工作程序：需求分析、网络总体设计、搭建实验环境、强电设计、备用电源设计、结果验证
教学程序：教师讲授基本理论知识、分组撰写实验方案，分工实施
职业竞争力培养要点：团队沟通能力、理解能力、操作能力
教学环境：专业实训室、团队分工协作
教（学）件：教材、实验指导书、备用电源设备
考核方式：实验报告。查看过程和结果日志、各项目设计情况与分析，实验测试结果
子学习领域 2：网络综合布线　学时：10
项目名称：网络综合布线
项目教学性质：完全设计，由学生根据实验任务书和实验指导分组完成
工作程序：搭建实验环境、综合布线方案设计、布线工具的制作、结果验证
教学程序：教师讲授基本理论知识、分组撰写实验方案，分工实施
职业竞争力培养要点：团队沟通能力、理解能力、操作能力
教学环境：专业实训室、团队分工协作
教（学）件：教材、实验指导书、双绞线、信息插座
考核方式：实验报告、查看过程和结果日志、各项目设计情况与分析、布线工具的制作结果、实验测试结果
子学习领域 3：交换机的安装与配置　学时：20
项目名称：交换机的安装与配置</td></tr>
</table>

续表

<table>
<tr><td></td><td>项目教学性质：完全设计，由学生根据实验任务书和实验指导分组完成
工作程序：阅读产品说明书，设备连接、搭建实验环境、各种交换机类型的安装与配置、结果验证
教学程序：教师讲授基本理论知识、分组撰写实验方案，分工实施
职业竞争力培养要点：团队沟通能力、理解能力、操作能力
教学环境：专业实训室、团队分工协作
教（学）件：教材、实验指导书、交换机
考核方式：实验报告。配置过程记录、查看过程和结果日志、交换机安装与配置的结果、实验测试结果
子学习领域 4：路由器的安装与配置　学时：30
项目名称：路由器的安装与配置
项目教学性质：完全设计，由学生根据实验任务书和实验指导分组完成
工作程序：阅读产品说明书、连接设备、搭建实验环境、路由器的安装与配置、结果验证
教学程序：教师讲授基本理论知识、分组撰写实验方案，分工实施
职业竞争力培养要点：团队沟通能力、理解能力、操作能力
教学环境：专业实训室、团队分工协作
教（学）件：教材、实验指导书、路由器
考核方式：实验报告。配置过程记录、查看过程和结果日志、路由器安装与配置的结果、实验测试结果</td></tr>
<tr><td></td><td>子学习领域 5：网络服务的安装与配置　学时：8
项目名称：网络服务的安装与配置
项目教学性质：完全设计，由学生根据实验任务书和实验指导分组完成
工作程序：阅读产品说明书、连接设备、搭建实验环境、网络服务器的安装与配置、结果验证
教学程序：教师讲授基本理论知识、分组撰写实验方案，分工实施
职业竞争力培养要点：团队沟通能力、理解能力、操作能力
教学环境：专业实训室、团队分工协作
教（学）件：教材、实验指导书、网络服务器
考核方式：实验报告。配置过程记录、查看过程和结果日志、服务器安装与配置的结果、实验测试结果
子学习领域 6：网络故障的分析与排除　学时：4
项目名称：网络故障的分析与排除
项目教学性质：完全设计，由学生根据实验任务书和实验指导分组完成
工作程序：阅读产品说明书、连接设备、搭建实验环境、网络故障的分析与排除、结果验证
教学程序：教师讲授基本理论知识、分组撰写实验方案，分工实施
职业竞争力培养要点：团队沟通能力、理解能力、操作能力
教学环境：专业实训室、团队分工协作
教（学）件：教材、实验指导书、故障检测工具</td></tr>
</table>

续表

	考核方式：实验报告、配置过程记录、查看过程和结果日志、网络故障的排除现场测试、实验测试结果 **子学习领域 7：网络的测试、验收与维护　学时：8** 项目名称：网络的测试、验收与维护 项目教学性质：完全设计，由学生根据实验任务书和实验指导分组完成 工作程序：阅读产品说明书、连接设备、搭建实验环境、网络测试与验收、数据备份、结果验证 教学程序：教师讲授基本理论知识、分组撰写实验方案，分工实施 职业竞争力培养要点：团队沟通能力、理解能力、操作能力 教学环境：专业实训室、团队分工协作 教（学）件：教材、实验指导书 考核方式：实验报告。配置过程记录、查看过程和结果日志、数据备份结果、测试报告、验收报告实验测试结果

表 2-34　学习领域课程设计（2）

学习领域课程编号 2	数据备份与恢复	一般学习领域	难度等级：Ⅱ
讲授单元	名　称	学　时	64
	子学习领域 1：磁盘管理和 RAID 的设计与实施	6	
	子学习领域 2：IP SAN 存储架构的设计与实施	10	
	子学习领域 3：FC-SAN 存储架构的设计与实施	10	
	子学习领域 4：NAS 的设计与实施	8	
	子学习领域 5：双机热备系统的设计与实施	10	
	子学习领域 6：数据备份容灾系统的设计与实施	10	
	子学习领域 7：数据恢复技术的实现	10	
行动单元	**子学习领域 1:磁盘管理和 RAID 的设计与实施　6 学时** 项目名称：磁盘管理和 RAID 的设计与实施 项目教学性质：完全设计，由学生根据实验任务书和实验指导分组完成 工作程序：阅读参考说明书、设备连接、搭建实验环境、配置参数、安装工具、数据恢复演练、结果验证 教学程序：教师讲授基本理论知识、分组撰写实验方案，分工实施 职业竞争力培养要点：团队沟通能力、理解能力、操作能力 教学环境：专业实训室、团队分工协作 教（学）件：参考说明书、教材、实验指导书 考核方式：配置过程记录，查看过程和结果日志、实验测试结果、实验总结、实验报告 **子学习领域 2:IP SAN 存储架构的设计与实施　10 学时** 项目名称：IP SAN 存储架构的设计与实施 项目教学性质：完全设计，由学生根据实验任务书和实验指导分组完成 工作程序：阅读参考说明书、安装设备、连接设备、搭建实验环境、配置参数、安装工具、		

续表

行动单元	安装调试、结果验证 教学程序：教师讲授基本理论知识、分组撰写实验方案，分工实施 职业竞争力培养要点：团队沟通能力、理解能力、操作能力 教学环境：专业实训室、团队分工协作 教（学）件：参考说明书、教材、实验指导书 考核方式：配置过程记录，查看过程和结果日志、实验测试结果、实验总结、实验报告 **子学习领域 3：FC-SAN 存储架构的设计与实施　10 学时** 项目名称：FC-SAN 存储架构的设计与实施 项目教学性质：完全设计，由学生根据实验任务书和实验指导分组完成 工作程序：阅读参考说明书、安装设备、连接设备、搭建实验环境、配置参数、安装工具、安装调试、结果验证 教学程序：教师讲授基本理论知识、分组撰写实验方案，分工实施 职业竞争力培养要点：团队沟通能力、理解能力、操作能力 教学环境：专业实训室、团队分工协作 教（学）件：参考说明书、教材、实验指导书 考核方式：配置过程记录，查看过程和结果日志、实验测试结果、实验总结、实验报告 **子学习领域 4：NAS 的设计与实施　8 学时** 项目名称：NAS 的设计与实施 项目教学性质：完全设计，由学生根据实验任务书和实验指导分组完成 工作程序：阅读参考说明书、安装设备、连接设备、搭建实验环境、配置参数、安装工具、安装调试、备份操作、结果验证 教学程序：教师讲授基本理论知识、分组撰写实验方案，分工实施 职业竞争力培养要点：团队沟通能力、理解能力、操作能力 教学环境：专业实训室、团队分工协作 教（学）件：参考说明书、教材、实验指导书 考核方式：配置过程记录，查看过程和结果日志、实验测试结果、实验总结、实验报告 **子学习领域 5：双机热备系统的设计与实施　10 学时** 项目名称：双机热备系统的设计与实施 项目教学性质：完全设计，由学生根据实验任务书和实验指导分组完成 工作程序：阅读参考说明书、安装设备、连接设备、搭建实验环境、配置参数、安装工具、安装调试、实施操作、结果验证 教学程序：教师讲授基本理论知识、分组撰写实验方案，分工实施 职业竞争力培养要点：团队沟通能力、理解能力、操作能力 教学环境：专业实训室、团队分工协作 教（学）件：参考说明书、教材、实验指导书 考核方式：配置过程记录，查看过程和结果日志、实验测试结果、实验总结、实验报告 **子学习领域 6：数据备份容灾系统的设计与实施　10 学时** 项目名称：数据备份容灾系统的设计与实施 项目教学性质：完全设计，由学生根据实验任务书和实验指导分组完成 工作程序：阅读参考说明书、安装设备、连接设备、搭建实验环境、配置参数、安装工

续表

	具、安装调试、实施操作、结果验证 教学程序：教师讲授基本理论知识、分组撰写实验方案，分工实施 职业竞争力培养要点：团队沟通能力、理解能力、操作能力 教学环境：专业实训室、团队分工协作 教（学）件：参考说明书、教材、实验指导书 考核方式：配置过程记录，查看过程和结果日志、实验测试结果、实验总结、实验报告 **子学习领域7：数据恢复技术实现　10学时** 项目名称：数据恢复技术实现 项目教学性质：完全设计，由学生根据实验任务书和实验指导分组完成 工作程序：阅读参考说明书、安装设备、连接设备、搭建实验环境、配置参数、安装工具、安装调试、实施操作、结果验证 教学程序：教师讲授基本理论知识，分组撰写实验方案，分工实施 职业竞争力培养要点：团队沟通能力、理解能力、操作能力 教学环境：专业实训室、团队分工协作 教（学）件：参考说明书、教材、实验指导书 考核方式：配置过程记录，查看过程和结果日志、实验测试结果、实验总结、实验报告

表 2-35　学习领域课程设计（3）

学习领域课程编号 3	系统运行与维护	核心学习领域	难度等级：III	
讲授单元	名　称		学　时	64
	子学习领域 1:系统安全策略的制定		10	
	子学习领域 2:网络扫描器的使用		6	
	子学习领域 3:网络分析工具的使用		8	
	子学习领域 4:计算机病毒的检测与防护		10	
	子学习领域 5:网络攻击事件及防护处理		10	
	子学习领域 6:操作系统异常事件处理		10	
	子学习领域 7:常见应用异常事件的处理		10	
行动单元	**子学习领域1：系统安全策略的制定　10学时** 项目名称：系统安全策略的制定 项目教学性质：完全设计，由学生根据实验任务书和实验指导分组完成 工作程序：阅读参考说明书、连接设备、搭建实验环境、设置安全策略、配置参数、安装工具、攻防演练、结果验证 教学程序：教师讲授基本理论知识，分组撰写实验方案，分工实施 职业竞争力培养要点：团队沟通能力、理解能力、操作能力 教学环境：专业实训室、团队分工协作 教（学）件：参考说明书、教材、实验指导书 考核方式：配置过程记录、查看过程和结果日志、实验测试结果、实验总结、实验报告			

续表

	子学习领域2：网络扫描器的使用　6学时 项目名称：网络扫描器的使用 项目教学性质：完全设计，由学生根据实验任务书和实验指导分组完成 工作程序：阅读参考说明书、连接设备、搭建实验环境、设置安全策略、配置参数、安装工具、攻防演练、结果验证 教学程序：教师讲授基本理论知识、分组撰写实验方案，分工实施 职业竞争力培养要点：团队沟通能力、理解能力、操作能力 教学环境：专业实训室、团队分工协作 教（学）件：参考说明书、教材、实验指导书 考核方式：配置过程记录，查看过程和结果日志、实验测试结果、实验总结、实验报告 子学习领域3：网络分析工具的使用　8学时 项目名称：常见攻击及防护原理的利用手法 项目教学性质：完全设计，由学生根据实验任务书和实验指导分组完成 工作程序：阅读参考说明书、连接设备、搭建实验环境、设置安全策略、配置参数、安装工具、攻防演练、结果验证 教学程序：教师讲授基本理论知识、分组撰写实验方案，分工实施 职业竞争力培养要点：团队沟通能力、理解能力、操作能力 教学环境：专业实训室、团队分工协作 教（学）件：参考说明书、教材、实验指导书 考核方式：配置过程记录，查看过程和结果日志、实验测试结果、实验总结、实验报告 子学习领域4：计算机病毒的检测与防护　10学时 项目名称：计算机病毒的检测与防护 项目教学性质：完全设计，由学生根据实验任务书和实验指导分组完成 工作程序：阅读参考说明书、连接设备、搭建实验环境、设置安全策略、配置参数、安装工具、攻防演练、结果验证 教学程序：教师讲授基本理论知识、分组撰写实验方案、分工实施 职业竞争力培养要点：团队沟通能力、理解能力、操作能力 教学环境：专业实训室、团队分工协作 教（学）件：参考说明书、教材、实验指导书 考核方式：配置过程记录，查看过程和结果日志、实验测试结果、实验总结、实验报告 子学习领域5：网络攻击事件及防护处理　10学时 项目名称：网络攻击事件及防护处理 项目教学性质：完全设计，由学生根据实验任务书和实验指导分组完成 工作程序：阅读参考说明书、连接设备、搭建实验环境、设置安全策略、配置参数、安装工具、攻防演练、结果验证 教学程序：教师讲授基本理论知识，分组撰写实验方案，分工实施 职业竞争力培养要点：团队沟通能力、理解能力、操作能力 教学环境：专业实训室、团队分工协作

续表

	教（学）件：参考说明书、教材、实验指导书 考核方式：配置过程记录，查看过程和结果日志、实验测试结果、实验总结、实验报告 **子学习领域 6：系统异常事件处理　10 学时** 项目名称：系统异常事件处理 项目教学性质：完全设计，由学生根据实验任务书和实验指导分组完成 工作程序：阅读参考说明书、连接设备、搭建实验环境、设置安全策略、配置参数、安装工具、攻防演练、结果验证 教学程序：教师讲授基本理论知识，分组撰写实验方案，分工实施 职业竞争力培养要点：团队沟通能力、理解能力、操作能力 教学环境：专业实训室、团队分工协作 教（学）件：参考说明书、教材、实验指导书 考核方式：配置过程记录，查看过程和结果日志、实验测试结果、实验总结、实验报告 **子学习领域 7：常见应用异常事件的处理　10 学时** 项目名称：常见应用异常事件的处理 项目教学性质：完全设计，由学生根据实验任务书和实验指导分组完成 工作程序：阅读参考说明书、连接设备、搭建实验环境、设置安全策略、配置参数、安装工具、攻防演练、结果验证 教学程序：教师讲授基本理论知识，分组撰写实验方案，分工实施 职业竞争力培养要点：团队沟通能力、理解能力、操作能力 教学环境：专业实训室、团队分工协作 教（学）件：参考说明书、教材、实验指导书 考核方式：配置过程记录，查看过程和结果日志、实验测试结果、实验总结、实验报告

表 2-36　学习领域课程设计（4）

学习领域课程编号 4	网络设备配置与管理	核心学习领域	难度等级：III	
讲授单元	名　称		学　时	90
	子学习领域 1：防火墙的配置与管理		16	
	子学习领域 2：IPS 的配置与管理		14	
	子学习领域 3：桌面和服务器安全防护		10	
	子学习领域 4：安全网关的配置与管理		10	
	子学习领域 5：VPN 的配置与管理		20	
	子学习领域 6：漏洞管理		8	
	子学习领域 7：网络攻防实验		12	
行动单元	**子学习领域 1：防火墙的配置与管理　20 学时** 项目名称：防火墙的配置与管理 项目教学性质：完全设计，由学生根据实验任务书和实验指导分组完成 工作程序：阅读产品说明书、连接设备、搭建实验环境、设置安全策略、配置参数、结果验证			

续表

	教学程序：教师讲授基本理论知识，分组撰写实验方案，分工实施 职业竞争力培养要点：团队沟通能力、理解能力、操作能力 教学环境：专业实训室、团队分工协作 教（学）件：设备使用手册、教材、实验指导书 考核方式：实验报告。配置过程记录、查看过程和结果日志、实验测试结果 学时：8 **子学习领域 2：IPS 的配置与管理　20 学时** 项目名称：IPS 的配置与管理 项目教学性质：完全设计，由学生根据实验任务书和实验指导分组完成 工作程序：阅读产品说明书、连接设备、搭建实验环境、设置安全策略、配置参数、结果验证 教学程序：教师讲授基本理论知识，分组撰写实验方案，分工实施 职业竞争力培养要点：团队沟通能力、理解能力、操作能力 教学环境：专业实训室、团队分工协作 教（学）件：设备使用手册、教材、实验指导书 考核方式：IPS 配置验证和测试结果检查、实验文档的完整性 学时：10 **子学习领域 3：桌面和服务器安全防护　16 学时** 项目名称：桌面和服务器安全防护实验 项目教学性质：完全设计，由学生根据实验任务书和实验指导分组完成 工作程序：阅读产品说明书、连接设备、搭建实验环境、部署安全防护产品、配置参数、维护与升级、结果验证 教学程序：教师讲授基本理论知识，分组撰写实验方案，分工实施 职业竞争力培养要点：团队沟通能力、理解能力、操作能力 教学环境：专业实训室、团队分工协作 教（学）件：产品使用手册、教材、PPT、实验指导书 考核方式：配置验证和测试结果检查、实验文档的完整性 学时：4 **子学习领域 4：安全网关的配置与管理　16 学时** 项目名称：安全网关的配置与管理 项目教学性质：完全设计，由学生根据实验任务书和实验指导分组完成 工作程序：阅读产品说明书、连接设备、搭建实验环境、设置安全策略、配置参数、结果验证 教学程序：教师讲授基本理论知识、分组撰写实验方案，分工实施 职业竞争力培养要点：团队沟通能力、理解能力、操作能力 教学环境：专业实训室、团队分工协作 教（学）件：产品使用手册、教材、PPT、实验指导书 考核方式：配置验证和测试结果检查、实验文档的完整性 学时：8 **子学习领域 5：VPN 的配置与管理　20 学时** 项目名称：VPN 的配置与管理

续表

	项目教学性质：完全设计，由学生根据实验任务书和实验指导分组完成 工作程序：阅读产品说明书、连接设备、搭建实验环境、设置安全策略、配置参数、结果验证 教学程序：教师讲授基本理论知识、分组撰写实验方案，分工实施 职业竞争力培养要点：团队沟通能力、理解能力、操作能力 教学环境：专业实训室、团队分工协作 教（学）件：产品使用手册、教材、PPT、实验指导书 考核方式：配置验证和测试结果检查、实验文档的完整性 学时：8 **子学习领域 6：漏洞管理　16 学时** 项目名称：漏洞管理实验 项目教学性质：完全设计，由学生根据实验任务书和实验指导分组完成 工作程序：阅读产品说明书、连接设备、搭建实验环境、设置扫描策略、配置参数、漏洞修补与验证、结果验证 教学程序：教师讲授基本理论知识，分组撰写实验方案，分工实施 职业竞争力培养要点：团队沟通能力、理解、分析能力、操作能力 教学环境：专业实训室、团队分工协作 教（学）件：产品使用手册、教材、PPT、实验指导书 考核方式：配置验证和测试结果检查、实验文档的完整性 学时：6 **子学习领域 7：攻防实验　20 学时** 项目名称：网络安全攻防实验 项目教学性质：完全设计，由学生根据实验任务书和实验指导分组完成 工作程序：阅读实验任务书、连接设备、搭建实验环境、设置扫描策略、配置参数、漏洞修补与验证、结果验证 教学程序：教师讲授基本理论知识，分组撰写实验方案，分工实施 职业竞争力培养要点：团队沟通能力、理解、分析能力、操作能力 教学环境：专业实训室、团队分工协作 教（学）件：产品使用手册、教材、PPT、实验指导书 考核方式：配置验证和测试结果检查、实验文档的完整性 学时：10

表 2-37　学习领域课程设计（1）

学习领域课程编号 5	**安全扫描与风险评估**	**核心学习领域**	**难度等级：III**	
讲授单元	**名　称**		**学　时**	**64**
	子学习领域 1：信息资产分类与 IT 体系架构评估		16	
	子学习领域 2：漏洞评估和威胁评估		20	
	子学习领域 3：风险评估与报告机制		20	
	子学习领域 4：风险评估项目管理		8	

续表

行动单元	**子学习领域 1：信息资产分类与 IT 体系架构评估　16 学时** 项目名称：信息资产分类与 IT 体系架构评估 项目教学性质：调研报告，由学生根据实验任务书和实验指导分组完成 工作程序：阅读产品说明书、收集信息系统数据、搭建实验环境、设置安全策略、配置参数 教学程序：教师讲授基本理论知识、分组撰写实验方案，分工实施 职业竞争力培养要点：团队沟通能力、理解能力、操作能力 教学环境：专业实训室、团队分工协作 教（学）件：设备使用手册、教材、教学软件、实验指导书 考核方式：调研报告。信息资产的分类、IT 安全架构体系、实验测试结果 学时：8 **子学习领域 2：漏洞评估和威胁评估　20 学时** 项目名称：漏洞评估和威胁评估 项目教学性质：完全设计，由学生根据实验任务书和实验指导分组完成 工作程序：阅读产品说明书、连接设备、搭建实验环境、设置安全策略、配置参数、结果验证 教学程序：教师讲授基本理论知识，分组撰写实验方案，分工实施 职业竞争力培养要点：团队沟通能力、理解能力、操作能力 教学环境：专业实训室、团队分工协作 教（学）件：设备使用手册、教材、工具软件、实验指导书 考核方式：测试报告。系统的漏洞测试结果检查、系统的威胁评估 学时：14 **子学习领域 3：风险评估与报告机制　20 学时** 项目名称：风险评估与报告机制 项目教学性质：完全设计，由学生根据实验任务书和实验指导分组完成 工作程序：阅读产品说明书、搭建实验环境、系统配置参数、维护与升级、结果验证 教学程序：教师讲授基本理论知识，分组撰写实验方案，分工实施 职业竞争力培养要点：团队沟通能力、理解能力、操作能力 教学环境：专业实训室、团队分工协作 教（学）件：产品使用手册、教材、PPT、工具软件、实验指导书 考核方式：评估报告。信息的风险评估报告、改进的方案、实验文档的完整性 学时：10 **子学习领域 4：风险评估项目管理　8 学时** 项目名称：风险评估项目管理 项目教学性质：完全设计，由学生根据实验任务书和实验指导分组完成 工作程序：阅读产品说明书、连接设备、搭建实验环境、设置安全策略、配置参数、结果验证 教学程序：教师讲授基本理论知识，分组撰写实验方案，分工实施 职业竞争力培养要点：团队沟通能力、理解能力、操作能力 教学环境：专业实训室、团队分工协作 教（学）件：产品使用手册、教材、PPT、实验指导书 考核方式：项目文档。项目实施过程考核 学时：8

表 2-38 学习领域课程设计（6）

<table>
<tr><td colspan="2">学习领域课程编号 6</td><td>网络安全方案设计</td><td>核心学习领域</td><td colspan="2">难度等级：IV</td></tr>
<tr><td rowspan="2">讲授单元</td><td colspan="2">名　称</td><td></td><td>学　时</td><td>64 学时</td></tr>
<tr><td colspan="3">子学习领域 1：分析网络安全结构
子学习领域 2：网络安全方案的设计
子学习领域 3：网络路由器和交换机的部署与选型
子学习领域 4：网络安全设备的部署与选型
子学习领域 5：服务器的部署与选型
子学习领域 6：网络存储设备的部署与选型
子学习领域 7：网络安全管理产品的选型与部署
子学习领域 8：主机和系统安全产品的部署与选型
子学习领域 9：网络安全项目标书的制作及宣讲</td><td colspan="2">8
8
8
12
4
4
8
4
8</td></tr>
<tr><td>行动单元</td><td colspan="5">子学习领域 1:分析网络安全结构　8 学时
项目名称：分析网络安全结构
项目教学性质：完全设计，由学生根据实验任务书和实验指导分组完成
工作程序：阅读产品说明书、连接设备、搭建实验环境、设置安全策略、配置参数、结果验证
教学程序：教师讲授基本理论知识，分组撰写实验方案，分工实施
职业竞争力培养要点：团队沟通能力、理解能力、操作能力
教学环境：专业实训室、团队分工协作
教（学）件：设备使用手册、教材、实验指导书
考核方式：实验报告。配置过程记录、查看过程和结果日志、实验测试结果
子学习领域 2:网络安全方案的设计　8 学时
项目名称：网络安全方案的设计
项目教学性质：完全设计，由学生根据实验任务书和实验指导分组完成
工作程序：阅读产品说明书、连接设备、搭建实验环境、设置安全策略、配置参数、结果验证
教学程序：教师讲授基本理论知识、分组撰写实验方案，分工实施
职业竞争力培养要点：团队沟通能力、理解能力、操作能力
教学环境：专业实训室、团队分工协作
教（学）件：设备使用手册、教材、实验指导书
考核方式：配置验证和测试结果检查、实验文档的完整性
子学习领域 3：网络路由器和交换机的部署与选型　8 学时
项目名称：网络路由器和交换机的部署与选型
项目教学性质：完全设计，由学生根据实验任务书和实验指导分组完成
工作程序：阅读产品说明书、连接设备、搭建实验环境、部署安全防护产品、配置参数、维护与升级、结果验证
教学程序：教师讲授基本理论知识，分组撰写实验方案，分工实施</td></tr>
</table>

续表

职业竞争力培养要点：团队沟通能力、理解能力、操作能力
教学环境：专业实训室、团队分工协作
教（学）件：产品使用手册、教材、PPT、实验指导书
考核方式：配置验证和测试结果检查、实验文档的完整性
学时：6

子学习领域 4：网络安全设备的部署与选型　12 学时

项目名称：网络安全设备的部署与选型
项目教学性质：完全设计，由学生根据实验任务书和实验指导分组完成
工作程序：阅读产品说明书，连接设备、搭建实验环境、设置安全策略、配置参数、结果验证
教学程序：教师讲授基本理论知识、分组撰写实验方案，分工实施
职业竞争力培养要点：团队沟通能力、理解能力、操作能力
教学环境：专业实训室、团队分工协作
教（学）件：产品使用手册、教材、PPT、实验指导书，
考核方式：配置验证和测试结果检查、实验文档的完整性

子学习领域 5：服务器的部署与选型　4 学时

项目名称：服务器的部署与选型
项目教学性质：完全设计，由学生根据实验任务书和实验指导分组完成
工作程序：阅读产品说明书、连接设备、搭建实验环境、设置扫描策略、配置参数、漏洞修补与验证、结果验证
教学程序：教师讲授基本理论知识、分组撰写实验方案，分工实施
职业竞争力培养要点：团队沟通能力、理解、分析能力、操作能力
教学环境：专业实训室、团队分工协作
教（学）件：产品使用手册、教材、PPT、实验指导书，
考核方式：配置验证和测试结果检查、实验文档的完整性
学时：6

子学习领域 6：网络存储设备的部署与选型　4 学时

项目名称：网络存储设备的部署与选型
项目教学性质：完全设计，由学生根据实验任务书和实验指导分组完成
工作程序：阅读实验任务书、连接设备、搭建实验环境、设置审计策略、配置参数、漏洞修补与验证、结果验证
教学程序：教师讲授基本理论知识，分组撰写实验方案，分工实施
职业竞争力培养要点：团队沟通能力、理解、分析能力、操作能力
教学环境：专业实训室、团队分工协作
教（学）件：产品使用手册、教材、PPT、实验指导书
考核方式：配置验证和测试结果检查、实验文档的完整性
学时：4

续表

	子学习领域7：网络安全管理产品的选型与部署　8学时 项目名称：网络安全管理产品的选型与部署 项目教学性质：完全设计，由学生根据实验任务书和实验指导分组完成 工作程序：阅读实验任务书、连接设备、搭建实验环境、设置扫描策略、配置参数、漏洞修补与验证、结果验证 教学程序：教师讲授基本理论知识，分组撰写实验方案，分工实施 职业竞争力培养要点：团队沟通能力、理解、分析能力、操作能力 教学环境：专业实训室、团队分工协作 教（学）件：产品使用手册、教材、PPT、实验指导书 考核方式：配置验证和测试结果检查、实验文档的完整性 学时：8 **子学习领域8：主机和系统安全产品的部署与选型　4学时** 项目名称：主机和系统安全产品的部署与选 项目教学性质：完全设计，由学生根据实验任务书和实验指导分组完成 工作程序：阅读实验任务书、连接设备、搭建实验环境、设置扫描策略、配置参数、漏洞修补与验证、结果验证 教学程序：教师讲授基本理论知识，分组撰写实验方案，分工实施 职业竞争力培养要点：团队沟通能力、理解、分析能力、操作能力 教学环境：专业实训室、团队分工协作 教（学）件：产品使用手册、教材、PPT、实验指导书 考核方式：配置验证和测试结果检查、实验文档的完整性 **子学习领域9：网络安全项目标书的制作及宣讲　8学时** 项目名称：网络安全项目标书的制作及宣讲 项目教学性质：完全设计，由学生根据实验任务书和实验指导分组完成 工作程序：阅读实验任务书、连接设备、搭建实验环境、设置扫描策略、配置参数、漏洞修补与验证、结果验证 教学程序：教师讲授基本理论知识，分组撰写实验方案，分工实施 职业竞争力培养要点：团队沟通能力、理解、分析能力、操作能力 教学环境：专业实训室、团队分工协作 教（学）件：产品使用手册、教材、PPT、实验指导书 考核方式：配置验证和测试结果检查、实验文档的完整性

表2-39　学习领域课程设计（7）

学习领域课程编号7	安全系统开发	核心学习领域	难度等级：Ⅳ	
讲授单元	名　称		学　时	64
	子学习领域1：安全系统规划与调查		8	
	子学习领域2：安全系统分析		16	
	子学习领域3：安全系统设计		20	
	子学习领域4：安全系统实施与测试		12	
	子学习领域5：安全系统评价与维护		8	

续表

行动单元	**子学习领域 01：安全系统规划与调查　10 学时** 项目名称：　安全系统规划与调查 项目教学性质：完全设计，由学生根据实验任务书和实验指导分组完成 工作程序：选择适合的调查方法；制定总体方案设计和可行性研究报告；撰写企业安全系统开发规划书 教学程序：教师讲授基本理论知识，分组撰写规划与调查报告，分工实施 职业竞争力培养要点：团队沟通能力、理解能力、操作能力 教学环境：专业实训室、团队分工协作 教（学）件：设备使用手册、教材、实验指导书 考核方式：实验报告：总体方案设计、可行性研究报告、安全系统开发规划书 学时：10 **子学习领域 02：安全系统分析　16 学时** 项目名称：安全系统分析 项目教学性质：完全设计，由学生根据实验任务书和实验指导分组完成 工作程序：详细调查，包括组织机构与功能分析、业务流程分析、数据流分析等；进行系统分析与逻辑模型设计；完成系统分析报告 教学程序：教师讲授基本理论知识，分组撰写分析报告，分工实施 职业竞争力培养要点：团队沟通能力、理解能力、操作能力 教学环境：专业实训室、团队分工协作 教（学）件：设备使用手册、教材、实验指导书 考核方式：详细调查报告、系统分析报告 学时：16 **子学习领域 03：安全系统设计　24 学时** 项目名称：安全系统设计 项目教学性质：完全设计，由学生根据实验任务书和实验指导分组完成 工作程序：物理配置方案设计；功能结构图设计；系统流程图设计；详细设计编码；数据存储设计；编写程序说明书 教学程序：教师讲授基本理论知识，分组进行系统设计，分工实施 职业竞争力培养要点：团队沟通能力、理解能力、操作能力 教学环境：专业实训室、团队分工协作 教（学）件：设备使用手册、教材、实验指导书 考核方式：软件开发的有关文档 学时：20 **子学习领域 04：安全系统实施与测试　16 学时** 项目名称：安全网关的配置与管理 项目教学性质：完全设计，由学生根据实验任务书和实验指导分组完成 工作程序：物理系统的实施；程序设计；程序和系统调控；系统测试、验收；编写技术文档 教学程序：教师讲授基本理论知识、分组进行系统的实施与测试

续表

	职业竞争力培养要点：团队沟通能力、理解能力、操作能力 教学环境：专业实训室、团队分工协作 教（学）件：设备使用手册、教材、实验指导书 考核方式：系统实施与测试结果检查、技术文档 学时：10 **子学习领域 05：安全系统评价与维护　8 学时** 项目名称：安全系统评价与维护 项目教学性质：完全设计，由学生根据实验任务书和实验指导分组完成 工作程序：系统评价结论；系统运行的组织与管理；系统维护记录 教学程序：教师讲授基本理论知识，分组进行系统的评价与维护，分工实施 职业竞争力培养要点：团队沟通能力、理解能力、操作能力 教学环境：专业实训室、团队分工协作 教（学）件：设备使用手册、教材、实验指导书 考核方式：系统评价结论、系统维护记录 学时：10

2.4.2　学习领域课程大纲（C 类课程）

一、“信息安全产品配置与应用”课程大纲

（一）课程名称

信息安全产品配置与应用。

（二）课程目标

本课程是“信息安全技术”专业的核心课程之一，是理论与实践一体化课程。课程主要培养学生对防火墙、VPN、IPS 等常见网络安全产品进行配置与管理的核心职业能力；同时讲授网络安全项目实施流程、项目计划、项目实施方法、项目测试验收等工作过程性和项目管理基本知识，培养学生网络安全项目实施能力。通过本课程的学习，学生将具备网络安全工程项目的设计、实施、测试及项目管理的能力，并对各类网络安全设备有日常维护的能力。课程的先修理论知识和技能课程有：网络技术基础、路由交换技术。

（三）课程概述

该课程的主要任务是使学生能够了解防火墙、VPN 等网络安全产品的核心技术，理解防火墙、VPN 解决方案中各种主要网络硬件、软件设备的功能、原理及

相互间的联系和作用，能够使用和配置相关的网络安全设备和软件。理解并重点掌握网络安全的解决方案、基于成本的设备选型、各种设备网络安全性能的配置，掌握在不同典型工作环境中网络安全产品的设置。基本知识点：防火墙的基本原理、IPS 的基本原理、VPN 基本原理、UTP 基本原理、安全网关基本原理、漏洞扫描原理、网络攻击与防御基本原理。基本的技能点包括：(1) 能够熟练掌握防火墙的配置与管理；(2) 能够掌握 IPS 的配置与管理；(3) 能够进行桌面和服务器安全防护；(4) 能够进行安全网关的配置与管理；(5) 能够熟练掌握 VPN 的配置与管理；(6) 能够进行漏洞检测及管理；(7) 能够了解常用的攻击手段，掌握防御方法。

（四）学习单元（见表 2-40）

表 2-40　学习单元列表

序号	学习任务	学习活动	教学方法	参考学时
1	防火墙的配置与管理	(1) 了解防火墙的基本知识	讲授、讨论	2
		(2) 了解防火墙的部署的基本规则和条件	讲授、讨论	4
		(3) 根据需求，制定防火墙的规划部署方案	讲授、实验	2
		(4) 按照规划方案，组织项目施工	项目施工	1
		(5) 施工完毕，测试防火墙性能	实操	1
		(6) 工程验收、答辩，提出改进建议	实操、师生交流	2
小　计				12
2	IPS 的配置与管理	(1) 了解入侵检测系统的基本原理	讲授、讨论	2
		(2) 了解入侵检测系统的安装部署方法	讲授、讨论	2
		(3) 根据需求，制定入侵检测系统测试方案	讲授、实验	2
		(4) 按照规划方案，完成入侵检测系统的安装和设置	项目施工	2
		(5) 利用入侵检测系统测试系统	实操	2
		(6) 分析入侵检测结果，加固系统	实操、师生交流	2
小　计				12
3	桌面和服务器安全防护	(1) 了解各类桌面和服务器安全技术的基本知识	讲授、讨论	2
		(2) 了解各类桌面和服务器安全的实施条件	讲授、讨论	2
		(3) 根据实际需要，制定系统安全规划方案	讲授、实验	1
		(4) 按照规划方案，组织完成任务	项目实施	2
		(5) 测试桌面和服务器安全的性能	实操	1
		(6) 项目验收	实操、师生交流	2
小　计				10

续表

序号	学习任务	学习活动	教学方法	参考学时
4	安全网关的配置与管理	（1）了解不同类型安全网关的基本知识、特点及其应用	讲授，讨论	2
		（2）了解各类安全网关的应用条件	讲授，讨论	1
		（3）根据实际需要，进行安全网关的部署	讲授、实验	2
		（4）按照规划方案，组织完成任务	项目实施	2
		（5）测试安全网关产品的应用	实操	1
		（6）项目验收	实操、师生交流	2
小计				10
5	VPN的配置与管理	（1）了解不同VPN的相关知识、分类、特点及其应用	讲授、讨论	4
		（2）了解各种VPN的应用环境	讲授、讨论	2
		（3）根据实际需要，进行VPN的部署和配置	讲授、实验	6
		（4）按照规划方案，组织完成任务	项目实施	2
		（5）测试VPN产品的性能	实操	2
		（6）项目验收	实操、师生交流	2
小计				14
6	漏洞检测及管理	（1）了解扫描的基本原理	讲授、讨论	2
		（2）了解扫描软件的安装方法	讲授、讨论	2
		（3）根据需求，制定扫描软件测试方案	讲授、实验	1
		（4）按照规划方案，完成扫描软件的安装和设置	项目实施	2
		（5）利用扫描软件测试系统	实操	1
		（6）分析扫描软件，加固系统	实操、师生交流	2
小计				10
7	攻防实验	（1）了解网络攻击的基本原理	讲授、讨论	2
		（2）了解网络攻击的安装部署方法	讲授、讨论	6
		（3）根据需求，制定网络攻击测试方案。	讲授、实验	2
		（4）按照规划方案，完成网络攻击安装和设置。	项目实施	4
		（5）利用网络攻击系统测试系统。	实操	2
		（6）分析网络攻击测试结果，加固系统。	实操、师生交流	2
小计				18
合计				90

（五）考核方式

本课程注重学生学习过程的考评，7个任务分别考评。每个任务均要撰写相关的实验报告（实验目的、实验原理、实验内容、实验步骤、总结报告等），学生实际任务完成的情况、提交的技术文档资料和学生的答辩情况作为学业评价的依据，占课程总成绩的 70%。最后安排一次理论考试，试卷成绩占课程总成绩的 30%。

即：总成绩=过程考评成绩×70%+理论考试成绩×30%。

（六）参考学时

90 学时。

二、“数据备份与恢复”课程大纲

（一）课程名称

数据备份与恢复。

（二）课程目标

本课程是“信息安全技术”专业的核心课程之一，是理论与实践一体化课程。本课程是网络系统管理专业的一门专业核心课程，目的是培养学生从事网络存储工作的核心职业能力，使学生掌握各类网络存储设备的基本原理和操作以及各类主流网络存储技术的实施和应用，并具备构建和维护各类存储网络所需要的基本职业素质和基本技能。课程的先修理论知识和技能课程有：网络技术基础、信息安全产品配置与应用。

（三）课程概述

该课程主要任务是使学生能够了解网络存储的主要技术以及组建存储所需要的各种网络存储设备和相关软件。理解网络存储中各种主要存储设备的功能、原理及相互间的联系和作用。重点掌握网络存储的解决方案，各种网络存储架构的搭建和配置，掌握网络存储中的系统和数据安全技术。技能点具体如下：(1)能够掌握磁盘阵列的基本使用、管理及测试，并能根据用户需求，对磁盘阵列进行基本规划并实施。(2)能够根据用户需求，设计、构建 IP-SAN 网络存储架构，并能够独立完成系统测试。(3)能够根据用户要求，设计并搭建 FC-SAN 网络存储架构。(4)能够根据用户需求，设计、实施 NAS 存储架构，并实现 NFS 协议跨平台的数据共享。(5)能够熟练使用工具进行数据备份和恢复。(6)能够根据用户需求，设计并实现双机热备系统。(7)能够根据用户需求，利用虚拟带库和磁带机，进行数据的备份与恢复。

（四）学习单元（见表 2-41）

表 2-41 学习单元列表

序号	教学任务	教学活动	教学方法	学时
1	磁盘管理和RAID的设计与实施	(1) 了解磁盘管理和 RAID 基本知识	讲授、讨论	1
		(2) 了解各类磁盘管理方案的实施条件	讲授、讨论	1
		(3) 根据项目需求报告，制定磁盘管理和磁盘备份规划方案	讲授、实验	2
		(4) 按照规划方案，组织施工，实现各种磁盘管理和磁盘规划	项目施工	3
		(5) 测试磁盘规划的性能	实操	2
		(6) 项目验收	实操、师生交流	1
小计				10
2	IP SAN 存储架构的设计与实施	(1) 了解 IP-SAN 的基本知识	讲授、讨论	1
		(2) 了解 IP-SAN 的实施条件	讲授、讨论	1
		(3) 根据项目需求，制定 IP-SAN 存储网络规划方案	讲授、实验	3
		(4) 按照规划方案，组织项目施工	项目施工	1
		(5) 施工完毕，测试 IP-SAN 系统性能	实操	1
		(6) 工程验收、答辩，提出改进建议	实操、师生交流	1
小计				8
3	FC-SAN 存储架构的设计与实施	(1) 了解 FC-SAN 的基础知识	讲授，讨论	1
		(2) 了解 FC-SAN 的实施条件	讲授，讨论	1
		(3) 根据项目需求，制定 FC-SAN 存储网络规划方案	讲授、实验	3
		(4) 按照规划方案，组织项目施工，并完成 FC-SAN 架构	项目施工	1
		(5) 测试 FC-SAN 系统性能	实操	1
		(6) 工程验收、答辩，提出改进建议	实操、师生交流	1
小计				8
4	NAS 的设计与实施	(1) 了解 NAS 的基本理论知识	讲授、讨论	1
		(2) 了解 NAS 的实施条件	讲授、讨论	1
		(3) 根据项目需求报告，制定 NAS 架构存储网络规划方案	讲授、实验	4
		(4) 按照规划方案，组织项目施工	项目施工	4
		(5) 测试 NAS 系统性能	实操	1
		(6) 工程验收	实操、师生交流	1
小计				12

续表

序号	教学任务	教　学　活　动	教 学 方 法	学时
5	双机热备系统的设计与实施	（1）了解双机热备系统基础知识	讲授、讨论	2
		（2）了解双机热备系统的实施条件	讲授、讨论	2
		（3）根据用户需求报告，制定双机热备系统规划方案	讲授、实验	3
		（4）按照规划方案，组织项目施工，实现双机热备系统	项目施工	4
		（5）测试双机热备系统性能	实操	2
		（6）工程验收、答辩，提出改进建议	实操、师生交流	1
小 计				14
6	数据备份恢复的设计与实施	（1）了解数据备份和恢复的基础知识	讲授、讨论	2
		（2）了解各类数据备份软件的性能和价格	讲授、讨论	2
		（3）根据项目需求报告，制定数据备份和恢复规划方案	讲授、实验	2
		（4）按照规划方案，完成数据备份系统	项目施工	4
		（5）测试数据备份系统的性能	实操	1
		（6）工程验收、答辩，提出改进建议	实操、师生交流	1
小 计				12
合 计				64

（五）考核方式

本课程注重学生学习过程的考评，6 个项目分别考评。每个项目均要撰写相关的技术文档资料（项目计划书、用户需求报告、项目规划方案、项目总结报告等），学生实际任务完成的情况、提交的技术文档资料和学生的答辩情况作为学业评价的依据，占课程总成绩的 80%。最后安排一次理论考试，试卷成绩占课程总成绩的 20%。

即：总成绩=过程考评成绩×80%+理论考试成绩×20%。

（六）参考学时

64 学时。

2.4.3 基本技术-技能课程（B类课程）设计

一、“Windows 安全配置”课程大纲

（一）课程名称

Windows 安全配置实训。

（二）课程目标

本课程属于B类课程，其涵盖信息安全专业中典型工作任务中提取的基本技术技能，对基本技术技能的训练按照训练标准进行，也能在训练过程中补充或深化与基本技术技能相关的知识，增长实践经验。

本课程将 Windows 系统安全与工作过程性知识结合起来，使学生不仅知道什么是 Windows 系统安全，而且会设置 Windows 系统安全，并且能解决 Windows 系统在实际应用中的安全问题，以实际工作环境为背景，同时做到教学内容与时俱进，注重掌握新知识、新技术、新流程和新方法。本课程坚持面向能力培养的设计原则，将满足企业的工作需求作为课程及教材开发的出发点，把学员的应用能力放在突出重要的位置，建立技术标准，加强实践教学和技术训练环节，增强学员的实际应用能力。

（三）主要技能点和技术方法（见表 2-42）

表 2-42　主要技能点和技术方法

技能点	技术方法
Windows 安装配置安全	安装配置分析 设置合适的文件系统 系统管理员安全设置 部署防御系统
账户设置安全	设置账户密码策略 设置管理员账户 用户管理与家长控制 系统账户数据库管理和保护
Windows 数据安全	设置 NTFS 权限 设置文件权限 设置文件审核 磁盘配额 设置 EFS 文件保护

续表

技 能 点	技 术 方 法
网络应用安全	开启和关闭系统端口 使用 Windows 命令维护系统 启用 IPSec 安全策略 关闭空连接
应用服务安全	Windows 服务安全问题 配置 IIS 安全结构 设置 Web 安全 设置 FTP 安全 设置 IE 安全 设置邮件安全 运行方式（RunAS）安全
软件限制安全	提出软件限制策略问题 配置软件限制策略
Windows 安全分析配置	安全配置向导 安全配置和分析
注册表安全配置	注册表文件的位置 禁止注册表编辑器运行 访问授权和启用审核 关闭 Windows 注册表的远程访问 注册表备份和恢复
系统监控审核配置	日志与事件 安全日志 性能监视及优化
备份与恢复	备份 恢复 操作系统备份与恢复 活动目录的备份与恢复

（四）主要知识点

（1）Windows 安装配置安全；

（2）Windows 账户设置安全；

（3）Windows 数据安全；

（4）Windows 网络应用安全；

（5）Windows 应用服务安全；

（6）Windows 系统软件限制安全；

（7）Windows 安全分析配置；

（8）Windows 注册表安全配置；

（9）Windows 系统系统监控审核配置；

（10）Windows 备份与恢复。

（五）主要训练（技术标准、训练标准、训练方式、环境要求）（见表 2-43）

表 2-43　主要训练列表

技能点	训练标准	训练方式	环境要求
Windows 安装配置安全	安装配置分析、设置合适的文件系统	反复安装	虚拟机环境
账户设置安全	设置账户密码策略为中等级以上	反复设置	虚拟机环境
Windows 数据安全	设置 NTFS 权限、设置文件权限、设置文件审核、磁盘配额	反复设置	虚拟机环境
网络应用安全	开启和关闭系统端口、使用 Windows 命令维护系统	反复练习	虚拟机环境
应用服务安全	配置 IIS 安全结构、设置 Web 安全、设置 FTP 安全、设置 IE 安全、设置邮件安全	反复设置	虚拟机环境
软件限制安全	配置软件限制策略	反复设置	虚拟机环境
Windows 安全分析配置	安全配置和分析、安全配置向导、安全配置和分析	反复设置	虚拟机环境
注册表安全配置	禁止注册表编辑器运行、访问授权和启用审核、关闭 Windows 注册表的远程访问、注册表备份和恢复	反复设置	虚拟机环境
系统监控审核配置	日志与事件、安全日志性能监视及优化	反复设置	虚拟机环境
备份与恢复	备份、恢复、操作系统备份与恢复、活动目录的备份与恢复	反复设置	虚拟机环境

（六）考核方式

考核方式为实际操作考核，最终成绩由平时的实验成绩构成。

（七）学时

64 学时。

二、“网络攻防实训”课程大纲

（一）课程名称

网络攻防实训。

（二）课程目标

“网络攻防实训”是高职“信息安全技术”专业的一门专业核心课程。“信息安全技术”专业的学生不但要具有设计和应用计算机网络的能力，还应该具有设计和维护计算机网络安全的能力。本课程是在完成“计算机网络技术”学习的基础上开设的一门专业核心课程。通过本课程的学习，可以使学生掌握常见的网络攻击与防御技术，这样可以为其他的后续课程奠定基础；通过本课程的学习，还可以使学生拓宽视野、开阔思路，为学生解决其他课程或其他领域的问题提供解决问题的思路和参考方法。

（三）主要技能点和技术方法

1. 主要技能点

(1) 了解网络安全的重要性，理解威胁网络安全的主要因素以及常用的防范措施。

(2) 掌握 Windows 系统和 Linux 系统的加固方法。

(3) 掌握 Windows 密码和 Linux 密码的破解技术；掌握密码破解的防御措施。

(4) 了解端口扫描技术；掌握常用扫描器的使用；掌握扫描的监测和防御。

(5) 理解拒绝服务攻击的典型技术以及拒绝服务攻击的防御技术。

(6) 了解缓冲区溢出攻击的原理；理解缓冲区溢出攻击和溢出攻击的防御技术。

(7) 掌握 SQL 注入攻击；理解 XSS 攻击；掌握 Web 攻击的防范。

(8) 了解木马的工作原理；理解木马攻击技术；掌握木马的防御。

(9) 理解 IP 欺骗以及防御技术；理解 ARP 欺骗以及防御技术。

(10) 掌握典型的网络防御技术，包括使用身份认证、防火墙、入侵检测系统以及虚拟专用网络。

(11) 掌握安全网络系统的构建，包括搭建网络环境、配置防火墙、配置 IDS 和加固主机系统。

(12) 理解网络与信息系统的安全审核，能根据审核结果排除安全隐患和做好相应计划。

2. 主要技术方法

本课程主要采用实验的方法对网络攻防的知识、方法和技术进行验证，以提升网络安全的知识，保障网络和信息系统的安全。

（四）主要知识点

本书的主要知识点包括：操作系统安全、密码破解与防御技术、扫描与防御技术、拒绝服务攻击与防御技术、缓冲区溢出攻击与防御技术、Web 攻击与防御技术、木马攻击与防御技术、欺骗攻击与防御技术、典型的网络防御技术、构建安全的网络系统、网络与信息系统安全审核。

（五）主要训练（技术标准、训练标准、训练方式、环境要求）

1. 主要训练内容

（1）主机系统加固；

（2）Windows 和 Linux 的密码破解与防御；

（3）端口扫描与防御；

（4）拒绝服务攻击与防御；

（5）缓冲区溢出攻击与防御；

（6）Web 攻击与防御；

（7）木马攻击与防御；

（8）欺骗攻击与防御；

（9）典型网络防御技术的使用；

（10）安全的网络系统的构建；

（11）网络与信息系统安全审核。

2. 训练方式

采用实验的方法进行训练。

3. 环境要求

环境一：在虚拟机软件 VMWare 中安装相应的软件系统并提供相应的实验环境。

环境二：能够虚拟各类实验环境的硬件设备。

环境三：在环境一或环境二的基础上增加 2 台防火墙和 2 台 IDS。

说明：内容（1）～（9）可以使用环境一或环境二；内容（10）～（12）使用环境三。

（六）考核方式

考核方式为实际操作考核，最终成绩由平时的实验成绩构成。

（七）学时

64 学时。

2.4.4　基本专业理论课程（A 类课程）设计

一、“信息安全技术基础”课程介绍

（一）课程名称

信息安全技术基础。

（二）课程目标

该课程是“信息安全技术”专业的核心理论课程，并起到专业导论的作用。课程主要介绍相关的信息安全理论及相关技术知识。通过本课程的学习，学生将掌握信息安全技术理论，并对当前主要的信息安全技术有全面的认识，为今后的专业知识打下良好的基础。

（三）主要知识点和知识单元

计算机访问控制技术、计算机网络安全技术、计算机病毒与木马分析与防范技术、密码学应用技术、网络协议与安全、企业信息网络安全技术。

（四）主要实践教学环节

（1）信息网络搭建与配置；

（2）利用安全策略保护本地计算机；

（3）利用 IIS 漏洞实施远程入侵与控制；

（4）木马控制与清除；

（5）利用 PGP 实现文件的数字签名和邮件的安全；

（6）建立 SSL 安全机制；

（7）建立 SSL 安全机制。

（五）教学内容简介

在课程内容设计上,我们根据工作过程系统化设计思路，基于“实际工作岗位和工作过程”设计信息安全技术课程的学习情境和教学内容。我们针对企事业单位或政府机关急需的“计算机操作员”、“网络安全管理员”等职业岗位应承担的典型工作任务，选取了信息安全技术中文件加密与身份验证、企业文档安全、计算机病毒与木马分析与防范、网络访问控制、网络入侵检测真实工作任务作为学习情境。

本课程整合了信息安全理论和网络攻防技术等方面的内容，在每个教学单元中通过课堂实验强化理论知识，在每章都有综合性较强的设计性试验，对本章的内容作较为系统地理解。本课程主要是培养学生处理企事业单位网络故障、为企业、机构或个

人用户提供信息安全技术支持，以及制定企业信息系统的安全设计方案的能力。

（六）考核方式

上机 50%，笔试 50%。

（七）学时

64 学时。

二、基本专业理论课程（A 类课程）大纲

（一）课程名称

操作系统安全。

（二）课程目标

操作系统安全课程以学习专业知识为主，以信息安全专业工作过程中基本知识为主要讲授内容。课程的理论知识以够用为度，为学生提供掌握操作系统安全技术的基础性理论知识，如安全策略、安全模型和安全机制、安全体系结构等，偏重理论技术的应用性描述，重点介绍当前主流操作系统的安全设置和安全管理及安全增强技术，课程自成体系。

（三）主要知识点和知识单元

对应于“信息安全技术”专业的 3 个典型工作任务——分析网络拓扑结构、安全结构分析、系统运行维护，提炼出如下几个知识点：服务器及软件系统选型、操作系统安全理论和操作系统安全加固。

（四）主要实践教学环节

（1）Windows 2003 域和工作组的配置；

（2）Windows Server 2003 管理员密码的破解；

（3）EFS 加密文件系统的使用；

（4）X-Scan 漏洞扫描；

（5）Windows 端口安全加固设置；

（6）Linux 基本安全命令使用；

（7）Linux 文件系统管理；

（8）Linux 系统安全增强综合实验；

（9）配置 Linux 下的防火墙。

（五）教学内容简介（添加内容表格）

操作系统的安全性在计算机信息系统的整体安全性中具有至关重要的作用，

没有操作系统提供的安全性，计算机系统的安全性是没有基础的。本课程全面介绍操作系统安全的基本理论和关键技术，包括安全操作系统的研究发展历程、安全策略、安全模型和安全机制、安全体系结构、知名安全操作系统介绍、安全操作系统测评以及安全操作系统的应用等,同时注重理论联系实际，重点介绍当前主流操作系统的安全设置和安全管理及安全增强技术。

（六）考核方式

理论考试+上机实操。

(七)学时

64 学时。

2.5 专业人才培养方案制定

高等职业教育信息安全技术专业教学基本要求

（一）专业名称

专业名称：信息安全技术。

（二）专业代码

专业代码：590208。

（三）招生对象

普通高中毕业生/“三校生”（职高、中专、技校毕业生）。

（四）学制与学历

三年制，专科。

（五）就业面向（见表 2–44）

表 2-44 “信息安全技术”专业就业面向岗位

序号	职业领域	初始岗位	发展岗位	预计平均升迁时间(年)
1	信息安全产品生产或集成	信息安全产品实施工程师	信息安全产品项目经理	4~5
		信息安全产品售后技术支持工程师	信息安全产品售后技术支持经理	3~5
		信息安全产品客户服务人员	信息安全产品客户经理	3~5
		信息安全产品销售员	信息安全销售经理	5
		助理信息安全系统集成工程师	信息安全系统集成工程师	3~5
2	信息安全产品的应用与维护	企业信息系统安全维护工程师或系统管理员等	企业信息系统安全经理或信息中心主管	4~5

（六）培养目标与规格

培养目标：

培养具有良好职业道德，熟悉网络在信息安全方面的法律法规，自觉维护国家、社会和公众的信息安全；能够综合运用所学基本知识、技能，集成信息安全系统，熟练应用信息安全产品，具有信息安全维护和管理能力的高素质技能型专门人才。就业面向是信息安全硬件或软件产品的安装调试、系统集成、售后技术支持，产品销售及客户服务等工作；或在具有计算机网络的公司、银行、证券公司、海关、企事业单位及公、检、法等部门，从事计算机信息安全管理和维护工作。

培养规格：

毕业生应具备的综合职业能力（职业核心能力）。

（1）信息安全管理能力；

（2）信息安全系统的集成和维护能力。

毕业生应达到的基本要求（基本素质、基本知识、基本能力、职业态度）：

1．基本素质

（1）英文文档的能力；

（2）自我管理、学习和总结能力；

（3）熟练使用IT工具进行相关文档编写的能力；

（4）很好地进行团队合作及协调能力；

（5）与他人沟通的能力；

（6）身心健康。

2．基本知识

（1）国家信息安全的法律法规和标准；

（2）信息系统安全管理知识；

（3）计算机硬件基本知识；

（4）程序设计基础知识；

（5）数据库及数据库安全基本知识；

（6）操作系统系统安全基本知识；

（7）网络技术基本知识；

（8）信息安全基本知识。

3．基本能力

（1）有计算机操作（Office 组件）基本能力；

（2）具有计算机组装维修基本能力；

(3) 具有 Windows 和 Linux 操作系统安全配置能力；
(4) 具有局域网组建基本能力；
(5) 具有网络攻防技术基本能力；
(6) 具有计算机病毒防范基本能力；
(7) 具有路由和交换基本能力；
(8) 具有信息安全产品配置与应用基本能力；
(9) 具有系统运行安全与维护基本能力；
(10) 具有数据备份与恢复的基本能力；
(11) 具有安全扫描与风险评估的基本能力。

4. 职业态度

(1) 维护国家、社会和公众的信息安全；
(2) 诚实守信，遵纪守法；
(3) 努力工作，尽职尽责；
(4) 发展自我，维护荣誉。

（七）职业证书

"信息安全技术"专业职业资格证书如表 2-45 所示。

表 2-45　"信息安全技术"专业职业资格证书

分类	证书名称	内涵要点	颁发证书单位
岗位职业证书	《信息安全师》国家职业资格证书(三级)	培训目标：信息安全师是在各级行政、企事业单位、信息中心、互联网接入单位从事信息安全或者计算机网络安全管理工作的人员 技术要求：能够运用基本技能和专门技能完成复杂的信息安全保障工作，能够处理和维护信息安全保障工作中出现的常见问题 考试内容：操作系统安全、数据库安全、防火墙技术和网络隔离器、安全审计技术、安全策略管理、密码技术原理、扫描和入侵检测技术、应急事件处理	上海市劳动和社会保障局《信息安全师》国家职业资格证书
	《信息安全工程师》国家信息安全技术水平考试(NCSE)二级	培训目标：为各行政、企事业单位网络管理员、系统工程师、信息安全审计人员、信息安全工程实施人员 技术要求：要求熟练掌握安全技术的专业工程技术人员，能够针对业已提出的特定企业的信息安全体系，选择合理的安全技术和解决方案并予以实现，撰写相应的文档和建议书 考试内容：信息安全的基本元素、密码编码学、应用加密技术、网络侦查技术审计、攻击与渗透技术、控制阶段的安全审计、系统安全性、应用服务的安全性、入侵检测系统原理与应用、防火墙技术、网络边界的设计与实现、审计和日志分析、事件响应与应急处理、Intranet 安全的规划与实现	信息产业部国家信息化工程师认证考试管理中心

续表

分类	证书名称	内 涵 要 点	颁发证书单位
	《信息安全管理师》(CISO)	考试内容：信息安全基础、信息安全技术、信息安全管理技术与应用、病毒分析与防御、攻击技术与防御基础、Intranet安全的规划与实现	国家信息化培训认证管理中心
	《网络安全高级工程师》CIW认证	考试内容：必修课程——网络安全基础与防火墙、操作系统安全、安全审核与风险分析；选修——数据加密与PKI技术、数据备份与灾难恢复、数据库安全 认证特点：CIW认证网络安全高级工程师秉承了中立厂商的背景特点，强调专业技术与应用技能的开放和通用，该认证不依托任何软硬件厂商，致力于中立网络安全专业课程研究与开发	CIW英文全称Certified Internet Web Professional，是超越厂商背景的互联网证书
	《网络信息安全工程师》NSACE认证	考试内容：安全体系框架、网络与通信安全、密码学、防火墙技术、入侵检测技术、实验与答疑、VPN技术、Windows系统安全管理、UNIX系统安全管理、系统加固实验、安全审计技术、黑客攻防技术及实验、应用安全技术、信息安全管理体系建设、信息安全标准、风险评估、业务连续性与灾难备份、应急响应建设 认证特点：NSACE目标是培养“德才兼备、攻防兼备”信息安全工程师，能够在各级行政、企事业单位、网络公司、信息中心、互联网接入单位中从事信息安全服务、运维、管理工作。既要满足当前的信息安全工作岗位要求，又能使学员具备职业发展的潜力。对网络信息安全有较为完整的认识，掌握计算机安全防护、网站安全、电子邮件安全、Intranet安全部署、操作系统安全配置、恶意代码防护、常用软件安全设置、防火墙的应用等技能	“全国信息技术人才培养工程信息安全工程师高级职业教育项目”(Network Security Advanced Career education)，由工业和信息化部教育与考试中心推出
各厂商相关证书	网络安全工程师证书DCNSE (Digital China Network Security Engineer)神州数码认证	培养目标：DCNSE认证主要定位在从事网络管理、网络安全、信息安全产品与系统的管理、运行、维护人员；信息安全系统规划、设计、分析人员及安全企业的售前工程师 考试内容：认证内容有网络安全的体系结构、网络中实施安全规则，识别常见攻击；防火墙的基本概念和类型，防火墙的安装和配置方法，对不同的防护级别规划防火墙系统；常用的TCP/IP协议；计算机病毒的基本知识和防治方法；入侵检测系统的工作原理，部署基于网络或主机入侵检测系统	神州数码网络有限公司(简称DCN)

续表

分类	证书名称	内涵要点	颁发证书单位
	网络安全工程师 CCSP (Cisco Certified Security Professional) 思科认证	技术要求：CCSP 认证（思科认证资深安全工程师）表示精通或者熟知思科网络的安全知识。获得 CCSP 认证资格的网络人士能够保护和管理网络基础设施，以提高生产率和降低成本 考试内容：认证内容侧重于安全 VPN 管理、思科自适应安全设备管理器(ASDM)、PIX 防火墙、自适应安全设备(ASA)、入侵防御系统(IPS)、思科安全代理(CSA) 和怎样将这些技术集成到一个统一的集成化网络安全解决方案之中等主题	思科系统公司 (Cisco System, Inc.)
	H3C 认证安全技术高级工程师证书	培养目标：H3CSE Security（H3C Certified Senior Engineer for Security，H3C 认证网络安全高级工程师）主要定位在从事信息安全产品安装、调试、运行、维护人员 考试内容：ISF（Implementing Secure Firewalls，布署安全防火墙系统）、BSVPN (Building Secure Virtual Private Networks，构建安全 VPN 网络）、AIPSC（Advanced Intrusion Prevention System Configuration & Security Audit，入侵防御系统与安全审计）	杭州华三通信技术有限公司 (简称 H3C)
	RCSA (锐捷认证安全工程师)	技术要求：获得 RCSA 认证的技术工程师将具有构建中小型网络，并为网络提供基本的安全解决方案，对现有网络以及网络中的设备及主机进行安全性评估的能力。获得 RCSA 认证的工程师能够针对网络中的安全需求对系统进行安全加固，在网络中部署网络安全设备，对网络安全设备进行安装以及基本的配置和调试 考试内容：RCSA 认证课程中主要涉及网络安全基础、网络安全体系结构、操作系统安全、计算机病毒以及网络安全设备的安装和基本配置	锐捷网络有限公司
	天融信认证安全专业人员 (TCSP)	考试内容：信息安全保障体系与解决方案、防火墙技术原理、VPN 技术原理、Windows 系统安全、IDS 技术原理、病毒防护技术、防火墙应用（初级）、防火墙应用（高级）、VPN 应用、安全审计应用篇	北京天融信公司

证书选择建议：学生获取证书可以选择国际组织、国家、部委和省市职业标准机构颁发的信息安全职业资格证书，也可以根据学校的硬件设备情况选择相关的厂商资格证书。除此之外，在开设专业核心课程，如网络攻防技术、病毒防御技术、信息安全产品配置与管理等课程的时候，可以结合实训室情况选择相关的专项认证，作为职业资格证书的补充。

（八）课程体系与专业核心课程（教学内容）

“信息安全技术”专业课程体系的开发紧密结合信息安全技术、信息安全产业的发展和人才需求，按照电子信息教指在《专业规范（Ⅰ）》中提出的“职业竞争力导向的工作过程–支撑平台系统化课程” 模式及开发方法进行开发。该方法以培养学生职业竞争力（以基本素质、基本知识、基本能力和职业态度支持的综合职业能力即职业核心能力而构成）为导向，设计符合学生职业成长规律的课程体系。其开发工作流程如图 2–3 所示。

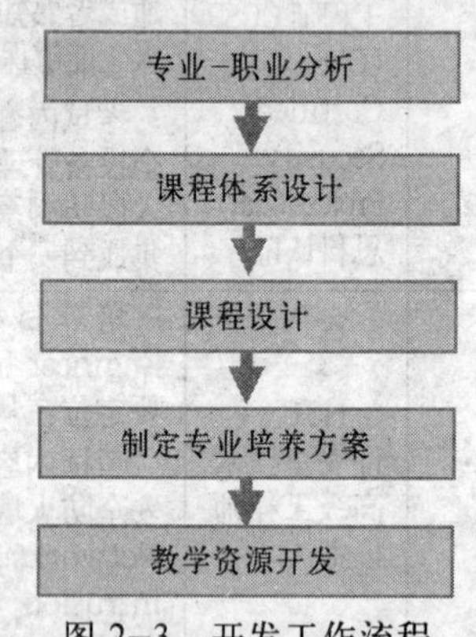

图 2–3　开发工作流程

该课程模式和开发方法提出了“ABC 三类课程”的概念。其中，A 类课程是相对系统的专业知识性课程，B 类课程为基本技术技能的训练性实践课程，C 类课程是以培养学生解决工作中问题的综合职业能力（职业核心能力）为目标的实践–理论一体化的学习领域课程。本课程体系主要由 ABC 三类课程构成，以培养学生综合职业能力（职业核心能力）为主，注重基础知识学习和基本技术技能的训练，同时把基本素质和态度的培养贯穿始终，以保证学生职业竞争力的培养和学生职业生涯的长期发展。在教学过程中，推进教学改革，积极采用先进的教学方法，并注重全面的产学合作。“信息安全技术”专业课程体系如图 2–4 所示。教学进程安排如表 2–46 所示。

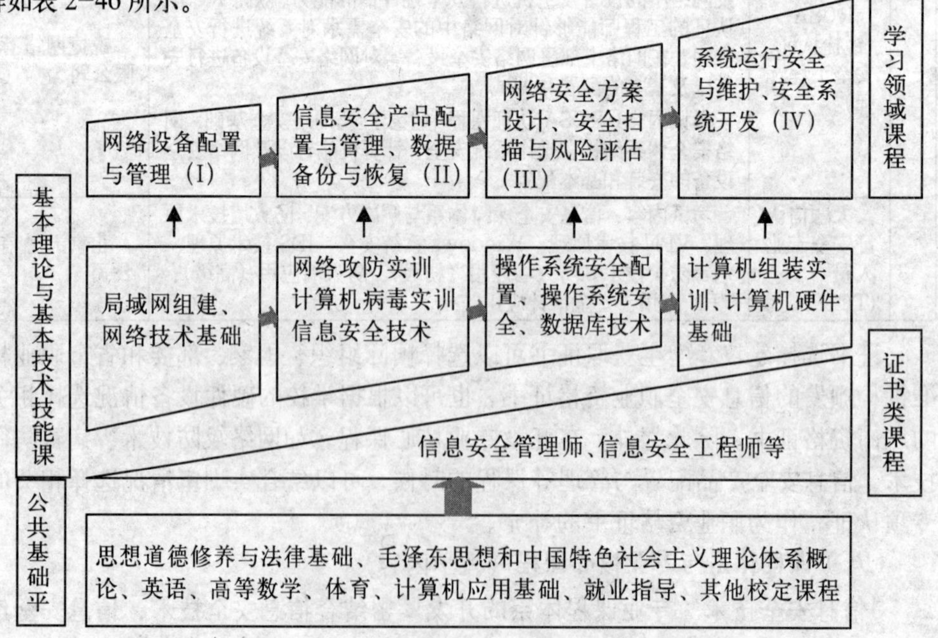

图 2–4　“信息安全技术”专业课程体系

表 2-46　“信息安全技术”专业教学计划表

课程类型	序号	课程名称	学分	学时	学时分配		学年学期分配						备注
					理论	实践	第1学年		第2学年		第3学年		
							一	二	三	四	五	六	
公共基础平台课程	1	思想道德修养与法律基础	3				✓	✓					
	2	毛泽东思想和中国特色社会主义理论体系概论	4						✓	✓			
	3	英语	10～16				✓	✓	✓	✓			
	4	高等数学	5～10				✓						
	5	体育	6				✓	✓					
	6	计算机应用基础	4～6				✓						
	7	就业指导	2						✓				
	8	其他校定课程	4～6				✓	✓					
	小计		38～53										
专业基础理论知识平台课程	1	信息安全技术专业概论	2				✓						
	2	计算机硬件基础	2				✓						
	3	程序设计技术（C 语言）	6				✓						
	4	数据库技术与应用（SQL Server）	4					✓					
	5	Linux 操作系统*	4						✓				
	6	网络技术基础*	4					✓					
	7	信息安全基础*	4						✓				
	小计		26										
专业基本技术—技能平台课程	1	计算机组装维修维修实训	2					✓					
	2	Windows 操作系统安全配置实训*	4					✓					
	3	局域网组建实训	4							✓			
	4	网络攻防技术实训*	4						✓				
	5	计算机病毒防护实训*	4						✓				
	小计		18										

续表

课程类型	序号	课程名称	学分	学时	学时分配		学年学期分配						备注
					理论	实践	第1学年		第2学年		第3学年		
							一	二	三	四	五	六	
学习领域课程	1	信息安全产品配置与应用*	4						√				
	2	信息安全产品配置与应用*	4							√			
	3	系统运行安全与维护*	4								√		
	4	数据备份与恢复	4							√			
	5	安全扫描与风险评估	4							√			
	6	网络安全方案设计*	4								√		
	7	安全系统开发	4								√		
	小计		28										
拓展课程	1	信息安全新技术介绍	2								√		
	2	信息安全相关技术拓展	2							√			
	3	其他学校规定拓展课程	2～4							√	√		
	小计		6～8										
		毕业实践	18									√	
合计			134～157				9	8	8	8	5	1	

说明：

（1）专业核心课程后以“*”标记，为必须开设课程；

（2）建议第五学期至少安排12周课；

（3）选修课为公共选修课和专业选修课，预留10～20学分，未在专业教学计划表中列出；

（4）学时根据各学校的学分学时比自行折算。

专业核心课程介绍如下：

1. 信息安全产品配置与管理

本课程是“信息安全技术”专业的核心课程之一（属C类课程），目的是培养学生信息安全系统的集成能力。学生需要学习各类安全产品的应用背景、工作原理、基本配置、设备维护及故障排除等基本知识，并学习信息安全工程项目施工流程、工程施工和验收标准。安全设备包括防火墙、IDS、VPN、安全网关、UTM、安全管理设备、无线安全设备、安全网闸等。课程采用项目教学法，学生将在实际的工程背景完成学习项目，项目步骤包括：明确任务，制订工作计划；与用户沟通（或根据任务书描述），撰写用户需求报告；根据用户需求报告，进行信息安全系统规划，制订系统安全系统方案；按照规划方案，组织项目施工；对照用户需求，测试工程性能；工程验收，提出改进建议。

2. 网络设备配置与管理

本课程是“信息安全技术”专业的专业核心课程之一（属C类课程）。课程主要培养学生企业局域网的基本运维能力，重点培养学生通过对实际工程需求的分析，制订网络建设的方案，确定网络设备的选型，能正确配置网络设备，从而达到子网的规划、访问控制的实现、网间的互联，并撰写规划的项目文档，使学生达到网络安全工程师必备的职业核心能力。理论知识包括路由和数据包转发介绍、路由器的基本配置、静态路由协议、动态路由协议、距离矢量路由协议（RIP）、EIGRP、链路状态路由协议、交换机基本概念和配置、虚拟局域网、VTP、STP、VLAN间路由、广域网技术、PPP、帧中继、网络安全、ACL等。

3. 网络攻防实训

本课程是“信息安全技术”专业的核心课程之一（属B类课程），主要训练学生的网络防御技能。学生需要了解网络攻防的基本概念、基本原理和基本流程、系统防护的基本方法、当前主流攻击的防御技术等。学习内容包括漏洞扫描的基本方法、防范远程控制攻击、防范木马攻击、防范网络嗅探与欺骗、防范缓冲区溢出攻击、cookies欺骗与防御技术、防范拒绝服务攻击、防范xss跨站脚本攻击、防范入侵数据库的Web脚本攻击、系统基本防护技术。

4．Windows 操作系统安全配置实训

本课程是“信息安全技术”专业的核心课程之一（属 B 类课程），主要培养学生 Windows 操作系统安全维护的基本技能。通过学习本课程，使学生掌握基于各种常用网络操作系统及其系统应用的安全设置，并给出相应的完全解决方案，从而最大限度地确保系统能够安全、稳定、高效地运行。内容包括：Windows 安装配置安全、Windows 账户设置安全、Windows 数据安全、Windows 网络应用安全、Windows 应用服务安全、Windows 系统软件限制安全、Windows 安全分析配置、Windows 注册表安全配置、Windows 系统监控审核配置、Windows 备份与恢复等。

5．信息安全基础

本课程是“信息安全技术”专业的核心课程之一（属 A 类课程），主要学习信息安全的基本理论知识，为今后信息安全技术的专业课打下理论基础。主要内容包括信息安全的基本概念、信息安全法律法规基本知识、信息安全管理基本知识以及主要的信息安全技术。其中，主要技术包括：密码学、信息隐藏技术、计算机访问控制技术、计算机病毒防范、网络攻防技术、网络安全设备、系统安全技术、应用安全技术等。

6．网络技术基础

本课程是“信息安全技术”专业的核心课程之一（属 A 类课程），主要讲授网络技术的基本理论知识。通过学习，学生将对网络技术有全面的了解，为今后学习路由交换知识、局域网组建技术打下理论基础。内容包括：计算机网络概念、局域网组建与管理、局域网综合布线技术、互联网基础、因特网上的应用、广域网、网络安全技术、网络新技术等。

（九）专业办学基本条件和教学建议

1．专业教学团队

“信息安全技术”专业最低生师比建议为 1:16。“信息安全技术”专业的专任教师应具备“信息安全技术”专业的教师任职资格，包括：具备相关专业本科以上学历、教师资格证书、信息安全师（二级）及同等级别的职业资格证书，以及相关企业工作经历等，具有相当的课程开发能力与教学能力，较强的实训项目指导能力，热爱职业教育，工作态度认真负责，具备严谨、科学的工作作风等。在工程实践、

工程管理类课程上建议聘请企业兼职教师。企业兼职教师除了具有 2 年以上相关工作经验外，更要求具有要有较强的执教能力。在专业核心课中专职和兼职教师的比例建议为 1:1。

各类师资的要求：

1）专业核心课教师要求

（1）学历：硕士研究生或以上；

（2）专业：信息安全类相关专业；

（3）技术职称：副高级或以上；

（4）实践能力：具有信息安全行业企业半年以上实践经历，或有信息安全类职业技能资格证书或工程师职称；

（5）工作态度：认真严谨、职业道德良好。

2）非专业限选课教师要求

（1）学历：本科或以上；

（2）专业：信息安全类相关专业；

（3）技术职称：中级或以上；

（4）实践能力：具有信息安全类行业企业半年以上实践经历，或有信息安全工程师、网络安全管理类职业技能资格证书，或工程师职称；

（5）工作态度：认真严谨、职业道德良好。

3）企业兼职教师要求

（1）学历：本科或以上；

（2）专业：信息安全类相关专业；

（3）技术职称：中级或以上；

（4）实践能力：具有所任课程相关的信息安全类行业企业工作经历 2 年以上，工程师的技术职称；

（5）工作态度：认真严谨、职业道德良好；

（6）授课能力：有良好的表达能力，普通话标准，有授课技巧，并且热爱教育工作，最好有客户培训经验。

2. 教学设施

要开设“信息安全技术”专业，必要的校内基础课教学实验室和专业教学实训室如表 2-47 所示。其中，带*号的实训室是该专业开设时必须设置的实训室。对于专业核心实训室可以结合本校情况，开设相关厂商的职业资格取证实训。

表 2-47 “信息安全技术”专业校内实训室

实训室分类	实训室名称	实训项目名称	主要设备要求
信息安全技术实训室	信息安全产品实训室*	网络安全设备配置实训	IDS、UTM、防火墙、VPN、网闸、Web 应用防火墙、PC
		网络安全工程师取证	
	网络攻防实训室*	网络攻击防护实训	各类常用攻击和防护软软件、网络安全攻防平台、PC
	病毒防护实训室*	病毒检测、查杀、防护实训	各类病毒样本、病毒专杀工具、常用杀毒软件、网络安全病毒仿真系统、PC
		病毒防护工程师取证	
	Windows 安全配置实训室*	Windows 安装、配置及安全防护实训	最新版本 Windows Server、PC、局域网
	Linux 操作系统实训室*	Linux 安装、配置及安全防护实训	最新 Linux 版本、PC、局域网
	网络互联实训室*	网络互联项目实训	二层、三层交换机、路由器、各类连线、PC
		网络工程师取证实训	
	局域网组建实训室*	局域网组建与管理实训	PC、无线接入点 AP、无线网卡、VoIP、常用网络服务器软件
		网络操作系统管理实训	
	程序开发实训室	语言编程实训	PC、常用程序开发环境
		安全系统开发实训	
	网络存储实训室	网络存储实训	NAS 、 IP-SAN 、FC-SAN、虚拟带库、磁带机

续表

实训室分类	实训室名称	实训项目名称	主要设备要求
基础课程实训室	计算机应用实训室	Office 应用软件	PC、Office组件
	计算机组装维修维修实训室	计算机组装与维修实训	组装 PC、防静电设备、计算机组装工具包
	数据库应用技术实训室	数据库管理实训；数据库程序开发实训	PC、SQL Server 等数据库软件

1）校外实训基地的基本要求

学校要积极探索实践“订单培养、工学交替、顶岗实习”的产学研结合模式和运行机制，不断拓展校外实训基地，规范产学关系，形成良性互动合作机制，实现互利双赢，以培养综合职业能力为目标，在真实的职场环境中使学生得到有效的训练。为确保各专业实训基地的规范性，对校外实训基地必须具备的条件制定出基本要求：

(1) 企业应是正式的法人单位，组织机构健全，领导和工作（或技术）人员素质高，管理规范，发展前景好。

(2) 所经营的业务和承担的职能与相应专业对口，并且在本地区的本行业中有一定的知名度，社会形象好。

(3) 能够为学生提供专业实习实训条件和相应的业务指导，并且满足学生顶岗实训半年以上的企业。

2）信息网络教学条件

有条件的学校为学生提供网络远程学习条件和资源。

3. 教材及图书、数字化（网络）资料等学习资源

由于信息安全技术发展十分迅速，教材选用近三年之内出版的教材，图书馆资料也应该及时更新。对于网络资源，有条件的学校，如国家示范校，应按照国家资源库标准提供丰富的网络学习资料，具体包括课程 PPT、课程实验指导、课程项目指导、课程电子教材、课程重点、难点动画、课程习题、网络在线练习、课程在线考试、课程论坛等网络资源，使学生随时随地都能学习。

4．教学方法、手段与教学组织形式建议

对于基本理论课，建议采用启发式授课方法，以讲授为主，并配合简单实验。针对高职学生多采用案例法、推理法等，深入浅出地讲解理论知识，可制作图表或动画，易于学生理解；对于基本技能课程，采用训练考核的教学方法。在讲清原理和方法基础上，以实践技能培养为目标，保证训练强度达到训练标准，实践能力达到技术标准。可采用演示、分组辅导，需要提供较为详尽的训练指导、动画视频等演示资料；对于理论–实践一体化课程（如学习领域课程），可采用项目教学法：按照项目实施流程展开教学，让学生间接学习工程项目经验。项目教学法尽量配合小组教学法，可将学生分组教学，并在分组中分担不同的职能，培养学生的团队合作能力。

5．教学评价、考核建议

针对不同的课程可采用不同的考核方法：对基本理论知识性程课，建议采取理论考核的方法；对于基本技能的课程，采用实操考核的方法，根据学校情况结合行业标准进行考核，也可以将职业资格证书考试纳入课程体系范围；对于理论–实践一体化课程，采用过程评价与结果考核相结合的考核方式，如项目考核的方法，针对不同的项目分别考核，同时注重过程考核和小组答辩的考核，锻炼学生的基本素质、职业态度和综合工作能力。

6．教学管理

高职生源可分为两类：高中毕业生和三校生。两类学生有不同的学习基础和学习特点，建议尽量分班教学。如果不能做到，在教学管理中应该考虑各自特点，设计分层的教学目标。对已高中毕业的学生，理论学习的能力比较强，在课程设置上可以在理论课程上提高难度。但他们的实践经验比较少，应该在操作技能的课程上增加课时量。三校生在操作技能和先修课程上已经有 3 年的经验，因此在操作技能类的课程上应该提高难度，在初级或入门的内容减少课时，提高任务的复杂度，训练他们解决问题的能力，提高他们的学习兴趣。尽管他们的理论基础较为薄弱，但也应采取切实有效措施，使他们在理论知识方面达到专业要求。

无论是高中毕业生还是三校生，也无论是理论课程还是实践课程，调动学生学习积极性是当前高职教学管理的关键，也是提高教学质量的关键，各校应将其作为教学管理的主要目标之一，根据本校学生实际情况，努力进行教学管理改革实践探索。

（十）继续专业学习深造建议

本专业毕业的学生可以通过专升本的考试进入本科的信息安全专业或计算机科学与技术专业进行深造；也可以具有 3 年的工作经验之后参加 CISP 既“注册信息安全专业人员”的考试，CISP 的英文为 Certified Information Security Professional (简称 CISP)，CISP 系经中国信息安全产品测评认证中心实施国家认证。系国家对信息安全人员资质的最高认可。

第3章　“电子信息工程技术(下一代网络及信息技术应用方向)”专业规范

3.1　产业发展与专业历史沿革

3.1.1　下一代网络及信息技术发展现状

随着综合业务的逐步发展，网络业务的应用也越来越丰富。从早期的文件传输、电子邮件，到 Web 浏览、电子商务等，网络正在为各机构、部门和个人提供着方便快捷的通信服务。随着网络应用的变化，网络信息技术也随之改变。今天的网络信息平台上的应用扩展到了以前不曾想到的领域，比如电话业务、传真业务、视频业务、多媒体业务和一些增值业务等。

网络和通信的界限越来越模糊，用今天非常流行的一个词表达就是“三网融合”。所谓三网融合，就是在同一个网上实现语音、数据和图像的传输，其中 IP 技术是核心。但在现阶段它并不意味着电信网、计算机网和有线电视网三大网络的物理合一，而主要是指高层业务应用的融合。其表现为技术上趋向一致，网络层上可以实现互联互通，形成无缝覆盖；业务层上互相渗透和交叉；应用层上趋向使用统一的 IP 协议；在经营上互相竞争、互相合作，向同一目标逐渐交汇，为用户提供多样化、多媒体化、个性化服务；行业管制和政策方面也逐渐趋向统一。三大网络通过技术改造，能够提供包括语音、数据、图像等综合多媒体的通信业务，如图 3-1 所示。

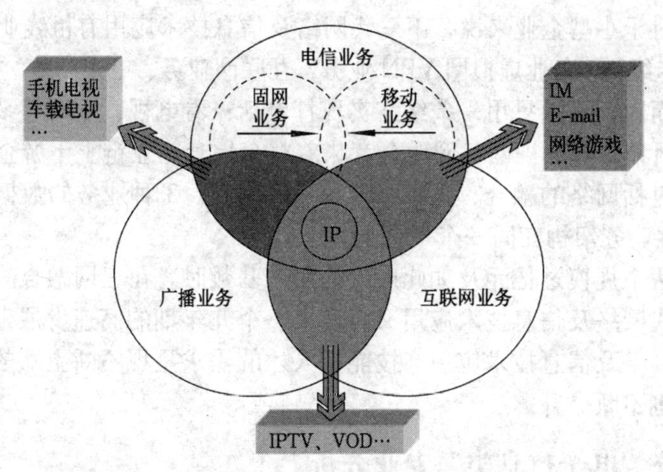

图 3-1　三网融合示意图

2010 年 1 月 13 日，国务院总理温家宝主持召开国务院常务会议，决定加快推进电信网、广播电视网和互联网三网融合并给予政策支持。阶段性目标为：2010—2012 年重点开展广电和电信业务，双向进入试点；2013—2015 年，总结推广试点经验，全面实现三网融合发展，普及应用融合业务，基本形成适度竞争的网络产业格局。

三网融合将带动包括内容提供商、服务提供商、运营商以及光纤通信设备制造商在内的整条产业链的发展。

通过三网融合，还将衍生出更加丰富的增值业务类型，如图文电视、VOIP、视频邮件和网络游戏等，拓展传统业务范围。

同时，三网融合将为上游设备提供商带来收益。数据显示，中国现有有线用户 1.6 亿，尚有 1 亿有线用户并未数字化运转，不考虑有线用户增长，机顶盒开支约 350 亿；而尚未进行双向网络改造的用户接近 1.5 亿，未来网络改造成本接近 600 亿，到整转截止时间 2015 年，每年资本开支约 200 亿，这将利好上游机顶盒设备供应商和网络改造设备供应商。

对于大中型企业来说，企业网中不仅仅只有纯粹的文本信息数据，还包括音频、视频和多媒体信息的数据。现在最常用的技术是 VOIP、视频会议。尤其是企业使用了 VOIP、视频会议后，通话资费大大低于传统电话资费，会务及差旅费用也大大低于传统费用。在这个融合的网络中，融合通信的地位则非常重要。它是统领所有业务数据的中心，是枢纽，负责业务、信令和协议等的翻译、转换作用。

此外，对于小型企业来说，下一代网络及信息技术应用有租线业务（DDN、FR、ATM专线）、企业虚拟网VPN业务、互联网业务、电子商务、视讯业务等。

对用户而言，可以只用一条线路实现打电话、看电视、上网等多种功能。互联网、电信网和广播电视网三网融合意味着整个信息产业链上下游企业的巨大机遇。融合既包括网络的融合，也意味着业务的融合。3种业务的数据使用一个网络传送，3种业务架构在同一个平台上。

面对着两个规模过亿元及如此庞大的用户基数时，在三网融合的环境下，未来几年下一代网络及信息技术应用又将迎来一个几年期的高速发展期！由此，市场对下一代网络及信息技术应用高技能型人才的需求呈现不断上涨的趋势，通信人才的价值也不断提升。

3.1.2 传统“电子信息类”专业分析

传统“电子信息类”专业群存在培养电子设备系统级应用能力的缺失。具体如表3-1所示。

表3-1 “电子信息类”专业人才培养定位分析

专业代码	专业名称	人才培养定位
590201	电子信息工程技术	培养具有电子设备和信息系统的设计、应用开发以及技术管理能力的高素质技能型专门人才
590202	应用电子技术	培养具有电子产品设计、质量检测、生产管理等工作的高素质技能型专门人才
590203	电子测量技术与仪器	培养具有电子测量基本技术和工程应用能力，主要从事电子设备测量的高素质技能型专门人才
590204	电子仪器仪表与维修	培养具有电子测量维修基本技能，主要从事电子仪器仪表维修的高素质技能型专门人才
590205	电子设备与运行管理	培养具有智能电子产品的开发、生产、管理、质控、售后服务第一线高素质技能型专门人才
590206	电子声像技术	培养具有安装、调试、维修和管理现代声像系统的能力的高素质技能型专门人才
590207	电子工艺与管理	培养具有制造、调试、安装、维修、管理电子设备的高素质技能型专门人才
590208	信息安全技术	培养具有熟练掌握网络设备的安装、管理和维护，能分析企业网络和信息系统安全漏洞，及时解决网络安全问题的高素质技能型专门人才

续表

专业代码	专 业 名 称	人才培养定位
590209	图文信息技术	培养具有熟练进行平面设计与制作、动画设计与制作、电子出版物设计与制作等技术的高素质技能型专门人才
590210	微电子技术	培养未来从事半导体集成电路芯片制造、测试、封装、版图设计及质量管理、生产管理、设备维护等半导体制造行业急需的一线工程技术人员和高级技术工人
590211	无线电技术	培养未来从事无线电设备相关的制造、安装、维修、管理的高素质技能型专门人才
590212	广播电视网络技术	培养未来从事下一代接入以太网为基础的接入技术一线共工程师，分析了有线电视网络管理技术的特点
590213	有线电视工程技术	培养未来从事有线电视网络设计和应用一线工程技术人员及管理人员

现有“电子信息类”专业主要定位在元器件级别以及电子设备级别的硬件设计、生产、调试、维护。随着社会信息化程度的提升，对于信息化电子设备的系统性应用的需求增长明显。例如：电子监控设备组网实现安防功能；电子视频设备组网实现电话视频会议功能等。在表 3-1 中，我们可看到“信息安全技术”专业培养系统级网络安全方面的维护及管理能力，但此专业仅限于安全维护。因此，有必要增设针对多设备系统的技术专业，培养具有系统级设计、安装、调试及维护能力的高素质、高技能型人才。

3.1.3 全国各院校“电子信息类”专业设置情况

近 5 年，中国高等职业教育快速发展，根据教育部发布的最新高校名单统计，截至 2011 年 5 月 23 日，全国共有高校 3 152 所（不含港澳台地区）。具体情况为：普通公办高校 2 101 所，包括本科高校 820 所、高职高专 1 281 所；民办高校 386 所，包括本科高校 79 所、高职高专 307 所；成人高校 354 所；民办成人高校 2 所；独立学院 309 所。其中，高职院校占比 50%，占据高等教育的“半壁江山”。

2006 年，教育部、财政部启动了国家示范性高等职业院校建设计划；2010 年，教育部、财政部进一步推进国家示范性高等职业院校建设计划——骨干高职院校建设规划，先后在探索建立校企合作办学体制机制、推进工学结合人才培养模式改革、试点单独招生考试改革、增强社会服务能力、跨区域共享优质教育资源等方面取得了明显成效。

高等职业教育为经济社会发展和高等教育改革发展做出了重要贡献。5 年来，高等职业教育为国家培养了超过 800 万高素质技能型专门人才，为社会提供培训超过 1 100 万人次，赢得了社会各界的普遍关注和支持。

高等职业教育肩负着培养生产、建设、服务和管理第一线高素质技能型专门人才的重要使命，在对经济发展的贡献能力方面具有独特作用。据统计，目前，95%的地级市有高职院校，这种布局和高职本身的特性，使得高职院校与地方经济、社会、科教发展联系最直接、最密切。

根据“电子信息类专业目录”，“电子信息类”专业包含“电子信息工程技术”、“应用电子技术”、“电子测量技术与仪器”、“微电子技术”等 27 个专业，各高职院校在开设相应专业时，均要考虑所在地区相关行业发展情况以及相应人才需求状况。因此，电子信息产业较发达地区的院校均大量开设并重点建设相关电子专业，特别是“电子信息工程技术”专业和“应用电子技术”专业在高职院校中开设较多。统计 1 000 所高职院校，开设“电子信息类”专业的院校有 688 所，其中，开设“电子信息工程技术”专业的有 553 所、开设“网络工程技术”专业的有 277 所。另外，100 所“国家示范性高等职业院校建设计划”立项建设院校以及 9 所国家重点培育（扶持）的高等职业院校中，中央财政以及地方财政支持建设的重点专业中有“电子信息类”专业的共 29 所，约占总数的 27%。这 29 所高职院校中，重点建设“应用电子技术”专业的有 14 所，重点建设电子信息工程技术专业的有 12 所，院校主要分布在电子信息产业较发达的地区。全国高等职业院校重点建设“电子信息类”专业分布情况如表 3–2 所示（列出其中 30 所）。

表 3–2　全国高等职业院校重点建设“电子信息类”专业分布表

序号	区域	院　校	院校类型	专业名称 1	专业名称 2
1	东北	黑龙江农业经济职业学院	示范	网络工程技术	
2	华北	北京工业职业技术学院	示范	电子信息工程	
3	华北	北京电子科技职业学院	示范	电子信息工程	
4	华北	天津电子信息职业技术学院	示范	电子信息工程	网络工程技术
5	西北	西安航空职业技术学院	示范	电子信息工程	
6	西南	重庆电子工程职业学院	示范	电子信息工程	

续表

序号	区域	院　　校	院校类型	专业名称 1	专业名称 2
7	西南	重庆信息技术职业学院	示范	电子信息工程	
8	西南	贵州交通职业技术学院	示范	电子信息工程	网络工程技术
9	东南	南京工业职业技术学院	示范	电子信息工程	
10	华南	深圳职业技术学院	示范	电子信息工程	
11	西北	新疆轻工职业技术学院	骨干	电子信息工程	
12	东南	福建信息职业技术学院	骨干	电子信息工程	
13	华南	湖南科技职业学院	骨干	电子信息工程	网络工程技术
14	西南	广西机电职业技术学院	骨干	电子信息工程	网络工程技术
15	西北	新疆轻工职业技术学院	骨干	电子信息工程	
16	华北	北京信息职业技术学院	骨干	电子信息工程	网络工程技术
17	华南	深圳信息职业技术学院	骨干	电子信息工程	网络工程技术
18	东南	福建信息职业技术学院	骨干	电子信息工程	
19	华南	襄樊职业技术学院	骨干	电子信息工程	
20	东北	哈尔滨职业技术学院	骨干	电子信息工程	
21	西南	重庆电讯职业学院	普通	电子信息工程	
22	西南	重庆科创职业学院	普通	电子信息工程	
23	华南	顺德职业技术学院	普通	电子信息工程	
24	华南	广东交通职业技术学院	普通	电子信息工程	
25	西南	广西机电职业技术学院	普通	电子信息工程	网络工程技术
26	东北	长春信息技术职业学院	普通	电子信息工程	
27	华北	石家庄科技信息职业学院	普通	电子信息工程	
28	东北	沈阳职业技术学院	普通	电子信息工程	
29	东南	上海电子信息职业技术学院	普通	电子信息工程	
30	东南	泉州信息职业技术学院	普通	电子信息工程	网络工程技术

从统计数据上来看，在未来 10 年中，电子信息产业将迎来新的一轮发展期，社会对“电子信息类”专业人才的需求也将不断扩大，特别是电子信息化应用方面的高技能复合型专门人才更是供不应求。

另外，从“电子信息工程”专业和“网络工程技术”专业的人才培养目标上来看，他们在网络之上的信息应用技术空间都是空白的，从而需要我们开辟新的专业领域——“电子信息工程技术（下一代网络及信息技术应用）”专业，去实施解决通信网末端一千米及综合信息化应用方案。

3.2 专业-职业分析

3.2.1 专业-职业背景分析

一、专业-职业定位分析

通过2010年12月—2011年3月，对北京、上海、深圳、重庆、武汉等5个城市合作的电子信息企业的主营业务、用人基本情况及岗位胜任能力、企业典型职业分类、职业活动分析情况、企业职业岗位工作流程与描述进行调研，数据统计显示，电子信息行业典型职业主要集中为四大类别，分别为电子工程、信息应用、系统维护和销售。

本次调研企业31家，其中10家企业主营业务涉及信息技术应用；21家企业主营业务涉及电子工程；6家企业涉及系统维护；4家企业涉及销售。（说明：部分企业主营业务面广，有针对一家企业调研了2个典型岗位），如图3-2所示。

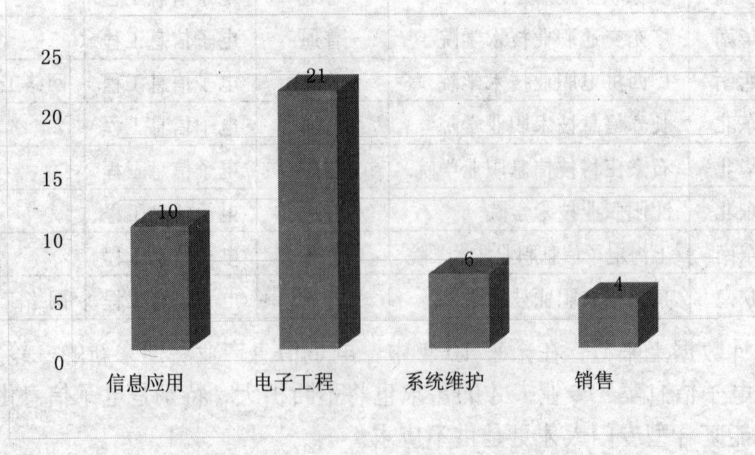

图3-2 典型职业活动分类

1．电子工程序列

本次调研数据统计显示，目前电子信息行业电子工程类主要由工程勘察、硬件安装、设备验收及软件调试 4 部分的岗位组成。调研中共有 21 家企业的典型职业岗位为电子工程：其中 4 家企业电子工程岗位包含了以上 4 部分的工作内容（以下简称 A 类电子工程）；13 家企业的电子工程岗位包含工程勘察、硬件安装 2 部分工作内容（以下简称 B 类电子工程）；3 家企业的电子工程岗位只有软件调试工作内容（以下简称 C 类电子工程），如图 3-3 所示。

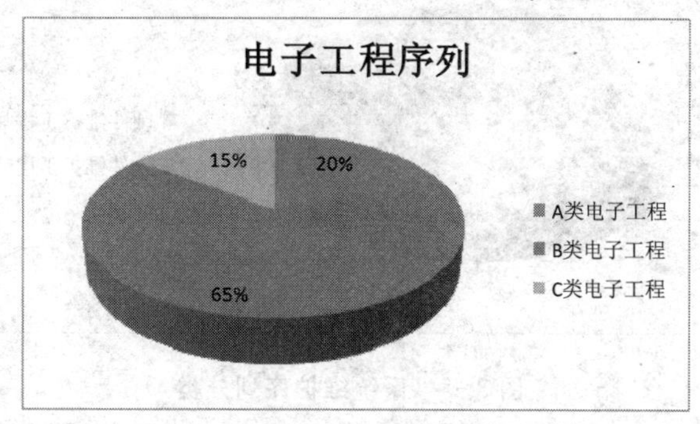

图 3-3　电子工程序列分类

2．信息应用序列

本次调研数据统计显示，信息应用主要分为数据业务信息应用、语音业务信息应用、视频业务信息应用。本次调研中，共有 10 家企业的典型职业岗位为信息应用序列，其中数据业务信息应用占 50%、语音业务信息应用占 40%、视频业务信息应用占 10%，如图 3-4 所示。

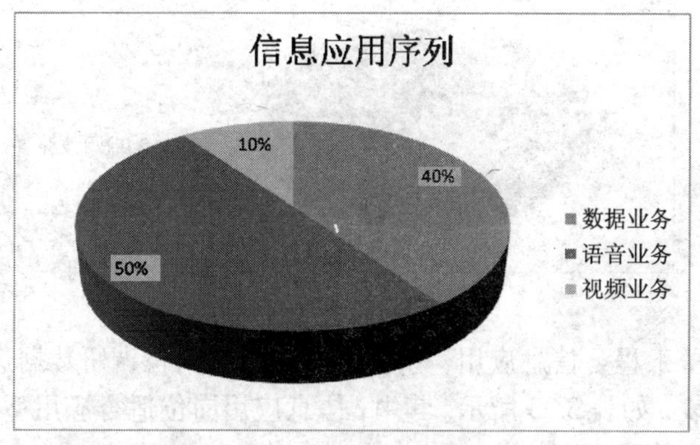

图 3-4　信息应用序列分类

3．系统维护序列

本次调研数据统计显示，系统维护序列主要由硬件维护和软件维护组成。本次调研中共有 6 家企业典型职业岗位为系统维护序列，其中 3 家企业为硬件维护工程师岗位；3 家企业为软件维护工程师岗位，如图 3−5 所示。

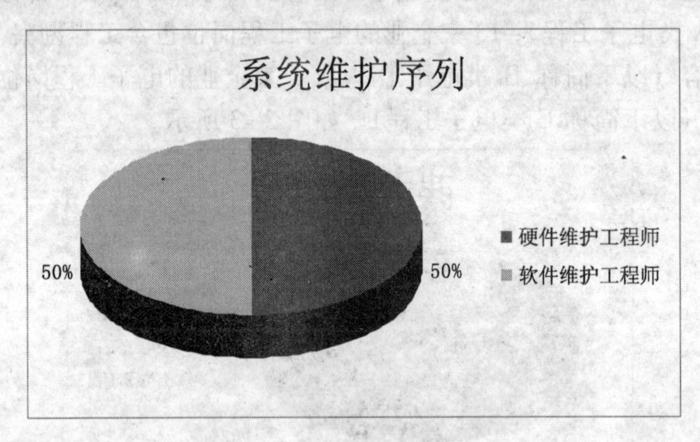

图 3−5 系统维护序列分类

4．销售序列

本次调研数据统计显示，技术支持序列主要由销售和售后技术支持组成，本次调研有 2 家企业的典型职业岗位为销售，2 家企业为售后技术支持，如图 3−6 所示。

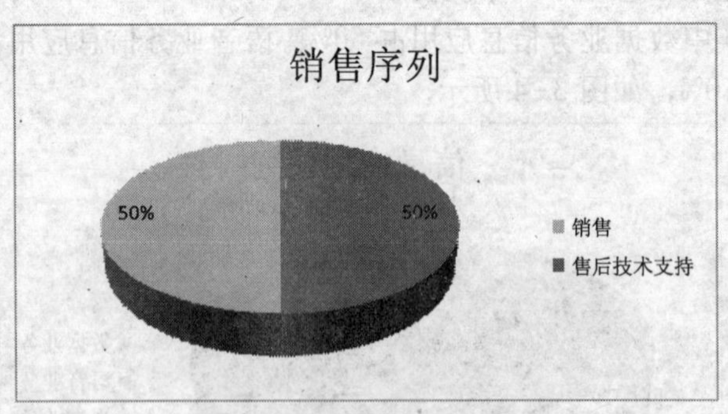

图 3−6 销售序列分类

通过对电子工程、信息应用、系统维护和销售岗位调研数据进行统计，得出职业岗位汇总表，如表 3−3 所示。其中，信息应用岗位适合应用型本科人才定位，在汇总表中没有体现。

表 3-3 职业岗位汇总表

序号	专业领域	职业范围	职业岗位
1	电子信息工程	主要以从事电缆、光缆等传输线路布线、测试等工作的人员 主要以从事电子设备（下一代接入网设备、光传输设备、下一代互联网设备、VOIP 系统设备、视频会议系统设备、视频监控系统设备等）装配调试工作的人员 主要从事中、小型企业信息化系统勘察、设计工作的人员 主要以使用电子仪器或者软件，进行线路、设备、系统测试工作的人员 主要以监督和检查工程安装质量和安装工艺，及工程施工现场安全监理工作人员	（1）线路测试工程师 （2）电子设备调试工（包括有线通信接入设备调试工、有线通信传输设备调试工、网络设备调试员、电源调试工、其他电子设备装配调试人员等） （3）勘察工程师、系统规划与设计工程技术人员 （4）软件调试工程师、系统调试工程师 （5）工程督导（需要一定工作经验晋升）
2	电子信息系统维护	从事企业、事业单位、运营商等通信线路维护和工程施工工作的人员 从事电子信息系统用户终端日常管理和维护工作的人员 从事电子信息系统设备日常管理和维护工作的人员 从事电子信息系统网管日常管理和维护工作的人员 从事电子信息网络管理、配置管理、性能管理、故障管理等工作的人员 从事电子信息系统升级、扩容、改造等工作的人员	线务员、线路维护工程师 用户终端维修员 系统维护人员、设备维修人员 系统操作员 网络管理员 系统优化人员、网络优化工程师
3	销售	从事电子信息设备销售工作的人员； 从事电子信息业务销售的工作人员； 从事电子信息产品、业务售前技术支持工作的人员 从事电子信息产品、业务售后服务、技术支持工作的人员	（1）销售员 （2）电信业务营业员、业务销售人员 （3）售前工程师 （4）售后工程师

二、职业要求分析

1. 职业标准要求（见表 3-4）

表 3-4　职业标准-工作要求汇总表

序号	职业标准	工　作　要　求	工作要求汇总
1	线路测试工程师	知识： (1)具有电路及相关电子器件基础知识 (2) 具有电缆、光缆基本知识等 (3)会使用常见线路测试工具 能力： 具备电缆、光缆选型；电缆、光缆接续；电缆、光缆敷设；电缆、光缆线路测试等能力 素质： 具有一定的判断能力；具有较强的逻辑思维能力及问题处理能力 综合工作任务： (1) 电缆、光缆选型、识别；光缆敷设(使用全自动光纤熔解机等专用工具完成光缆接续)；OTDR 测试光缆线路等 (2) 电器件、光无源器件的功能及测试；光端机的功能与测试；传输系统的组建与测试等	知识： 具有电路、相关电子器件、计算机、信息技术、通信、数据库、市场销售、电源基础知识等 具有设计、制图及文档处理、工程概预算基本知识 电缆、线缆线路测试、布线等基本知识 具有电子信息设备系统结构、功能等基本知识 具有语音、数据、视频业务等关键技术知识 具有语音、数据、视频业务等信息化系统应用知识；会使用相关工具及软件 能力： 能够对电子信息化系统进行系统规划、勘察设计、安装调试、数据配置及系统测试等 能够运用数据、语音、多媒体业务相关技术和产品知识，实现相关业务应用（包括：语音业务应用，如 IP 电话、电话会议、手机办公、呼叫中心、热线系统，调度指挥等；数据业务应用，如宽带上网、电子商务、网络游戏、网络安全、网络存储、VPN、云计算等；视频业务应用，如视频会议、视频监控、
2	电子设备调试工（包括：有线通信接入设备调试工、有线通信传输设备调试工、网络设备调试员、电源调试工、其他电子设备装配调试人员等）	知识： (1) 具有电子信息、计算机及通讯、电源等基础知识 (2)具有接入设备、传输设备、网络设备等硬件系统结构、单板功能等基本知识 (3)会使用常见设备安装及调试的工具	

续表

序号	职业标准	工 作 要 求	工作要求汇总
		能力： 通过对电子设备系统结构了解，掌握信息化系统网络结构，实现信息化平台开局调试 素质： 具有一定的组织、理解、判断能力；具有较强的学习能力、沟通能力；具有较强工作责任心 综合工作任务： (1) 设备开箱验货 (2) 电子信息系统硬件组装 (3) 电子信息系统硬件连接 (4) 线缆制作、线缆布放 (5) 标签制作 (6) 设备调试 (7) 硬件验收	网络电视、VOD 等等)，来满意用户、企业需要 能够对信息化系统进行性能管理、故障处理、信息安全管理等，确保系统正常运行 能够对电子信息化系统产品及业务进行推广销售等 素质： 具备良好沟通能力、工作主动性强、具备团队协作能力、逻辑思维能力、学习能力、责任心强、问题处理能力、适应能力、执行力。 综合工作任务： 传输线路敷设、测试、维护； 信息系统规划、勘察设计、平台安装调试、数据配置、系统测试等 信息系统语音、数据、视频业务开通、信息化应用(包括：语音业务应用，如 IP 电话、电话会议、手机办公、呼叫中心、热线系统，调度指挥等；数据业务应用，如宽带上网、电子商务、网络游戏、网络安全、网络存储、VPN、云计算等；视频业务应用，如视频会议、视频监控、网络电视、VOD 等）等 信息系统日常维护、故障处理、系统改造（升级、扩容）等
3	勘察工程师、系统规划与设计工程技术人员	知识： (1) 具有计算机基础知识 (2) 具有设计、制图及文档处理基本知识等 (3)会使用常见工程勘察的工具及软件 能力： 具备勘察任务书设计、现场信息采集、数据分析、设计、编制、签署勘察文档处理能力等 素质： 具有一定的组织、理解、判断能力；具有较强的学习能力、沟通能力 综合工作任务： (1) 勘察准备 (2) 制订勘察计划 (3) 实施勘察	

续表

序号	职业标准	工作要求	工作要求汇总
		(4) 勘察数据分析、设计 (5)签署工程勘察报告及环境验收报告	信息系统产品及业务销售（包括：产品和业务方案设计、推广、技术支持、售后服务）等
4	软件调试工程师、系统调试工程师	知识： (1) 具有计算机、数据库等基础知识 (2)具有网管系统基本操作知识 能力： 通过对企业信息化网管系统结构了解，掌握信息化系统网管操作，实现信息化平台业务开通 素质： 具有一定的组织、理解、判断能力；具有较强的学习能力、沟通能力；具有较强工作责任心 综合工作任务： (1) 网管和数据库安装 (2) 网管基本操作 (3) 系统调试	
5	工程督导	知识： (1) 具有电子信息、计算机及通信、电源等基础知识 (2) 非常熟悉各种设备的功能，熟悉各种单板的安装规范，熟悉设备的内外部结构及设备各种连线的连接 (3)会使用常见工程安装及调试的工具 能力： (1)根据勘测结果和合同基本要求，提前做好工程概预算 (2) 与安装技术人员进行及时有效的沟通，保证工程的质量、进度	

续表

序号	职业标准	工　作　要　求	工作要求汇总
		(3) 熟悉验收的各种标准，确保顺利通过验收 (4) 能够处理各章突发事件 素质： 具有一定的组织、理解、判断能力；具有较强的学习能力、沟通能力；具备团队协作能力、问题处理能力及执行力 综合工作任务： (1)指导施工队现场设备安装 (2)监督和检查工程安装质量和安装工艺，及工程施工现场安全监理 (3)及时向监理部门汇报工程安装进度及各种问题 (4)设备安装现场与用户的业务接口 (5)现场设备的开箱验货及提出补发货申请 (6)安装人员的设备安装技能培训 (7)将工程现场设计变更申请单提交给监理和设计院工程师 (8) 做好工程质量自检，保证验收合格 (9) 完成各种工程资料的整理，移交工程文档，并和监理签好遗留问题备忘录 (10) 和监理对工程进行终验	
6	线务员、线路维护工程师	知识： (1)具有电路及相关电子器件基础知识 (2) 具有电缆、光缆基本知识等 (3)会使用常见线路测试工具和维护工具	

续表

序号	职业标准	工　作　要　求	工作要求汇总
		能力： 具备电缆、光缆选型；电缆、光缆接续；电缆、光缆敷设；电缆、光缆线路测试等能力 素质： 具有一定的组织、理解、判断能力；具有较强的学习能力、逻辑思维能力、问题处理能力 综合工作任务： 电缆、光缆线路日常维护 线路巡回检查 线路维护和维护作业计划 电缆、光缆线路测试 电缆、光缆线路故障测试、故障处理 电缆、光缆线路改接、割接等	
7	用户终端维修员	知识： (1) 具有电子信息、计算机及通信等基础知识 (2)熟悉各种用户终端系统结构、硬件工作原理、功能等基本知识 (3)会使用常见维修工具及测试软件等 能力： 维护和管理各种信息化应用系统用户终端；及时发现和处理各种常见硬件故障和数据配置问题，确保正常运行 素质： 具有一定的组织、理解、判断能力；具有较强的学习能力、沟通能力及问题处理能力；工作责任心要强	

续表

序号	职业标准	工 作 要 求	工作要求汇总
		综合工作任务： 用户终端例行维护 常见故障处理，包括硬件故障处理、数据配置问题处理等	
8	系统维护人员、设备维修人员	知识： (1) 具有电子信息、计算机及通信等基础知识 (2)熟悉各种电子信息设备系统结构、功能等基本知识 (3)会使用常见维修工具及测试软件等 能力： 管理和维护各种信息化应用系统、网络服务器、网络设备等；做好系统数据日常监控、升级、备份、恢复等工作；及时发现和处理各种系统故障，确保业务安全、可靠运行 素质： 具有一定的组织、理解、判断能力；具有较强的学习能力、沟通能力及问题处理能力；工作责任心要强 综合工作任务： 设备例行维护操作 设备常见告警分析 故障处理流程、故障处理基本原则、故障定位思路、故障定位常用方法 常见性能分析、性能处理流程、性能处理基本原则、性能定位思路、性能定位常用方法	
9	系统操作员	知识： (1) 具有电子信息、计算机及通信等基础知识	

续表

序号	职业标准	工作要求	工作要求汇总
		(2)熟悉各种电子信息设备数据配置、业务开通、系统升级等基本操作知识 (3)会使用常见系统管理软件 能力： (1) 利用终端维护观察后台告警 (2) 熟练操作服务器，对相关文件进行观察和备份 (3) 熟悉数据库，对数据库进行维护 (4)能够按要求恢复保存重要文件 素质： 具有一定的组织、理解、判断能力；具有较强的学习能力、沟通能力及问题处理能力；工作责任心要强 综合工作任务： 设备和网管例行维护操作；设备和网管常见告警分析及故障处理 系统升级、规范流程以及新老版本的差别、后台服务器升级以及单板软硬件升级、升级后的测试系统升级、扩容、改造等	
10	网络管理员	知识： (1) 具有电子信息、计算机及通信等基础知识 (2) 具有语音、数据、视频等信息化系统全面知识 (3)会使用各种业务产品管理系统 能力： 能够使用网管系统进行查看和管理系统的各项性能指标；能够处理系统故障；能够管理数据配置；能够根据系统评估报告，结合系统发展方向，提出系统优化、升级的建议	

续表

序号	职业标准	工 作 要 求	工作要求汇总
		素质： 具有一定的组织、理解、判断能力；具有较强的学习能力、沟通能力、问题处理能力等 综合工作任务： (1) 系统性能管理 (2) 系统故障管理 (3) 系统配置（数据）管理 (4) 网管管理 (5) 系统优化管理	
11	系统优化人员、网络优化工程师	知识： (1) 具有电子信息、计算机及通信等基础知识 (2) 具有语音、数据、视频等信息化系统全面知识 (3)会使用各种业务产品网管系统 能力： 能够根据系统运行评估报告，结合技术发展方向，进行系统优化 素质： 具有一定的组织、理解、判断能力；具有较强的学习能力、沟通能力、问题处理能力等 综合工作任务： (1) 系统性能评估 (2) 系统优化	
12	销售员	知识： (1)具有一定计算机基础及电子信息系统设备基本知识 (2) 了解语音、数据、视频等信息化系统产品的功能及作用 (3)具有市场销售的基本知识	

续表

序号	职业标准	工　作　要　求	工作要求汇总
		能力： 能够对信息化系统(包括 VOIP 语音业务信息化系统、视频监控系统、IPTV 系统等)产品进行销售的能力 素质： 具有一定的组织、理解、判断能力；具有较强的学习能力、沟通能力及适应能力等 综合工作任务： (1) 电子信息产品销售 (2) 营销方案设计等	
13	电信业务营业员、业务销售人员	知识： (1)具有一定计算机基础及电子信息系统设备基本知识 (2) 具有语音、数据、视频等信息化业务基本知识 (3)具有市场销售的基本知识 能力： 能够对相关业务及信息化系统（包括 VOIP 语音业务信息化系统、视频监控系统、IPTV 系统等)进行销售的能力 素质： 具有一定的组织、理解、判断能力；具有较强的学习能力、沟通能力及适应能力等 综合工作任务： (1) 业务咨询 (2) 业务处理 (3) 业务宣传和推介 (4) 业务策划的信息提供 (5) 营销方案设计等 知识： (1)具有一定计算机基础及电子信息系统设备基本知识	

续表

序号	职业标准	工　作　要　求	工作要求汇总
14	售前工程师	(2) 具有语音、数据、视频等信息化业务基本知识 (3)具有市场销售的基本知识 能力： 能够对相关信息化系统（包括 VOIP 语音业务信息化系统、视频监控系统、IPTV 系统等）产品进行销售的能力 素质： 具有一定的组织、理解、判断能力；具有较强的学习能力、沟通能力及适应能力等 综合工作任务： (1) 新产品宣传和推广 (2)营销方案设计(标书制作) (3) 产品需求的信息提供 (4) 客户关系维护、用户开发 (5) 用户消费顾问	
15	售后工程师	知识： (1)具有一定计算机基础及电子信息系统设备基本知识 (2) 具有语音、数据、视频等信息化业务基本知识 (3)具有市场销售的基本知识 能力： 能够对相关业务及信息化系统(包括 VOIP 语音业务信息化系统、视频监控系统、IPTV 系统等)进行售后技术支持 素质： 具有一定的组织、理解、判断能力；具有较强的学习能力、沟通能力、问题处理能力及适应能力等	

续表

序号	职业标准	工　作　要　求	工作要求汇总
		综合工作任务： 新产品、新业务技术推介 客户疑问回答 投标文件的制作 提供产品推广和销售支持 产品规划 产品品牌的树立和提升 突出领域的专业化形象	

2. 新技术应用要求（见表 3-5）

表 3-5　新技术发展-工作要求汇总表

序号	技术发展	工　作　要　求	工作要求汇总
1	IP 通信技术	基础知识部分： 了解网络基础（OSI 参考模型、TCP/IP 原理） 掌握子网划分（IP 地址规划） 掌握局域网基础 掌握路由基础 了解广域网基础 关键技术与应用： 了解 SPT 技术与应用 掌握 VLAN 技术与应用 掌握链路聚合技术与应用 掌握动态路由协议（RIP、OSPF）与应用 掌握 NAT、DHCP 技术与应用 产品知识： 了解网络拓扑结构 了解设备工作指标（功耗、电压、电流、规格尺寸） 了解集线器（Hub）的基本结构、工作原理及信号处理流程	基础知识部分： 掌握网络基础 掌握 IP 通信技术原理 掌握下一代接入网技术原理 掌握 IPv6 技术原理 掌握 SDH 技术原理 掌握语音、数据、视频业务核心技术原理等 关键技术与应用： 掌握 IP 技术与应用 掌握下一代接入网技术与应用 掌握 IPv6 技术与应用 掌握 SDH 技术与应用 掌握 VOIP 技术与应用 掌握视频会议技术与应用 产品知识： 掌握下一代接入网产品网络结构、设备系统结构、工作原理等

续表

<table>
<tr><th>序号</th><th>技术发展</th><th>工　作　要　求</th><th>工作要求汇总</th></tr>
<tr><td></td><td></td><td>掌握交换机的基本结构、工作原理及信号处理流程
掌握路由器的基本结构、工作原理及信号处理流程</td><td rowspan="3">掌握 SDH 传输产品网络结构、设备系统结构、工作原理等
掌握 IPv4、IPv6 数据产品网络结构、设备系统结构、工作原理等
掌握 VOIP 语音业务产品网络结构、设备系统结构、工作原理等
掌握视讯、IPTV 视频业务产品网络结构、设备系统结构、工作原理等
硬件安装、调试：
掌握下一代接入网产品设备安装、调试及数据配置等
掌握 SDH 传输产品设备安装、调试及数据配置等
掌握 IPv4、IPv6 数据产品设备安装、调试及数据配置等
掌握 VOIP 语音业务产品设备安装、调试及数据配置等
掌握视讯、IPTV 视频业务产品设备安装、调试及数据配置等
故障处理及测试：
了解日常维护工具使用
了解日常测试工具使用
掌握日常故障处理定位思路及解决方法等</td></tr>
<tr><td>2</td><td>下一代接入网技术与应用</td><td>基础知识部分：
了解宽带接入技术发展历程
掌握下一代接入网基本原理
了解 TCP/IP 基础
关键技术与应用：
掌握 MPCP 协议及应用
掌握 VOIP 技术及应用
掌握组播技术与应用
了解 QINQ 技术与应用
了解 QOS 技术与应用
产品知识：
了解下一代接入网网络架构
掌握下一代接入网局端设备系统结构及工作原理
掌握下一代接入网用户端设备系统结构及工作原理
了解分光器系统结构及工作原理</td></tr>
<tr><td>3</td><td>下一代互联网技术与应用</td><td>基础知识部分：
（1）了解互联网发展趋势与策略
（2）掌握 IPv6 技术原理
（3）了解 IPv6 产品与标准化现状
（4）掌握移动 IPv6 技术
（5）掌握 IPv4 和 IPv6 综合组网技术及应用
关键技术与应用：
（1）了解双栈策略（DSTM）技术与应用
（2）了解隧道策略技术与应用
（3）了解手工隧道技术与应用</td></tr>
</table>

续表

序号	技术发展	工作要求	工作要求汇总
		(4)了解GRE隧道技术与应用 (5)了解自动隧道技术与应用 (6)了解ISATAP、Teredo隧道技术与应用 (7)了解翻译策略技术与应用 产品知识： (1)了解下一代互联网主要技术特征 (2)掌握IPv6设备电气特性 (3)掌握IPv6交换机的基本结构、工作原理及信号处理流程 (4)掌握路由器的基本结构、工作原理及信号处理流程	
4	光传输技术与应用	基础知识部分： (1)掌握同步光网络技术原理 (2)掌握SDH基本原理 (3)掌握自愈保护机理 (4)了解时钟保护倒换原理 关键技术与应用： (1)了解数字光纤系统的组成 (2)了解PDH技术 (3)掌握SDH技术 (4)掌握自愈网保护技术 (5)掌握以太网技术 (6)了解DWDM技术 (7)了解ASON技术 产品知识： (1)了解常见光无源器件 (2)了解光端机（光发射机与光接收机） (3)了解电信管理网（TMN）结构框架 (4)掌握SDH设备的逻辑组成 (5)掌握SDH设备类型及网络中的应用	

续表

序号	技术发展	工　作　要　求	工作要求汇总
		(6) 掌握 SDH 设备的基本结构、工作原理及信号处理流程 (7) 掌握 SDH 设备背板各接口作用 (8) 掌握 SDH 设备各功能单板功能 (9) 掌握 SDH 设备各业务单板功能 (10) 掌握单板配置 (11) 掌握业务配置	
5	企业语音信息化应用——VOIP 技术	基础知识部分： (1) 掌握语音通信基本原理 (2) 掌握数字中继原理 (3) 掌握 VOIP 技术原理 关键技术与应用： (1) 掌握 H.323 协议原理及应用 (2) 掌握SIP 协议原理及应用 (3) 了解中继技术原理与组网应用 (4) 了解呼叫中心系统操作与应用 (5) 了解视频电话系统配置与应用 产品知识： (1) 了解产品组网 (2) 了解设备工作指标（功耗、电压、电流、规格尺寸） (3) 掌握 ZXECS IBX1000 设备系统结构及工作原理 (4) 了解数字中继硬件结构及工作原理 (5) 掌握用户接入单元设备结构及工作原理 (6) 掌握网管基本操作 (7) 了解语音业务型号、流程 (8) 了解信令分析	

续表

序号	技术发展	工 作 要 求	工作要求汇总
6	企业数据业务信息化应用——网络安全技术	基础知识部分： 了解网络基础 掌握子网划分（IP 地址规划） 掌握局域网基础 掌握路由基础 关键技术与应用： 掌握访问控制列表(ACL)技术与应用 掌握 MPLS VPN 技术与应用 了解网络安全认证技术（AAA、RADIUS 等）与应用 产品知识： 掌握交换机的基本结构、工作原理及信号处理流程 掌握路由器的基本结构、工作原理及信号处理流程 掌握防火墙的基本结构、工作原理及信号处理流程	
7	企业多媒体业务信息化应用——视频会议技术	基础知识部分： (1) 掌握多媒体业务核心技术原理 (2) 了解视频会议系统概述 (3) 掌握视频会议系统组成 (4) 了解视频会议相关技术标准 关键技术与应用： (1) 掌握视频编解码协议 (2) 掌握音频编解码协议 (3) 了解数据会议的实现方式及相关技术标准 (4) 掌握企业典型应用 产品知识： (1) 了解视频会议系统网络架构 (2) 掌握视频会议系统 MCU 产品特点及性能指标	

续表

序号	技术发展	工　作　要　求	工作要求汇总
		(3) 掌握MCU硬件结构及工作原理 (4) 掌握MCU单板基本功能及工作原理 (5) 掌握视频会议系统终端产品工作原理	

三、职业技术证书分析

证书选择建议表如表3-6所示。

表3-6　证书选择建议表

序号	证书名称	内　涵　要　点	颁发证书单位	选择建议
1	网络工程师ZCNE、通信网络管理员(国家职业资格三级)	培训目标：从事电子信息系统或者网络管理、配置管理、性能管理、故障管理等工作的人员 技能要求：能够从事网络设计、平台搭建、业务开通调试、网络维护等岗位工作 考试说明：通过规范的考试以及标准的认证，可获得企业及工信部颁发的“一考双证”职业技能证书	工业和信息化部、中兴通讯公司	网络工程师 综合接入技术工程师 光传输技术工程师 信息系统运营工程师 通信施工工程师
2	综合接入技术工程师、电信机务员(国家职业资格三级)	培训目标：从事接入网设备的维护、值机、调测、检修、障碍处理以及工程施工的人员 技能要求：能够从事下一代接入网络设计、平台搭建、业务开通调试、网络维护等岗位工作 考试说明：通过规范的考试以及标准的认证，可获得企业及工信部颁发的“一考双证”职业技能证书	工业和信息化部、中兴通讯公司	

续表

序号	证书名称	内 涵 要 点	颁发证书单位	选择建议
3	光传输技术工程师、电信机务员（国家职业资格三级）	培训目标：从事传输网设备的维护、值机、调测、检修、障碍处理以及工程施工的人员 技能要求：能够从事传输网络设计、平台搭建、业务开通调试、网络维护等岗位工作 考试说明：通过规范的考试以及标准的认证，可获得企业及工业和信息化部颁发的“一考双证”职业技能证书	工业和信息化部、中兴通讯公司	
4	信息安全工程师	通过规范的考试以及标准的认证，可获得企业认证以及工信部的职业技能认证 技能要求：能够从事信息系统安全管理等岗位工作 考试说明：通过规范的考试以及标准的认证，可获得企业及工信部颁发的“一考双证”职业技能证书	工业和信息化部、中兴通讯公司	
5	信息系统运营工程师	培训目标： 技能要求：能够从事语音、数据、多媒体系统业务运营、管理、维护等岗位工作 考试说明：通过规范的考试以及标准的认证，可获得企业及工信部颁发的“一考双证”职业技能证书	工业和信息化部、中兴通讯公司	
6	通信施工工程师	培训目标：从事电子信息系统的布线、测试、设备安装、工程施工的人员 技能要求：能够从事电子信息设备系统布线、测试、设备安装、工程施工等岗位工作 考试说明：通过规范的考试以及标准的认证，可获得企业及工信部颁发的“一考双证”职业技能证书	工业和信息化部、中兴通讯公司	

3.2.2　专业-职业典型工作任务分析

一、行业企业专家研讨会

行业企业专家研讨会现场如图 3-7 所示。

图 3-7　行业企业专家研讨会现场

针对行业、企业调研数据，在确定了专业的领域、职业范围及职业岗位群后，2011 年 5 月 21 日，根据基于工作过程的课程开发方法，分别从不同性质、不同类型、不同规模、不同层次的企业中邀请了 16 位在基层工作岗位有多年工作经验的工程技术人员或管理者，组成了企业专家小组，召开行业、企业专家职业分析研讨会。与会专家根据所在企业对电子信息工程技术（下一代网络及信息技术应用）专业人才素质的要求，分别从电子信息工程、维护、销售等职业领域进行岗位分析，再对工作岗位进行工作任务分析，获得每个岗位的具体工作任务，并对完成此项任务所需要的职业能力做出细致详尽的描述。专家们经过多轮由粗到细、由模糊到精确的分析，明确电子信息工程技术（下一代网络及信息技术应用）

专业的典型工作任务，为设计基于工作过程的符合职业教育规律的专业课程体系打下了良好基础。在分析典型工作任务过程中，我们前后又组织课程专家、课程开发教师研讨会，对行业、企业专家职业分析研讨会中确定的 15 个工作任务，即综合布线、设备安装、勘察设计、辅助交接、工程调研、日常值班、设备维护、网络维护、信息系统维护、数据管理、辅助优化、系统调测、辅助销售、售前需求调研、方案策划等任务进行分析、汇总，最终确定了与高职教育适应的职业岗位所需要的 7 个典型工作任务。

二、典型工作任务汇总

专业教师及企业专家根据对本专业毕业生工作岗位的调研分析以及企业专家研讨会的归纳提炼，确定了电子信息工程技术（下一代网络及信息技术应用）专业的典型工作任务，将各代表院校典型工作任务的讨论结果进行汇总，得到比较有代表性的电子信息工程技术（下一代网络及信息技术应用）专业典型工作任务。从我国国情出发，以基于工作过程的学习领域课程开发为主导，按照开发规范设计，以典型工作任务分析为基础，根据工作任务过程的完整性、难易程度、相关性以及职业能力发展的 4 个阶段（初学者、有能力者、熟练者、专家），确定出各个典型工作任务的 4 个逐次提高的学习难度，并确定核心典型工作任务。典型工作任务汇总如表 3–7 所示，典型工作任务学习难度范围如表 3–8 所示。

表 3–7 典型工作任务汇总表

专业名称	下一代网络及信息技术应用
专业技术领域	电子信息工程、维护、销售
典型工作任务编号	**典型工作任务名称**
典型工作任务：1	电子信息工程监督与指导
典型工作任务：2	综合布线
典型工作任务：3	电子信息化系统安装与调试
典型工作任务：4	电子信息化系统运行与维护
典型工作任务：5	电子信息化系统数据管理
典型工作任务：6	电子信息化系统辅助优化
典型工作任务：7	电子信息化系统辅助销售

表 3-8　典型工作任务学习难度范围表

难度等级	典型工作任务编号	典型工作任务名称	是否核心典型工作任务
难度 I	典型工作任务：1 典型工作任务：2	电子信息工程监督与指导 综合布线	是 否
难度 II	典型工作任务：3 典型工作任务：7	电子信息化系统安装与调试 电子信息化系统辅助销售	是 否
难度 III	典型工作任务：4 典型工作任务：6	电子信息化系统运行与维护 电子信息化系统辅助优化	是 否
难度 IV	典型工作任务：5	电子信息化系统数据管理	是

三、典型工作任务描述

"电子信息工程技术（下一代网络及信息技术应用）"专业典型工作任务分析记录详见表 3–9～表 3–15。

表 3-9　典型工作任务分析记录表（1）

专业名称	下一代网络及信息技术应用	
专业技术领域	电子信息工程	
典型工作任务：1	电子信息工程监督与指导	
典型工作任务描述： 辅助完成工程实施方案（包括组网配量、资源需求、工程预算、工程进度计划、应对措施）。 交接人员需对工程十分了解，需了解的有综合布线如何分布，设备的安装、调测、开通。整个系统的了解要求会做各种报表，如竣工资料、开完工报告、物业交接等，需和甲方接触。通过工程项目的实际要求，对现场环境进行勘察，与客户进行沟通交流，形成调研报告		
工作过程描述： 根据工程调研报告，辅助项目负责人按照用户需求完成工程设计方案（包括数据通信、传输技术、网络安全技术、就业信息等） 到达工程现场与客户沟通，明确要求，了解相关资料，获取相关数据，记录相关信息，撰写调研报告（包括弱电知识基础、电工基础、IP 技术） 第一步要对工程进行施工了解，对方对设计有所了解，对系统设备的调测有所了解。要根据测试来判断系统的好坏，对系统进行测试。对仪器仪表的使用，竣工资源各种报表的整理		
工作环境描述		
工作资源 笔记本式计算机	组织方式 团体	工作现场 办公室或现场

续表

甲方需要我们处理的工程 测试仪器 笔记本式计算机	需组织甲方负责人监理、乙方负责人、个人或团队到达现场	需组织甲方负责人监理、乙方负责人、个人或团队到达现场
基础支持（技术、知识等） IP 技术、VOIP 技术、音视频技术、计算机应用技术 电子信息基本的知识、高频、低频、无线通信技术、移动通信技术，需要掌握的新设备有光测量仪、驻波仪、频谱分析仪、测试软件、办公软件等 IP 技术、电工基础、弱电知识基础		
理论、实践能力提升预期： 网络规划能力、系统设计能力 通过辅助交接的锻炼可使员工初步了解工程流程所需要的主要性文档，所需要测量的技术指标，需要学习的新知识，对工程有更深的了解，可对其他能力有一定提高 综合布线能力、弱电知识、辅助设计能力、项目管理能力		

表 3-10 典型工作任务分析记录表（2）

专业名称	下一代网络及信息技术应用	
专业技术领域	电子信息工程	
典型工作任务：2	综合布线	
典型工作任务描述： 通过设计方案，依据工程规范，铺设线路 **工作过程描述：** 阅读图纸，准备物料，查验，架设 DDF 等配线架，依据工程规范铺设线路		
工作环境描述		
工作资源 物料、工具、图纸、标准	组织方式 以组为单位，依据工程大小人为设定	工作现场 无限制
基础支持（技术、知识等）： 工程制图、工程规范、网络基础知识、相关工具的使用		
理论、实践能力提升预期： 工程督导、监理、网管		

表 3-11 典型工作任务分析记录表（3）

专业名称	下一代网络及信息技术应用
专业技术领域	电子信息工程
典型工作任务：3	系统安装、调试

典型工作任务描述：

通过设计方案，依据工程规范，安装设备（硬件）

在网络和硬件设施安装完毕后，根据设计需求和用户需求，对系统整体进行测试，确保设备工作正常。按照设计和用户要求，检验系统是否达标。如果发现问题，要能及时调试

工作过程描述：

按照设计标准，检测软硬件设施，发现问题给予调试

阅读图纸，准备物料，查验，架设走线架，依据工程规范安装设备

工作环境描述

工作资源	组织方式	工作现场
物料、工具、图纸、标准 工作网络 仪器仪表	以组为单位，依据工程大小人为设定 项目经理+系统检测员	室内机房 实验室或者项目现场

基础支持（技术、知识等）：

工程制图、工程规范、网络基础知识、产品硬件知识、相关工具的使用

网络基础、网络命令、仪器仪表的使用、系统调试知识、数据库、操作系统

理论、实践能力提升预期：

长期工作后能达到系统分析员水平

产品维护，维修

表 3-12 典型工作任务分析记录表（4）

专业名称	下一代网络及信息技术应用
专业技术领域	电子信息维护
典型工作任务：4	电子信息化系统运行与维护

典型工作任务描述：

监控设备运行情况，处理一些小故障，重大故障及时上报

续表

<table>
<tr><td colspan="3">通过网络系统查看设备运行状态，并进行相关的维护操作，保护设备正常运行。
值班、线路维护、设备维护、故障处理

工作描述

值班需随时记录所监控对象的运作情况，对一些较简单的故障会远程处理。线路维护使用验波、频谱、光功率计等对线路进行测量。设备维护同上。
使用网管系统，查看设备的报警仪器，运行参数。根据需要进行相关的操作维护，保障设备稳定运行（包括数据通信、传输技术、软交换技术、接入技术、网络安全技术、视频通信、存储技术、云计算、RFID 等）
查看报警，运用网管系统进行维护操作，填写值班日志（包括数据通信、传输技术、接入技术、网络安全技术基础知识）</td></tr>
<tr><td colspan="3">工作环境描述</td></tr>
<tr><td>工作资源
仪器仪表、网管系统
相关设备
网管系统
仪器仪表
工程中的线缆与设备</td><td>组织方式
个人在现场，团队后台支持团体
监控平台控制，监测远维人员负责处理故障</td><td>工作现场
机房或监控室
办公室或现场
工程现场、通信机房、室内现场、线缆、器件</td></tr>
<tr><td colspan="3">基础支持（技术、知识等）：
IP 技术、VOIP 技术、音视频技术、网络安全、计算机应用技术
C 语言：普遍的计算机操作
交换技术：交换机技术、路由技术、局域网技术
对无线来讲需掌握：移动通信、光通信、网络共享、移动网共享

理论、实践能力提升预期：

可提高学习者的技术能力、网络的基本知识、移动网知识、实践能力，可提升动手能力、分析能力、判断能力、工作协调能力，可对产品知识、新产品进行了解，对新设备进行提升
网络规划能力、系统设计能力
故障定位能力、故障处理能力、全面了解整个系统</td></tr>
</table>

表 3-13 典型工作任务分析记录表（5）

<table>
<tr><td>专业名称</td><td colspan="2">下一代网络及信息技术应用</td></tr>
<tr><td>专业技术领域</td><td colspan="2">电子信息维护</td></tr>
<tr><td>典型工作任务：5</td><td colspan="2">电子信息化系统数据管理</td></tr>
<tr><td colspan="3">典型工作任务描述：
（1）为了信息系统的正常运转，而进行日常的调测
（2）方案编写
工作过程描述：
（1）了解信息系统
（2）排除故障
根据企业的要求，对数据进行采集、编程、录入、整理分析、备份等操作，熟练使用系统的各项数据的相关功能。
工作过程描述：
数据采集的使用，Office 等相关基本软件进行编辑，或者使用企业的专用信息管理软件进行编辑，将数据使用专用平台录入，后台使用专属功能，对数据进行分析、汇总、出报表等，实现企业具体业务</td></tr>
<tr><td colspan="3">工作环境描述</td></tr>
<tr><td>工作资源
（1）测试工具
（2）信息系统
企业专用系统 ERP</td><td>组织方式
团队形式
模拟企业内部工作流程</td><td>工作现场
机房
实验室、服务器+终端</td></tr>
<tr><td colspan="3">基础支持（技术、知识等）：
编程语言、数据库、网络知识、OS、相对应产品知识
Office 系列软件、数据库软件、DBA 相关软件、ERP 系统+OA、企业专用信息系统、数据库、多媒体软件
理论、实践能力提升预期：
能熟练了解企业工作流程，明白企业的核心业务
售前/售中/售后工程师
系统工程师</td></tr>
</table>

表 3-14　典型工作任务分析记录表（6）

<table>
<tr><td>**专业名称**</td><td colspan="2">下一代网络及信息技术应用</td></tr>
<tr><td>**专业技术领域**</td><td colspan="2">电子信息维护</td></tr>
<tr><td>**典型工作任务：6**</td><td colspan="2">电子信息化系统辅助优化</td></tr>
<tr><td colspan="3">**典型工作任务描述：**
在系统管理员的指导下，评测企业内部的网络和软件系统，找出系统存在的问题（Bug）和效率低下的地方，并尝试给出改进方案，确认后予与执行
工作过程描述：
通过使用网络评测工具和系统评测工具，并结合排除故障方法，找到系统的问题点，基于当前情况和数据分析问题，明确具体解决方法并执行。相应的技术有：各种测试仪表、各性能（网络）分析工具、各种故障分析工具</td></tr>
<tr><td colspan="3">**工作环境描述**</td></tr>
<tr><td>工作资源
（1）常用网络通信仪表仪器
（2）系统管理工具、网络评价工具和网站</td><td>组织方式
网络管路员+2 个执行人员</td><td>工作现场
有各种网络设备和通信设备的机房</td></tr>
<tr><td colspan="3">**基础支持**（技术、知识等）：
网络基础、仪器仪表的使用、各种网络通信协议、相关系统工作原理、操作系统、数据库原理、网络安全技术
理论、实践能力提升预期：
随着优化工作的深入和网络知识运用的熟悉，可以向企业系统（硬件）架构师和企业基础设施部门的管理方向发展</td></tr>
</table>

表 3-15　典型工作任务分析记录表（7）

<table>
<tr><td>**专业名称**</td><td>下一代网络及信息技术应用</td></tr>
<tr><td>**专业技术领域**</td><td>电子信息销售</td></tr>
<tr><td>**典型工作任务：7**</td><td>电子信息化系统辅助销售</td></tr>
<tr><td colspan="2">**典型工作任务描述：**
掌握目标领域的专业基础知识，了解最新产品技术概述，配合团队协调运作能力。面对客户清晰表达销售意愿、产品功能、性价比介绍</td></tr>
</table>

续表

<table>
<tr><td colspan="3">在企业信息化建设过程中，对企业建设内容从销售方角度全面了解企业的需求，了解企业管理流程、关键点控制、系统建设的规模、投资大小、周期、当期任务预算以及系统需解决的问题
（1）依据客户要求，协助团队其他成员共同完成
（2）方案编写
工作过程描述：
（1）针对客户需求进行分析汇总
（2）与团队成员交流提交方案
（3）完成方案，准备提案
前期调研要针对主导部门、主管人员，对顾客的需求和当今技术可以支持实现的可能性、可靠性。通过会谈，介绍等交流方式进行建设任务的了解
市场调研、销售前准备、协调组织、技术交流与沟通。陪同客户确认需求。投标前准备工作包括售后合同签订、协调发货等</td></tr>
<tr><td colspan="3">工作环境描述</td></tr>
<tr><td>工作资源
行业信息收集、项目信息判断、整理
任务信息、图纸资料、规范标准，软件及设备资料
（1）客户需求
（2）工具软件的使用</td><td>组织方式
服从领导分派的任务、团队配合、信息收集
会议技术交流、会谈、参观体验、操作演示
团队形式</td><td>工作现场
用户监管办公室、网络机房
顾客主现场、体验中心或具顾客需求的已建成机房
无限制</td></tr>
<tr><td colspan="3">基础支持（技术、知识等）：
掌握信息化应用方面前沿信息与技术，完成行业需求所必需的知识储备
物理环境知识：
了解网络及安全、有/无线通信、机房监控、通信技术
企业常用软件知识：
了解数据库、企业管理软件、操作系统、监控技术、信息化发展背景知识储备
常识性知识：
文学、语言、组织行为学
网络知识、产品相关知识
理论、实践能力提升预期：
面对顾客需求，提出建设性意见的初步方案。作好售前需求调研，先做好项目建设的关键环节，是推动下一代网络及信息技术应用的前端工作成败的关键。随着新技术的发展，需不断补充新知识，对企业而言，销售总监至关重要
通过团队配合的实战锻炼，可以独立完成销售的过程，最终达到独立销售及成为项目销售负责人</td></tr>
</table>

四、典型工作任务支撑知识点、技能点分析

在工作任务分析的基础上，重点分析电子信息工程技术（下一代网络及信息技术应用）专业的 7 个典型工作任务。在前期准备工作完成的基础上，需要进一步分析这些工作任务需要的专业知识、技能、工作能力，制订该职业或相关职业群职业知识结构和职业能力结构，并对其具体涵盖的工作任务和职业能力等层面做更深的分析，得到典型工作任务对应的基本知识点和技能点，如表表 3-16 所示。

表 3-16　典型工作任务支撑知识、技能分析表

典型工作任务编号	典型工作任务名称	基本知识点	类别	基本技能点	类别
1	电子信息工程监督与指导	具有计算机基础知识	A	能够根据工程调研报告辅助工程师完成组网配量需求设计	C
		具有通信基础知识	A	能够根据工程调研报告辅助工程师完成组网资源需求设计	C
		具有电路相关基础知识	A	工程预算、工程进度规划等工作	C
		具有 C 语言编程基础知识	B	紧急情况时，能够提出应对方案	C
		具有弱电相关基础知识	A	勘察任务书设计	C
		具有设计的知识	B	现场信息采集、数据分析	C
		具有制图的知识	B	设计、编制、签署勘察文档	C
		具有文档处理的知识	B	与安装技术人员进行及时有效的沟通，保证工程的质量、进度	C
		熟悉电工基础相关基础知识	A	熟悉验收的各种标准，确保顺利通过验收	C
		会使用常见工程勘察的工具	C	能够处理各种突发事件	C
		会使用常见工程勘察的软件	C		

续表

典型工作任务编号	典型工作任务名称	基本知识点	类别	基本技能点	类别
		了解IP技术专业知识	B		
		了解 VOIP 技术专业知识	B		
		了解音视频技术等专业知识	B		
		非常熟悉各种设备的功能	B		
		熟悉各种单板的安装规范	C		
		熟悉设备的内外部结构	B		
		设备各种连线的连接	B		
		会使用常见工程安装及调试的仪器	C		
		会使用常见工程安装及调试的工具	C		
2	综合布线	具有电路相关基础知识	A	能够根据施工环境和施工范围的不同,使用不同品种和不同类型的施工工具	C
		具有相关电子器件基础知识	A	能够熟练使用工程制图软件	C
		具有网络基础知识	A	具备一定的识图能力	C
		具有电缆基本知识	B		
		具有光缆基本知识	B		
		会使用常见线路测试工具	C		

续表

典型工作任务编号	典型工作任务名称	基本知识点	类别	基本技能点	类别
		熟练使用工程制图软件	C		
		具有工程制图、识图的相关知识	B		
3	电子信息化系统安装与调试	具有电子信息基础知识	A	通过对电子设备系统结构的了解，掌握信息化系统网络结构，完成信息化系统的安装调试，实现信息化平台开局调试	C
		具有计算机基础知识	A	了解企业信息化系统结构，在网络与硬件设施安装完成后	C
		具有网络基础知识	A	对整个系统进行测试，如有故障及时调试解决	C
		具有数据库基础知识	A	掌握信息化系统网管操作，实现信息化平台业务开通	C
		具有接入设备硬件系统结构、单板功能等基本知识	B		
		具有传输设备硬件系统结构、单板功能等基本知识	B		
		具有网络设备硬件系统结构、单板功能等基本知识	B		
		具有电子信息化系统硬件系统结构、单板功能等基本知识	B		
		具有工程制图、识图的相关知识	B		
		会使用常见设备安装及调试的工具及仪器仪表	B		

续表

典型工作任务编号	典型工作任务名称	基本知识点	类别	基本技能点	类别
		具有网管系统基本操作知识	B		
4	电子信息化系统运行与维护	具有电路基础知识	A	能够运用网管系统进行维护操作	C
		具有相关电子器件基础知识	A	能够对电子信息系统的终端进行日常管理和维护	C
		具有计算机基础知识	A	能够对电子信息系统的设备进行日常管理和维护	C
		具有电子信息技术基础知识	A	能够对电子信息系统的网管进行日常管理和维护	C
		具有网络技术基础知识	A	能够对电子信息系统的数据库进行日常管理和维护	C
		具有数据库知识基础知识	A	管理和维护各种电子信息化系统的终端、设备等	C
		具有电缆、光缆基本知识；	B	做好系统数据日常监控、管理等工作	C
		熟悉各种用户终端和设备的系统结构、硬件工作原理、功能	B	及时发现、处理系统故障	C
		掌握网络的基本知识，了解各种有线及无线网络通信协议	B	管理和维护各种电子信息化系统的终端、设备等	
		会使用常见测试工具和维护工具	B	做好系统数据日常监控、管理等工作	C
		具有语音信息化系统知识	C	及时发现、处理系统故障	C
		具有数据信息化系统知识	C		
		具有视频信息化系统知识	C		

续表

典型工作任务编号	典型工作任务名称	基本知识点	类别	基本技能点	类别
		熟悉各种电子信息设备数据配置、基本操作知识	B		
		熟悉各种电子信息设备业务开通等基本操作知识	B		
		熟悉各种电子信息设备系统升级等基本操作知识	B		
		会使用各种业务产品网管系统	B		
5	电子信息化系统数据管理	具有电子信息基础知识	A	管理和维护各种电子信息化系统的终端、设备等	C
		具有计算机基础知识	A	利用终端维护观察后台报警	C
		具有通信基础知识	A	熟练操作服务器，对相关文件进行观察和备份	C
		熟悉数据库方面的知识	A	熟悉数据库，对数据库进行维护	C
		熟悉编程语言方面的知识	B	能够按要求恢复保存重要文件	C
		熟悉各种电子信息设备数据配置、基本操作知识	C	了解企业信息化系统后台数据库结构，能够对企业的相关数据进行采集、编程、录入、整理分析	C
		熟悉各种电子信息设备业务开通基本操作知识	C	能够对重要数据进行备份	
		熟悉各种电子信息设备系统升级基本操作知识	C		
		会使用常见系统管理软件和各种业务产品网管系统	C		

续表

典型工作任务编号	典型工作任务名称	基本知识点	类别	基本技能点	类别
		具备企业专用信息化系统知识	C		
		具备 ERP 系统知识	A		
6	电子信息化系统辅助优化	具有电子信息、计算机及通信等基础知识	A	能够根据系统运行评估报告,结合技术发展方向，进行系统优化	C
		具有网络的基本知识，熟知各种有线及无线网络通信协议	B		
		具有语音、数据、视频等信息化系统知识	C		
		会使用各种业务产品网管系统	C		
7	电子信息化系统辅助销售	掌握信息化应用方面前沿信息与技术	B	具备基本销售的能力	C
		熟悉企业管理流程，具有市场销售基本知识	A	掌握交流沟通的技巧	C
		具有一定的文字功功底，掌握沟通心理学知识	B	能够获知客户需求	C
		具有一定计算机基础及电子信息系统设备基本知识	A	能够开展前期准备和后期协调追踪工作	C
		具有语音、数据、视频等信息化业务知识	B	从销售角度分析企业信息化建设需求	C
				调研各方面技术实现可能性	C
				了解建设任务的能力	C
				分析汇总客户需求	C
				团队合作策划销售方案	C
				最终销售信息化系统产品	C

五、专业-职业分析汇总（见表 3-17）

表 3-17　专业-职业分析汇总表

项目	专业-职业定位			专业-职业基本要求		
	专业技术领域	专业、职业范围	专业、职业岗位	典型工作任务	基本要求	拓展要求
1	电子信息工程	根据工程调研报告，辅助项目负责人完成工程实施方案（包括组网配量、资源需求、工程预算、工程进度计划、应对措施） 通过工程项目的实际要求，对现场环境进行勘察，与客户进行沟通交流，形成调研报告 与甲方进行工程交接，调测系统设备，整理竣工资料等	勘察工程师、系统规划与设计工程技术人员 助理设计工程师 工程督导（需要一定的工作经验后晋升）	电子信息工程监督与指导（工程调研、勘察设计辅助交接）	技能： 能够根据工程调研报告，辅助工程师完成组网配量、资源需求、工程预算、工程进度规划等设计工作；紧急情况时，能够提出应对方案 勘察任务书设计；现场信息采集、数据分析；设计、编制、签署勘察文档 与安装技术人员进行及时有效的沟通，保证工程的质量、进度；熟悉验收的各种标准，确保顺利通过验收；能够处理各种突发事件 知识： 具有计算机、电子信息、通信、C 语言编程等基础知识 具有电路及相关弱电基础知识 具有设计、制图及文档处理的知识 熟悉电工基础和弱电相关基础知识 会使用常见工程勘察的工具及软件	技能： 自学新知识的能力；深入了解工程过程。网络规划能力；独立进行系统设计的能力。综合布线能力；辅助设计能力；项目管理能力；与客户沟通的能力 知识： 掌握弱电电工知识 熟知 IP 技术要点 熟知工程流程所需要的主要性文档；掌握所需要测量的技术指标 熟练掌握 IP 技术、VOIP 技术、音视频技术等专业知识

续表

项目	专业-职业定位			专业-职业基本要求		
	专业技术领域	专业、职业范围	专业、职业岗位	典型工作任务	基本要求	拓展要求
					了解电子信息工程，如 IP 技术、VOIP 技术、音视频技术等专业知识 非常熟悉各种设备的功能，熟悉各种单板的安装规范，熟悉设备的内外部结构及设备各种连线的连接 会使用常见工程安装及调试的仪器与工具 素质： 具有一定的组织、理解、判断能力；具有较强的学习能力、沟通能力；具备团队协作能力、问题处理能力及执行力	
2	电子信息工程	通过设计方案，依据工程规范铺设线路；阅读图纸，物料准备，查验，架设 DDF 等配线架，依据工程规范铺设线路	线路测试工程师 电子设备装调工 线务员、线路维护工程师 勘察工程师、系统规划与设计工程技术人员	综合布线（电缆布线、光缆布线）	知识： 具有电路及相关电子器件基础知识 具有网络基础和电缆、光缆基本知识 会使用常见线路测试工具 熟练使用工程制图软件，具有工程制图、识图的相关知识	技能： 具备丰富的布线工程施工经验；熟悉各种布线产品的使用 知识： 熟知综合布线系统其他相关部分，如强电系统、门禁系统、有线电视、防雷、接地等

续表

项目	专业-职业定位			专业-职业基本要求		
	专业技术领域	专业、职业范围	专业、职业岗位	典型工作任务	基本要求	拓展要求
			工程督导(需要一定的工作经验后晋升) 助理设计工程师		技能： 能够根据施工环境和施工范围的不同，使用不同品种和不同类型的施工工具；能够熟练使用工程制图软件，具备一定的识图能力 素质： 具有一定的组织、理解、判断能力；具有较强的学习能力、沟通能力；具有较强工作责任心；具有较强的逻辑思维能力及问题处理能力	
3	电子信息工程	通过设计方案，依据工程规范，安装设备（硬件）。阅读图纸，物料准备，查验，架设走线架，依据工程规范安装调试设备	电子设备装调工 用户终端维修员 系统维护人员、设备维修人员 软件调试工程师、系统调试工程师 系统操作员	电子信息化系统安装与调试（语音、数据、多媒体业务信息化应用系统安装与调试）	技能： 通过对电子设备系统结构了解，掌握信息化系统网络结构，完成信息化系统的安装调试，实现信息化平台开局调试 了解企业信息化系统结构，在网络与硬件设施安装完成后，对整个系统进行测试，如有故障及时调试解决；掌握信息化系统网管操作，实现信息化平台业务开通	技能： 能够判断电子产品的故障，并掌握故障的分析与检测；熟练使用常见的维修工具和软件 丰富的系统操作经验；初步的系统设计能力 知识： 具备信号和仪表相关

续表

项目	专业–职业定位			专业–职业基本要求		
	专业技术领域	专业、职业范围	专业、职业岗位	典型工作任务	基本要求	拓展要求
		在网络和硬件设施安装完毕后，根据设计需求和用户需求，对系统整体进行测试，确保设备工作正常。按照设计和用户要求，检验系统是否达标。如果发现问题，要能及时调试			知识： 具有电子信息、计算机、网络、数据库等基础知识 具有接入设备、传输设备、网络设备、电子信息化系统等硬件系统结构、单板功能等基本知识 具有工程制图、识图的相关知识 会使用常见设备安装及调试的工具及仪器仪表 具有网管系统基本操作知识 素质： 具有一定的组织、理解、判断能力；具有较强的学习能力、沟通能力；具有较强工作责任心	知识 系统工程的基础知识；熟悉信息系统开发过程和方法；熟悉信息系统开发标准
4	电子信息系统维护	监控设备运行情况，处理一些小故障，重大故障及时上报	线务员、用户终端维修员、系统维护人员、设备维修人员 网络管理员 系统操作员	电子信息化系统运行与维护（语音、数据、多媒体业务信息化系统运行与维护）	技能： 能够运用网管系统进行维护操作；能够对电子信息系统的终端、设备、系统和数据库等进行日常管理和维护 管理和维护各种电子信息化系统的终端、设备等；做好系统数据日常监控、管理等工作；及时发现、处理系统故障	技能： 故障定位、处理的能力 系统调测能力，系统设计能力，故障处理能力 系统调测能力，网络设计能力，自学能力

续表

<table>
<tr><th rowspan="2">项目</th><th colspan="3">专业-职业定位</th><th colspan="3">专业-职业基本要求</th></tr>
<tr><th>专业技术领域</th><th>专业、职业范围</th><th>专业、职业岗位</th><th>典型工作任务</th><th>基本要求</th><th>拓展要求</th></tr>
<tr><td></td><td></td><td>通过网络系统，查看设备运行状态，并进行相关的维护操作，保护设备正常运行
电子信息系统网管日常管理和维护工作</td><td>软件调试工程师、系统调试工程师
数据库管理员</td><td></td><td>管理和维护各种电子信息化系统的终端、设备等；做好系统数据日常监控、管理等工作；及时发现、处理系统故障
知识：
具有电路、相关电子器件、计算机、电子信息技术、网络技术、数据库知识等基础知识
具有电缆、光缆基本知识；熟悉各种用户终端和设备的系统结构、硬件工作原理、功能；掌握网络的基本知识，了解各种有线及无线网络通信协议
会使用常见测试工具和维护工具
具有语音、数据、视频等信息化系统知识
熟悉各种电子信息设备数据配置、业务开通、系统升级等基本操作知识
会使用各种业务产品网管系统
素质：
具有一定的组织、理解、判断能力；具有较强的学习能力、沟通能力及问题处理能力；有较强的工作责任心</td><td>知识：
全面了解整个系统；了解数据通信、传输技术、接入技术、网络安全技术方面的知识
数据通信、传输技术、软交换技术、接入技术、网络安全技术、及各种电子信息应用系统的知识
网络知识、移动网知识</td></tr>
</table>

续表

项目	专业-职业定位			专业-职业基本要求		
	专业技术领域	专业、职业范围	专业、职业岗位	典型工作任务	基本要求	拓展要求
5	电子信息系统维护	为了信息系统的正常运转，进行日常的调测，了解信息系统，排除故障，并编写方案 根据企业的要求，对数据进行采集、编程、录入、整理分析、备份、出报表等操作，实现企业具体业务。熟练使用系统的各项数据的相关功能	软件调试工程师、系统调试工程师 系统维护人员、设备维修人员 系统操作员 数据库管理员	电子信息化系统数据管理（语音、数据、多媒体业务信息化应用系统业务配置、数据管理与维护）	技能： 管理和维护各种电子信息化系统的终端、设备等；利用终端维护观察后台报警；熟练操作服务器，对相关文件进行观察和备份；熟悉数据库，对数据库进行维护；能够按要求恢复保存重要文件。 了解企业信息化系统后台数据库结构，能够对企业的相关数据进行采集、编程、录入、整理分析；能够对重要数据进行备份。 知识： 具有电子信息、计算机及通信等基础知识 熟悉数据库、编程语言、数据库方面的知识 熟悉各种电子信息设备数据配置、业务开通、系统升级等基本操作知识 会使用常见系统管理软件和各种业务产品网管系统 具备企业专用信息化系统、ERP 系统等知识	技能： 独立编写系统维护方案的能力；系统升级及测试、扩容、改造的能力 了解企业工作流程，明白企业的核心业务 知识 网络知识、操作系统原理 精通所在企业使用的专用信息管理软件

续表

项目	专业-职业定位			专业-职业基本要求		
	专业技术领域	专业、职业范围	专业、职业岗位	典型工作任务	基本要求	拓展要求
					素质： 具有一定的组织、理解、判断能力；具有较强的学习能力、沟通能力及问题处理能力；有较强的工作责任心	
6	电子信息系统维护	从事网络评测、排除故障、分析数据、确定解决方法等工作	系统优化人员、网络优化工程师	电子信息化系统辅助优化	技能： 能够根据系统运行评估报告，结合技术发展方向，进行系统优化。 知识： 具有电子信息、计算机及通信等基础知识 具有网络的基本知识，熟知各种有线及无线网络通信协议 具有语音、数据、视频等信息化系统知识 会使用各种业务产品网管系统 素质： 具有一定的组织、理解、判断能力；具有较强的学习能力、沟通能力、问题处理能力等	技能： 进行基本系统（硬件）架构的能力；管理企业基础设施部门的能力 知识： 仪器仪表的使用；操作系统、数据库原理；网络安全技术

续表

项目	专业-职业定位			专业-职业基本要求		
	专业技术领域	专业、职业范围	专业、职业岗位	典型工作任务	基本要求	拓展要求
7	电子信息销售	电子信息产品市场调研、销售前准备、协调组织技术方面的交流与沟通、确认客户需求，投标准备、售后签订合同、协调发货 电子信息产品调研、业务售前技术支持 针对客户需求进行分析汇总；与团队成员交流提交方案；完成方案，准备提案	销售员 售前工程师 售后工程师	电子信息化系统辅助销售（售前需求调研、方案策划、辅助销售）	技能： 具备基本销售的能力；掌握交流沟通的技巧；能够获知客户需求；能够开展前期准备和后期协调追踪工作 从销售角度分析企业信息化建设需求；调研各方面技术实现可能性；了解建设任务的能力 分析汇总客户需求；团队合作策划销售方案；最终销售信息化系统产品 知识： 掌握信息化应用方面前沿信息与技术 熟悉企业管理流程，具有市场销售基本知识 具有一定的文字功底，掌握沟通心理学知识 具有一定计算机基础及电子信息系统设备基本知识 具有语音、数据、视频等信息化业务知识 素质： 具有较强的学习能力、沟通能力及适应能力，具有团队合作精神；强烈的销售意愿	技能： 优秀的文字表述能力；独立销售能力；项目销售管理能力 初步设计营销方案的能力；有效完成市场调研的能力 独立策划、设计营销方案的能力 知识： 企业信息化应用和技术；营销方案设计；市场管理；销售管理等方面的知识

六、培养目标与规格确定

培养目标：

培养具有良好职业道德，熟悉下一代网络技术，与企业信息技术应用要求相适应，具有较强的网络、终端和系统的安装与调试、业务开通、维护及其相关领域从业的综合职业能力，能从事信息化网络或专用电子信息系统的规划、优化、维护、营销等工作的高素质技能型专门人才。

结合所属行业信息化方面的实践和对最新信息技术发展的认识，能提出并规划企业信息化建设的远景、目标和战略，以及具体信息系统的架构设计、选型和实施策略，全面系统地指导企业信息化建设，满足企业可持续发展的需要。可以帮助企业步入信息化建设正轨化道路，提升企业整体协作能力、整体竞争能力。

培养规格：

毕业生应具备的综合职业能力（职业核心能力）：

- 具有下一代网络系统的工程项目管理、预算、布线、检测和维护能力；
- 具有下一代网络平台调试、维护、优化能力；
- 具有信息系统运行、调试、业务开通的能力；
- 具有下一代网络及信息系统设备运行管理、维护的能力。

毕业生应达到的基本要求（基本素质、基本知识、基本能力、职业态度）：

1. 基本素质

- 具有一定的英文读/写能力；
- 具有自我管理、学习和总结能力；
- 熟练地运用电路基础、电子技术等与本专业相关的知识；
- 很好地进行团队合作及协调能力；
- 与他人沟通的能力；
- 身心健康。

2. 基本知识

- 高等数学；
- 计算机硬件基本知识；
- 程序设计基础知识；
- 网络技术基本知识；

- 下一代网络的关键知识；
- 语音、数据、多媒体信息技术。

3. 基本能力

- 有计算机操作（Office 组件）基本能力；
- 具有下一代网络组建的能力；
- 具有信息系统业务开通的能力；
- 具有信息系统配置与应用基本能力；
- 具有信息系统运行维护基本能力；
- 具有网络、电子通信设备基本操作能力。

4. 职业态度

- 有正确的职业观念，热爱本职工作；
- 诚实守信，遵纪守法；
- 努力工作，尽职尽责；
- 发展自我，维护荣誉。

3.3 课程体系设计

3.3.1 学习领域课程（C 类课程）分析

我国高等职业教育的培养目标指向的工作任务，其综合职业能力和复杂程度，决定了在培养学生完成工作任务的过程中，往往需要相对系统的理论知识和熟练的单项技术、技能支撑。在对当前职业实际工作过程中的典型工作任务进行整体化的深入分析，并依据典型工作任务的能力要求，科学地分析、归纳、总结形成不同的行动领域，并最终准确确定和描述典型工作任务对应的学习领域过程中，将其对应性质相近的知识模块整合成为学习领域核心技能平台课程(C 类课程)。

从典型工作任务转化构成的学习领域课程，可分为核心和一般学习领域课程两组。每一个典型工作任务转化为一门学习领域课程，形成一张学习领域课程分析表。学习领域课程体系分析如表 3-18 所示、学习领域课程分析如表 3-19～表 3-24 所示。

表 3-18　学习领域课程体系分析表

典型工作任务是否核心难度等级（4级）	子典型工作任务	典型工作任务性质	专业领域	归并	学习领域课程	学习领域课程性质是否核心进度排序（6级）
电子信息工程监督与指导（I）	a．电子信息工程监督与指导	核心	电子信息工程	a	电信工程项目实施	核心（3）
综合布线（I）	b．综合布线	一般	电子信息工程	b	综合布线	一般（1）
电子信息化系统安装与调试（II）	c1．语音业务信息化系统安装与调试 c2．数据业务信息化系统安装与调试 c3．多媒体业务信息化系统安装与调试	核心	电子信息工程	c1、d1、e1、f1	语音业务信息化应用	核心（4）
电子信息化系统运行与维护（III）	d1．语音业务信息化系统运行与维护 d2．数据业务信息化系统运行与维护 d3．多媒体业务信息化系统运行与维护	核心	电子信息维护	c2、d2、e2、f2	数据业务信息化应用	核心（5）
电子信息化系统数据管理（IV）	e1．语音业务信息化系统数据管理 e2．数据业务信息化系统数据管理 e3．多媒体业务信息化系统数据管理	核心	电子信息维护	c3、d3、e3、f3	多媒体业务信息化应用	核心（6）
电子信息化系统辅助优化（III）	f1．语音业务信息化系统辅助优化 f2．数据业务信息化系统辅助优化 f3．多媒体业务信息化系统辅助优化	一般	电子信息维护			
电子信息化系统辅助销售（II）	g．电子信息化系统辅助销售	一般	电子信息销售	g	市场营销	一般（2）

表 3-19　学习领域课程分析表（1）

<table>
<tr><td colspan="4">电子信息工程技术（下一代网络及信息技术应用）专业</td></tr>
<tr><td>学习领域编号 3
学习难度范围 I</td><td>电信工程项目实施</td><td>核心学习领域</td><td>时间安排 90 学时
实践（60 学时）；
讲授（30 学时）</td></tr>
<tr><td colspan="4">职业行动领域描述
根据工程调研报告，辅助项目负责人完成工程实施方案（包括组网配量、资源需求、工程预算、工程进度计划、应对措施）
通过工程项目的实际要求，对现场环境进行勘察，与客户进行沟通交流，形成调研报告；与甲方进行工程交接，调测系统设备，整理竣工资料等</td></tr>
<tr><td colspan="4">学习目标</td></tr>
<tr><td colspan="2">实践学习：
能够根据工程调研报告，辅助工程师完成组网配量、资源需求、工程预算、工程进度规划等设计工作；紧急情况时，能够提出应对方案
勘察任务书设计；现场信息采集、数据分析；设计、编制、签署勘察文档
与安装技术人员进行及时有效的沟通，保证工程的质量、进度；熟悉验收的各种标准，确保顺利通过验收；能够处理各种突发事件</td><td colspan="2">理论学习：
具有弱电基础知识
具有设计、制图及文档处理的知识
会使用常见工程勘察的工具及软件
了解电子信息工程，如 IP 技术、VOIP 技术、音视频技术等专业知识
非常熟悉各种设备的功能，熟悉各种单板的安装规范，熟悉设备的内外部结构及设备各种连线的连接
会使用常见工程安装及调试的仪器与工具</td></tr>
<tr><td colspan="4">学习内容</td></tr>
<tr><td colspan="2">学习资源：
网络
工程文档
工程规范
设备手册
……
学习组织：
采用分组教学方式，在小组组长（项目经理）组织下，组员分工协作共同参与完成工程调研、勘察设计与工程交接等工作任务</td><td>学习环境：
工程实训室
施工现场（校外实训基地）</td><td>基础支持（技术、知识等）：
具有计算机、通信、电路等基础知识
了解电子信息工程，如 IP 技术、VOIP 技术、音视频技术等专业知识
非常熟悉各种设备的功能，熟悉各种单板的安装规范，熟悉设备的内外部结构及设备各种连线的连接
会使用常见工程安装及调试的仪器与工具</td></tr>
</table>

表 3-20　学习领域课程分析表（2）

<table>
<tr><td colspan="6">电子信息工程技术（下一代网络及信息技术应用）专业</td></tr>
<tr><td>学习领域编号 1
学习难度范围 I</td><td colspan="2">综合布线</td><td colspan="2">一般学习领域</td><td>时间安排 30 学时
实践（20 学时）；讲授（10 学时）</td></tr>
<tr><td colspan="6">职业行动领域描述
通过设计方案，依据工程规范，铺设线路；阅读图纸，准备物料，查验，架设 DDF 等配线工具，依据工程规范铺设线路</td></tr>
<tr><td colspan="6">学习目标</td></tr>
<tr><td colspan="3">实践学习：
通过设计方案，依据工程规范，铺设线路；阅读图纸，物料准备，查验，架设 DDF 等配线工具
依据工程规范铺设线路</td><td colspan="3">理论学习：
了解电路及相关电子器件基础知识
了解网络基础和电缆、光缆基本知识
会使用常见线路测试工具
熟练使用工程制图软件，具有工程制图、识图的相关知识</td></tr>
<tr><td colspan="6">学习内容</td></tr>
<tr><td colspan="2">学习资源：
物料、工具、图纸、标准……
学习组织
采用分组教学方式，在小组组长（项目经理）组织下，组员分工协作共同参与完成方案设计、铺设线路、线路测试等工作任务</td><td colspan="2">学习环境：
综合布线实训室
施工现场（校外实训基地）</td><td colspan="2">基础支持（技术、知识等）：
工程制图、工程规范、网络基础知识、相关工具的使用</td></tr>
</table>

表 3-21　学习领域课程分析表（3）

<table>
<tr><td colspan="4">电子信息工程技术（下一代网络及信息技术应用）专业</td></tr>
<tr><td>学习领域编号 4
学习难度范围 II</td><td>语音业务信息化应用</td><td>核心学习领域</td><td>时间安排 96 学时
实践（60 学时）；讲授（36 学时）</td></tr>
<tr><td colspan="4">职业行动领域描述
通过设计方案，依据工程规范，安装设备（硬件）。阅读图纸，物料准备，查验，架设走线架，依据工程规范安装调试设备</td></tr>
</table>

续表

<table>
<tr><td colspan="2">在网络和硬件设施安装完毕后，根据设计需求和用户需求，对系统整体进行测试，确保设备工作正常。按照设计和用户要求，检验系统是否达标。如果发现问题，要能及时调试。监控设备运行情况，处理一些小故障，重大故障及时上报
通过网络系统，查看设备运行状态，并进行相关的维护操作，保护设备正常运行
语音业务信息化系统网管日常管理和维护工作
为了语音业务信息系统的正常运转，进行日常的调测，了解语音业务信息系统，排除故障，并编写方案
根据企业的要求，对数据进行采集、编程、录入、整理分析、备份、出报表等操作，实现企业业务需求。熟练使用系统的各项数据的相关功能
从事网络评测、排除故障、分析数据、确定解决方法等工作</td></tr>
<tr><td colspan="2">学习目标</td></tr>
<tr><td>实践学习：
通过对电子设备系统结构的了解,掌握语音业务信息化系统网络结构,完成信息化系统的安装调试，实现信息化平台开局调试
了解语音业务信息化系统结构。在网络与硬件设施安装完成后，对整个系统进行测试，如有故障及时调试解决；掌握语音业务信息化系统网管操作，实现信息化平台业务开通
能够运用网管系统进行维护操作;能够对语音业务信息化系统的终端、设备、系统和数据库等进行日常管理和维护
管理和维护语音业务信息化系统的终端、设备等；做好系统数据日常监控、管理等工作；及时发现、处理系统故障
管理和维护语音业务信息化系统的终端、设备等；做好系统数据日常监控、管理等工作；及时发现、处理系统故障
管理和维护语音业务信息化系统的终端、设备等；利用终端维护观察后台告警；熟练操作服务器，对相关文件进行观察和备份；熟悉数据库，对数据库进行维护；能够按要求恢复保存重要文件
了解语音业务信息化系统后台数据库结构,能够对企业的相关数据进行采集、编程、录入、整理分析；能够对重要数据进行备份
能够根据系统运行评估报告,结合技术发展方向，进行系统优化</td><td>理论学习：
具有电子信息、计算机、网络、数据库、编程语言等基础知识
具有接入设备、传输设备、网络设备、电子信息化系统等硬件系统结构、单板功能等基本知识
具有工程制图、识图的相关知识
会使用常见设备安装及调试的工具及仪器仪表
具有网管系统基本操作知识
会使用常见测试工具和维护工具
具有语音、数据、视频等信息化系统知识
熟悉各种电子信息设备数据配置、业务开通、系统升级等基本操作知识
会使用各种业务产品网管系统
具备企业专用信息化系统、ERP系统等知识</td></tr>
</table>

续表

学习内容		
学习资源： 网络 设备手册 硬件安装手册 网管操作手册 …… **学习组织：** 采用分组教学方式，在小组组长（项目经理）组织下，组员分工协作共同参与完成语音业务信息化系统安装、调试、业务开通、维护等工作任务	**学习环境：** 语音业务信息化应用实训室 施工现场（校外实训基地）	**基础支持**（技术、知识等）： 工程制图、工程规范、网络基础知识；产品硬件知识；相关工具的使用、仪器仪表的使用 编程语言、系统调试知识、数据库、操作系统 IP 技术、VOIP 技术、音视频技术、计算机应用技术 C 语言：普遍的计算机操作 交换技术：交换机技术、路由技术、局域网技术 Office 系列软件、数据库软件、DBA 相关软件、ERP 系统+OA、企业专用信息系统、各种网络通信协议、相关系统工作原理、网络安全技术

表 3-22 学习领域课程分析表（4）

电子信息工程技术（下一代网络及信息技术应用）**专业**			
学习领域编号 5 **学习难度范围 III**	**数据业务信息化应用**	**核心学习领域**	**时间安排 96 学时** **实践**（60 学时）；**讲授**（36 学时）
职业行动领域描述 通过设计方案，依据工程规范安装设备（硬件）。阅读图纸，准备物料，查验，架设走线架，依据工程规范安装调试设备 在网络和硬件设施安装完毕后，根据设计需求和用户需求，对系统整体进行测试，确保设备工作正常。按照设计和用户要求，检验系统是否达标。如果发现问题，要能及时调试监控设备运行情况，处理一些小故障，重大故障及时上报 通过网络系统，查看设备运行状态，并进行相关的维护操作，保证设备正常运行 数据业务信息化系统网管日常管理和维护工作 为了语音业务信息系统的正常运转，进行日常的调测，了解语音业务信息系统，排除故障，并编写方案 根据企业的要求，对数据进行采集、编程、录入、整理分析、备份、出报表等操作，实现企业业务需求。熟练使用系统的各项数据的相关功能 从事网络评测、排除故障、分析数据、确定解决方法等工作			

续表

<table>
<tr><td colspan="3">学习目标</td></tr>
<tr><td colspan="2">实践学习：
通过对电子设备系统结构的了解，掌握数据业务信息化系统网络结构，完成信息化系统的安装调试，实现信息化平台开局调试
了解数据业务信息化系统结构。在网络与硬件设施安装完成后，对整个系统进行测试，如有故障及时调试解决；掌握数据业务信息化系统网管操作，实现信息化平台业务开通
能够运用网管系统进行维护操作；能够对数据业务信息化系统的终端、设备、系统和数据库等进行日常管理和维护
管理和维护数据业务信息化系统的终端、设备等；做好系统数据日常监控、管理等工作；及时发现、处理系统故障
管理和维护数据业务信息化系统的终端、设备等；做好系统数据日常监控、管理等工作；及时发现、处理系统故障
管理和维护数据业务信息化系统的终端、设备等；利用终端维护观察后台告警；熟练操作服务器，对相关文件进行观察和备份；熟悉数据库，对数据库进行维护；能够按要求恢复保存重要文件
了解数据业务信息化系统后台数据库结构，能够对企业的相关数据进行采集、编程、录入、整理分析；能够对重要数据进行备份。能够根据系统运行评估报告，结合技术发展方向，进行系统优化</td><td>理论学习：
具有电子信息、计算机、网络、数据库、编程语言等基础知识
具有接入设备、传输设备、网络设备、电子信息化系统等硬件系统结构、单板功能等基本知识
具有工程制图、识图的相关知识
会使用常见设备安装及调试的工具及仪器仪表
具有网管系统基本操作知识
会使用常见测试工具和维护工具
具有语音、数据、视频等信息化系统知识
熟悉各种电子信息设备数据配置、业务开通、系统升级等基本操作知识
会使用各种业务产品网管系统
具备企业专用信息化系统、ERP 系统等知识</td></tr>
<tr><td colspan="3">学习内容</td></tr>
<tr><td>学习资源：
网络
设备手册
硬件安装手册
网管操作手册
……</td><td>学习环境：
数据业务信息化应用实训室
施工现场（校外实训基地）</td><td>基础支持（技术、知识等）：
工程制图、工程规范、网络基础知识；产品硬件知识；相关工具的使用、仪器仪表的使用
编程语言、系统调试知识、数据库、操作系统
IP 技术、VOIP 技术、音视频技术、</td></tr>
</table>

续表

学习组织： 采用分组教学方式，在小组组长（项目经理）组织下，组员分工协作共同参与完成数据业务信息化系统安装、调试、业务开通、维护等工作任务		计算机应用技术 C语言：普遍的计算机操作 交换技术：交换机技术、路由技术、局域网技术 Office系列软件、数据库软件、DBA相关软件、ERP系统+OA、企业专用信息系统、各种网络通信协议、相关系统工作原理、网络安全技术

表3-23 学习领域课程分析表（5）

电子信息工程技术（下一代网络及信息技术应用）**专业**			
学习领域编号 6 **学习难度范围 IV**	**多媒体业务信息化应用**	**核心学习领域**	**时间安排 96 学时** **实践**（60学时）；**讲授**（36学时）
职业行动领域描述 通过设计方案，依据工程规范，安装设备（硬件）。阅读图纸，准备物料，查验，架设走线架，依据工程规范安装调试设备 在网络和硬件设施安装完毕后，根据设计需求和用户需求，对系统整体进行测试，确保设备工作正常。按照设计和用户要求，检验系统是否达标。如果发现问题，要能及时调试。监控设备运行情况，处理一些小故障，重大故障及时上报 通过网络系统，查看设备运行状态，并进行相关的维护操作，保护设备正常运行 多媒体业务信息化系统网管日常管理和维护工作 为了语音业务信息系统的正常运转，进行日常的调测，了解语音业务信息系统，排除故障，并编写方案 根据企业的要求，对数据进行采集、编程、录入、整理分析、备份、出报表等操作，实现企业业务需求。熟练使用系统的各项数据的相关功能 从事网络评测、排除故障、分析数据、确定解决方法等工作			

续表

<table>
<tr><th colspan="3">学习目标</th></tr>
<tr><td>**实践学习：**
通过对电子设备系统结构的了解，掌握多媒体业务信息化系统网络结构，完成信息化系统的安装调试，实现信息化平台开局调试
了解多媒体业务信息化系统结构。在网络与硬件设施安装完成后，对整个系统进行测试，如有故障及时调试解决；掌握多媒体业务信息化系统网管操作，实现信息化平台业务开通
能够运用网管系统进行维护操作；能够对多媒体业务信息化系统的终端、设备、系统和数据库等进行日常管理和维护
管理和维护多媒体业务信息化系统的终端、设备等；做好系统数据日常监控、管理等工作；及时发现、处理系统故障
管理和维护多媒体业务信息化系统的终端、设备等；做好系统数据日常监控、管理等工作；及时发现、处理系统故障
管理和维护多媒体业务信息化系统的终端、设备等；利用终端维护观察后台报警；熟练操作服务器，对相关文件进行观察和备份；熟悉数据库，对数据库进行维护；能够按要求恢复保存重要文件
了解多媒体业务信息化系统后台数据库结构，能够对企业的相关数据进行采集、编程、录入、整理分析；能够对重要数据进行备份。能够根据系统运行评估报告，结合技术发展方向，进行系统优化</td><td colspan="2">**理论学习：**
具有电子信息、计算机、网络、数据库、编程语言等基础知识
具有接入设备、传输设备、网络设备、电子信息化系统等硬件系统结构、单板功能等基本知识
具有工程制图、识图的相关知识
会使用常见设备安装及调试的工具及仪器仪表
具有网管系统基本操作知识
会使用常见测试工具和维护工具
具有语音、数据、视频等信息化系统知识
熟悉各种电子信息设备数据配置、业务开通、系统升级等基本操作知识
会使用各种业务产品网管系统
具备企业专用信息化系统、ERP 系统等知识</td></tr>
<tr><th colspan="3">学习内容</th></tr>
<tr><td>**学习资源：**
网络
设备手册
硬件安装手册</td><td>**学习环境：**
多媒体业务信息化应用实训室</td><td>**基础支持**（技术、知识等）：
工程制图、工程规范、网络基础知识；产品硬件知识；相关工具的使用、仪器仪表的使用</td></tr>
</table>

续表

网管操作手册 …… **学习组织：** 采用分组教学方式，在小组组长(项目经理)组织下，组员分工协作共同参与完成多媒体业务信息化系统安装、调试、业务开通、维护等工作任务	施工现场（校外实训基地）	编程语言、系统调试知识，数据库，操作系统 IP 技术、VOIP 技术、音视频技术 计算机应用技术 C 语言：普遍的计算机操作 交换技术：交换机技术，路由技术，局域网技术 Office 系列软件、数据库软件、DBA 相关软件、ERP 系统+OA、企业专用信息系统、各种网络通信协议、相关系统工作原理、网络安全技术

表 3-24　学习领域课程分析表（6）

“电子信息工程技术（下一代网络及信息技术应用）”专业			
学习领域编号 2 **学习难度范围 II**	**市场营销**	**一般学习领域**	**时间安排 32 学时** **实践**(20 学时)；**讲授**(12 学时)
职业行动领域描述 电子信息产品市场调研、销售前准备、协调组织技术方面的交流与沟通、确认客户需求、投标准备、售后签订合同、协调发货 电子信息产品调研、业务售前技术支持 针对客户需求进行分析汇总；与团队成员交流提交方案；完成方案，准备提案			
学习目标			
实践学习： 具备基本销售的能力；掌握交流沟通的技巧；能够获知客户需求；能够开展前期准备和后期协调追踪工作 从销售角度分析企业信息化建设需求；调研各方面技术实现可能性；了解建设任务的能力 分析汇总客户需求；团队合作策划销售方案；最终销售信息化系统产品		**理论学习：** 掌握信息化应用方面前沿信息与技术 熟悉企业管理流程，具有市场销售基本知识 具有一定的文字功功底，掌握沟通心理学知识 具有一定计算机基础及电子信息系统设备基本知识 具有语音、数据、视频等信息化业务知识	

续表

学习内容		
学习资源： 网络 …… **学习组织**： 采用讨论交流、会谈、参观体验、操作演示	**学习环境**： 综合布线实训室 施工现场（校外实训基地）	**基础支持**（技术、知识等）： 掌握信息化应用方面前沿信息与技术。完成行业需求所必需的知识储备 常识性知识：文学、语言、组织行为学 网络知识，产品相关知识

3.3.2　基本技能平台课程（B类课程）分析

对当前职业实际工作过程中的典型工作任务进行整体化的深入分析，并依据典型工作任务的能力要求，科学地分析、归纳、总结形成不同的行动领域，并最终准确确定和描述典型工作任务对应的学习领域过程中，将其对应的系统的、性质相近的基本技能、相关理论知识以及相关技术方法，整合成为支撑性基本技能平台课程（B类课程），如表3-25所示。

表3-25　支撑性基本技能平台课程（B类课程）分析表

基本技能点	基本知识点	技术或方法	课程名称	支持的典型工作任务
（1）掌握单片机程序设计 （2）掌握单片机系统设计 （3）掌握模拟调试软件Keil C的使用 （4）掌握ISP下载 （5）熟悉电子产品考发流程	（1）掌握单片机基本知识 （2）了解单片机内部资源 （3）了解单片机指令系统 （4）掌握单片机控制系统	（1）学会单片机编程方法 （2）掌握单片机应用电路设计方法 （3）掌握单片机应用系统调试方法	单片机应用实训	电子信息化系统安装与调试 电子信息化系统运行与维护
（1）掌握通信线路常用图例识图 （2）掌握通信工程概预算编制办法 （3）掌握概预算表格及填写方法	（1）了解通信工程概预算的概念、作用及按设计阶段的划分 （2）了解通信工程概预算的构成	（1）了解通信工程定额及使用方法 （2）掌握通信工程制图与工程量统计的技巧与方法	工程概预算综合实训	电子信息工程监督与指导 综合布线

续表

基本技能点	基本知识点	技术或方法	课程名称	支持的典型工作任务
(4) 掌握通信工程概预算软件应用	(3) 了解通信工程费用总构成 (4) 了解通信工程勘察设计收费标准	(3) 学会使用概预算软件		
(1) 传输网管软件使用 (2) 掌握传输业务开通配置 (3) 掌握传输MSTP业务配置 (4) 掌握传输保护业务配置 (5) 传输网日常维护	(1) 了解光纤基本知识 (2) 掌握传输技术基本原理 (3) 了解传输设备逻辑功能模块 (4) 掌握自愈网基本原理	(1) 学会光纤测试工具的使用 (2) 掌握传输设备安装调试方法 (3) 掌握传输网日常维护及故障定位方法	传输网设备与维护实训	电子信息工程监督与指导 综合布线 电子信息化系统安装与调试 电子信息化系统运行与维护
(1) 传输网管软件使用 (2) 掌握宽带数据业务开通配置 (3) 掌握语音业务开通配置 (4) 掌握 IPTV 业务配置 (5) 接入网维护	(1) 了解接入技术发展历程 (2) 掌握 EPON 技术基本原理 (3) 了解 EPON 设备功能 (4) 掌握 VOIP、组播基本知识	(1) 掌握接入网设备安装调试方法 (2) 掌握宽带接入业务测试方法 (3) 掌握接入网日常维护及故障定位方法	下一代接入网设备调试与维护实训	电子信息化系统安装与调试 电子信息化系统运行与维护

3.3.3 基本理论平台课程（A 类课程）分析

对当前职业实际工作过程中的典型工作任务进行整体化的深入分析，并依据典型工作任务的能力要求，科学地分析、归纳、总结形成不同的行动领域，并最终准确确定和描述典型工作任务对应的学习领域过程中，将其对应的系统的、共性的、基础性的、性质相近的理论知识整合成为支撑性基本理论平台课程（A 类课程），如表 3–26 所示。

表 3-26　支撑性基本理论平台课程（A 类课程）分析表

<table>
<tr><th>基本知识点</th><th>基本知识单元</th><th>课程名称</th><th>支持的典型工作任务</th></tr>
<tr><td>(1) 理解电路与电路模型的概念，理解电路的基本物理量及参考方向概念
(2) 理解电阻、电感、电容三元件的基本概念；掌握三元件的电压、电流关系；了解三元件的性质
(3) 理解独立电源的工作状态；了解受控源概念及受控源模型
(4) 掌握基尔霍夫定律及应用</td><td>电路的基本概念和基本定律</td><td rowspan="4">电路分析基础</td><td rowspan="3">电子信息工程监督与指导
综合布线
电子信息化系统安装与调试
电子信息化系统运行与维护</td></tr>
<tr><td>(1) 掌握电阻串联、并联、混联电路的分析计算；了解电阻的星形、三角形联结及等效变换
(2) 掌握支路电流法、网孔电流法、节点电压法的基本分析方法
(3) 掌握实际电源模型的等效变换
(4) 掌握叠加原理、戴维南定理及应用</td><td>直流电阻电路的分析</td></tr>
<tr><td>(1)掌握正弦量的基本概念及正弦量的相量表示法
(2)掌握电阻、电感和电容元件电压、电流关系的相量形式
(3) 了解相量形式的基尔霍夫定律
(4) 理解复阻抗的概念；掌握 RLC 串联电路的分析计算
(5) 理解复导纳的概念；掌握 RLC 并联电路的分析计算
(6) 掌握相量法、图解法分析交流电路
(7) 掌握交流电路平均功率、无功功率、视在功率的计算；了解功率因数概念及提高功率因数的方法</td><td>正弦交流电路</td></tr>
<tr><td>(1) 了解对称三相正弦量及其特点
(2) 掌握三相电源、三相负载的联接方式
(3) 掌握对称三相电路线电压、相电压、线电流、相电流的概念及它们之间的关系</td><td>三相交流电路</td><td></td></tr>
</table>

续表

基 本 知 识 点	基本知识单元	课程名称	支持的典型工作任务
（4）了解对称三相电路的计算；了解不对称三相电路的分析 （5）了解对称三相电路的功率计算			
（1）了解谐振的概念，掌握串联和并联谐振的条件、谐振特征和频率特性等 （2）理解互感、互感系数、耦合系数、互感电压的概念；掌握同名端概念及判断同名端的方法 （3）掌握互感线圈中电压、电流关系 （4）掌握互感线圈不同连接方式及其去耦电路 （5）掌握空心变压器和理想变压器电路分析、计算	谐振与互感电路		
（1）了解非正弦周期电流的产生、分解；了解非正弦周期函数展开成傅里叶级数的形式 （2）掌握周期性非正弦量的有效值、平均值及平均功率的计算 （3）了解非正弦周期电流电路的计算	非正弦周期电流电路		
（1）了解动态电路的基本概念；掌握换路定律及初始值的计算 电路的过渡过程、电压和电流初始值的计算 （2）掌握一阶动态电路的零输入响应、零状态响应、完全响应及求解一阶动态电路的三要素法 （3）了解二阶电路的零输入响应	动态电路分析		
（1）了解二端口网络概念 （2）掌握二端口网络的参数方程及参数的计算 （3）了解二端口网络的T形和Π形等效电路的分析 （4）了解二端口网络的连接 （5）了解二端口网络的输入阻抗、输出阻抗和特色阻抗的计算	二端口网络		

续表

基本知识点	基本知识单元	课程名称	支持的典型工作任务
（1）了解C语言的特点 （2）掌握C源程序的结构特点及书写规则 （3）掌握Keil工程建立及常用按钮介绍	C语言概述	程序设计基础（C语言）	电子信息化系统数据管理 电子信息化系统辅助优化
（1）了解算法的基本概念 （2）掌握用流程图表示算法	C语言算法		
（1）掌握常量与变量的基本概念 （2）掌握整形、实型和字符型等基本数据类型及Keil特有的数据类型 （3）了解80C51中数据的存储位置 （4）掌握不同类型数据间的转换 （5）掌握基本运算符和表达式	数据类型描述与基本运算		
（1）掌握C语句 （2）了解80C51中常用的头文件及基本语句 （3）了解80C51中特殊功能寄存器的赋值 （4）掌握数据的输入与输出 （5）掌握顺序结构程序设计 （6）掌握选择型程序设计 （7）掌握循环程序设计	C程序的流程控制		
（1）掌握一维数组 （2）理解二维数组、多维数组 （3）掌握字符数组和字符串	数组		
（1）掌握函数的定义 （2）掌握函数参数和函数值 （3）掌握函数的调用 （4）掌握变量的存储属性	函数		
（1）掌握地址指针的基本概念 （2）掌握变量的指针和指向变量的指针变量	指针		

续表

基 本 知 识 点	基本知识单元	课程名称	支持的典型工作任务
(3)了解数组指针和指向数组的指针变量 (4)了解字符串的指针指向字符串的针指变量 (5)了解指针数组和指向指针的指针			
(1) PN结单向导电特性，二极管、三极管、场效应管特性及参数 (2) 共射、共集放大电路分析和计算方法 (3) 多级放大电路分析和计算 (4) 场效应管放大电路 (5) 二极管、三极管特性及测试方法 (6) 三极管放大电路测试和静点调试；静态工作点对放大电路性能影响	半导体器件及基本应用电路		
(1)差分放大电路及恒流源工作原理 (2) 理想集成运算放大器特点 (3) 集成运放的特点、基本运算电路 (4) 电压比较器 (5) 集成运放的线性，非线性的应用电路	集成运算放大器电路基础及应用	电子电路基础与应用	电子信息工程监督与指导 综合布线 电子信息化系统安装与调试 电子信息化系统运行与维护
(1)负反馈基本概念及负反馈对放大电路性能的影响 (2) 4种类型负反馈放大电路识别及应用 (3) 负反馈放大电路输入电阻、输出电阻、增益测试 (4) 负反馈对放大电路性能的影响	负反馈放大电路		
(1) 电路产生振荡的条件 (2) RC电路的组成、原理和分析方法 (3) LC振荡电路、石英晶体振荡器电路 (4) 方波发生电路组成 (5) 集成函数发生器 (6) RC正弦波振荡电路的调试	信号发生电路		

续表

基本知识点	基本知识单元	课程名称	支持的典型工作任务
(1) 功率放大基本概念 (2) 乙类、甲乙类功放电路分析和计算 (3) 集成功放电路应用 (4) 功率放大电路调试	功率放大电路		
(1) 半波整流、全波整流、滤波电路的分析和计算 (2) 集成稳压器使用	直流稳压电源		
(1) 小信号谐振放大器的组成、特点及应用 (2) 小信号谐振放大器的调测	小信号谐振放大器		
(1) 高频功率放大器的组成特点及应用 (2) 高频功率放大器的负载、放大及调制特性 (3) 高频功率放大器的调测	高频功率放大器		
(1) 调幅的基本概念及相关电路的分析 (2) 检波的概念及常见检波电路组成、分析 (3)混频的基本概念及常见混频电路组成、分析	调幅、检波、混频电路		
(1) 调角的基本概念及相关电路 (2) 调角的解调及其相关电路 (3) 角度调制及其解调电路的调试	调角及其解调电路		
(1) 数制转换 (2) 逻辑函数表示方法及函数化简 (3) 熟悉二极管、三极管开关特性	数字电路的基础知识		
(1) TTL 门、CMOS 门电路结构、参数 (2) 集成门电路的使用方法 (3)集成逻辑门功能验证和参数测试 (4) 集成门电路的工作特性	门电路		

续表

基本知识点	基本知识单元	课程名称	支持的典型工作任务
(1) 组合逻辑电路分析方法 (2) 常用组合电路及MSI电路分析设计 (3) 译码器结构，集成译码器应用。译码器功能和特性 (4) 利用MSI数据选择器、译码器设计电路，实现组合函数	组合逻辑电路		
(1) D、JK触发器特点及应用 (2) 了解时序逻辑电路特点、时序电路分析方法和设计方法 (3) 常用的寄存器、计数器电路及MSI应用 (4) 由触发器构成的简单时序电路，触发器的逻辑功能及正确使用方法 (5) 寄存器、计数器功能和集成计数器级联和应用	时序逻辑电路		
(1)用555定时器实现的单稳态电路 (2) 用555定时器实现的施密特触发器 (3)用555定时器实现的多谐振荡器 (4) 利用555定时器组成的多谐振荡和调试方法 (5) 利用555定时器组成的单稳态电路和调试方法	脉冲信号的产生与变换		
(1) PROM、EPROM、EEPROM应用和特点 (2) 利用EPROM设计码制转换电路 (3) 利用PLD设计七段译码器电路 (4) EPROM的结构和编程原理	半导体存储器和可编程逻辑器件		
(1)熟练掌握AutoCAD的启动和关闭方法 (2) 熟悉AutoCAD的界面 (3) 理解AutoCAD中的坐标系。能够运用绝对坐标，相对坐标和直线命令来绘制简单图形	AutoCAD软件基本使用	工程制图	电子信息化系统安装与调试 电子信息化系统运行与维护

续表

基本知识点	基本知识单元	课程名称	支持的典型工作任务
(1) 掌握不同线型的加载方法 (2) 掌握直线、多线、矩形等直线类二维图形的基本绘制命令 (3) 掌握删除、复制、镜像、偏移、移动、修剪、倒角等编辑命令 (4) 掌握线性标注、对齐标注的标注方法 (5) 能绘制简单直线类二维图形	直线类二维图形的绘制、编辑和标注		电子信息化系统数据管理 电子信息化系统辅助优化
(1) 掌握图层的概念和设置方法 (2) 掌握不同条件下圆和圆弧的绘制方法 (3) 掌握样条曲线、多边形的绘制方法 (4) 掌握块的定义与使用方法 (5) 掌握旋转、延伸、倒圆角、阵列等编辑命令 (6) 掌握直径标注、半径标注、圆心标记等标注命令 (7) 能绘制简单曲线类二维图形	曲线类二维图形的绘制、编辑和标注		
(1) 了解电气制图的一般规则 (2)了解电气技术文件中的电气图形符号、文字符号和项目代号等 (3) 了解电气图的基本表示方法 (4)能正确绘制概略图和电路图等电气技术文件	电气技术文件要求与设计		
(1) 了解电信机房图的制图标准与规则 (2)掌握电信机房图的基本概念及设计规范 (3) 掌握电信机房实地勘测及草图绘制 (4) 熟练使用 AutoCAD 软件绘制电信机房图	电信机房图 CAD 实现		
(1) 了解电信线路工程图制图标准与规则 (2) 了解电信线路工程图基本概念 (3) 掌握电信线路实地勘测及草图绘制 (4) 熟练使用 AutoCAD 软件绘制电信线路工程图	电信线路工程图 CAD 实现		

续表

<table>
<tr><th>基 本 知 识 点</th><th>基本知识单元</th><th>课程名称</th><th>支持的典型工作任务</th></tr>
<tr><td>(1) 模拟和数字通信系统模型
(2) 通信系统的分类和性能指标
(3) 信号及随机信号的分析方法
(5) 信息及其度量
(6) 信道及其模型</td><td>通信系统及信道</td><td rowspan="7">通信系统原理</td><td rowspan="7">电子信息化系统安装与调试
电子信息化系统运行与维护</td></tr>
<tr><td>(1) 调制的概念和分类
(2) 幅度调制系统
(3) 掌握角度调制系统
(4)比较幅度调制系统和角度调制系统的特点及应用
(5) 频分复用</td><td>模拟通信系统</td></tr>
<tr><td>(1) 抽样定理
(2) 脉冲编码调制
(3) 增量调制
(4) 数字音节压扩系统
(5) 时分复用</td><td>模拟信号的编码传输系统</td></tr>
<tr><td>(1) 数字基带信号及常用码性
(2) 无码间干扰基带传输系统
(3) 奈奎斯特第一准则
(4) 眼图</td><td>数字信号的基带传输系统</td></tr>
<tr><td>(1) 二进制数字调制原理
(2) 二进制数字调制系统的频谱、抗噪声性能
(3) 多进制数字调制系统</td><td>数字调制系统</td></tr>
<tr><td>(1) 差错控制编码
(2) 常用的几种差错控制编码
(3) 循环码
(4) 卷积码</td><td>数字通信系统中的差错控制技术</td></tr>
<tr><td>(1) 载波同步
(2) 位同步
(3) 帧同步
(4) 网同步</td><td>通信系统的同步</td></tr>
</table>

续表

基本知识点	基本知识单元	课程名称	支持的典型工作任务
(1) 了解数据通信的发展历史、数据通信的构成原理 (2) 了解网络的定义及发展历史 (3) 了解OSI参考模型及各层的功能 (4) 了解TCP/IP原理与子网规划	网络基础	IP通信(数据通信)	电子信息化系统安装与调试 电子信息化系统运行与维护 电子信息化系统数据管理
(1) 了解常见网络接口与线缆 (2) 掌握常见通信设备基本功能 (3) 掌握以太网交换机原理与基本配置 (4) 掌握STP协议工作原理与基本配置 (5) 掌握虚拟局域网（VLAN）及应用	局域网技术与应用		
(1) 掌握路由器的定义、作用及工作原理 (2) 了解IP通信的路由过程 (3) 了解不同网段之间的通信过程 (4) 了解不同网段之间的通信过程	路由基础		
(1) 掌握路由器基本操作和配置 (2) 路由协议原理和配置	网络互连技术与应用		

3.3.4　职业-技术证书课程分析

"电子信息工程技术(下一代网络及信息技术应用)"专业在证书选择上：可以选择工业和信息化部颁发的相关职业资格证书；也可以根据学校的硬件设备情况选择相关的厂商资格证书等。除此之外，在开设专业核心课程（如下一代接入网组建与维护实训、光传输系统组建与维护实训、企业信息化应用等）的时候，可以结合实训情况选择相关的专项认证，作为职业资格证书的补充。

下一代接入网组建与维护实训课程分析如图3-8所示。

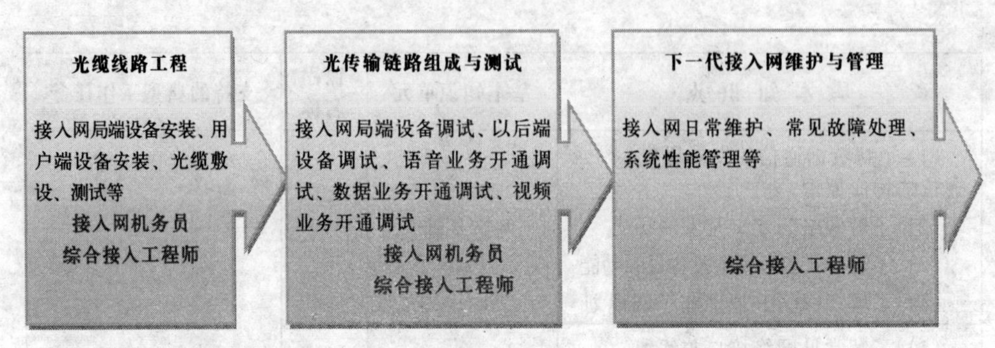

图 3-8　下一代接入网组建与维护实训课程分析图

课程主要描述接入网在开通过程中的主要工作流程，其中包括：网络搭建（设备安装）——设备、业务调试——网络维护等典型工作任务。以指导工程师在实际接入网开通过程中的具体操作。

课程在专业技能培养上，符合实际工作岗位对技能的要求，专业技能可以满足国家职业标准中电信机务员、线务员、等认证技能需求。能够与国家职业标准中三级标准对接，通过规范的考试以及标准的认证，可以获得企业及工业和信息化部认可的“一考双证”职业技能证书。

“光传输系统组建与维护实训”课程分析如图 3-9 所示。

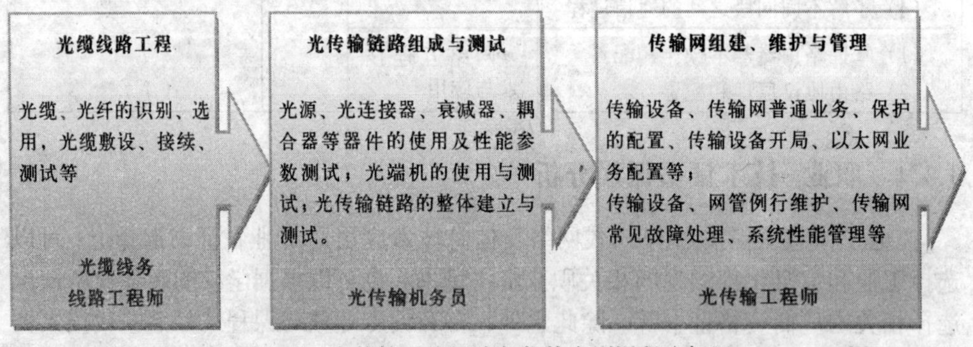

图 3-9　光传输系统组建与维护实训课程分析图

课程主要描述现网在开通过程中的主要工作流程，其中包括：工程勘察与设计、工程安装、工程调试、业务开通、工程竣工等典型工作任务，以指导工程师在实际传输网开通过程中的具体操作。

课程在专业技能培养上，符合实际工作岗位对技能的要求，专业技能可以满足国家职业标准中电信机务员、线务员、等认证技能需求，能够与国家职业标准中三级标准对接，通过规范的考试以及标准的认证，可以获得企业及工业和信息化部认可的“一考双证”职业技能证书。

企业信息化应用课程分析如图 3-10 所示。

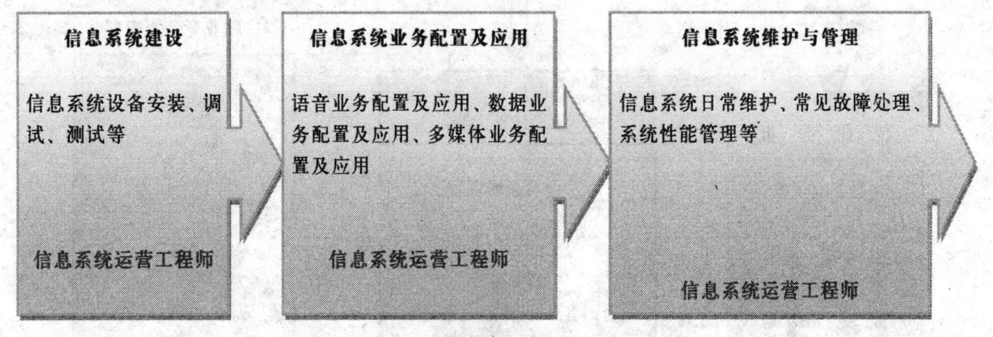

图 3-10　企业信息化应用课程分析

课程主要描述企业信息化系统运行维护过程中的主要工作流程，其中包括：信息系统建设、业务配置及应用、运行维护等典型工作任务，以指导工程师在实际信息化系统运行维护过程中的具体操作。

课程在专业技能培养上，符合实际工作岗位对技能的要求，专业技能可以满足国家职业标准中电信机务员、线务员等认证技能需求。能够与国家职业标准中三级标准对接，通过规范的考试以及标准的认证，可以获得企业及工业和信息化部认可的“一考双证”职业技能证书。

3.3.5　竞争力培养在课程体系中的整体规划

职业竞争力是个人竞争力的一种类型，是个人竞争力在工作中的体现，也是在社会主义市场经济环境中，以社会主义核心价值观为基础，适应市场经济优胜劣汰的竞争法则，职业人所应具备和追求的能力。职业竞争力分为：基础竞争力、核心竞争力、高端竞争力，在“电子信息工程技术(下一代网络及信息技术应用)”专业中，通过职业分析形成专业课程体系，在专业课程体系中，通过支撑平台课程可以培养基础竞争力、学习领域课程用于培养核心竞争力，再通过下一代网络及信息技术应用技能大赛来提升高端竞争力。竞争力培养在课程体系中的整体规划如图 3-11 所示。

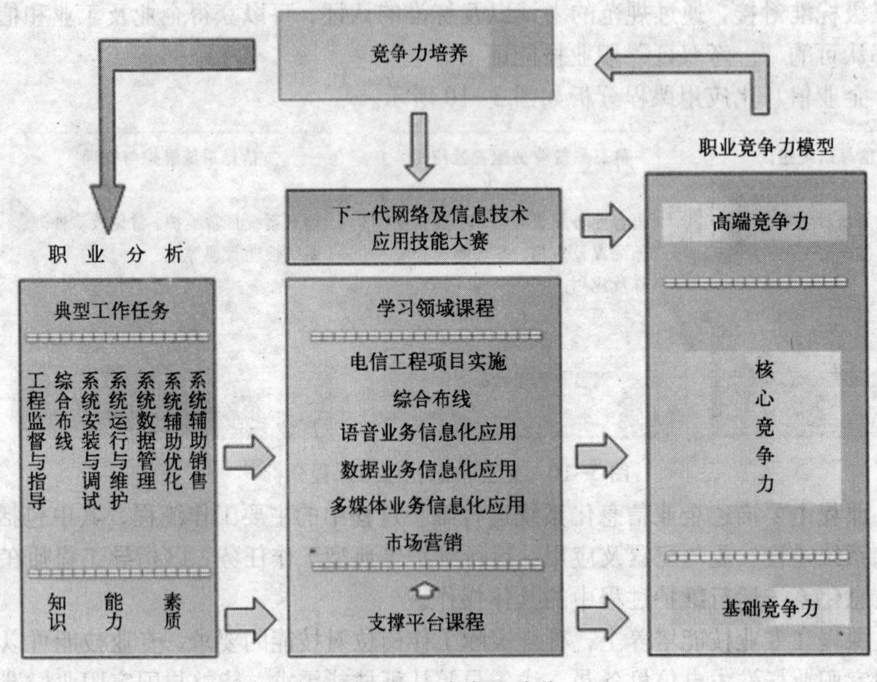

图 3-11 竞争力培养

3.3.6 专业课程体系基本结构设计

本专业重点培养学生学习新技术、新设备，提高实践和动手能力，充分利用在校期间的时间和丰富的学习资源，努力把学生培养成一个与企业信息化接轨的毕业生，缩短“断奶期”。专业课程体系基本结构如图 3-12 所示。

在核心课程的选择上，我们结合行业的最新技术和设备，以语音、数据、多媒体业务为核心，融合了 IP 通信技术、下一代接入网技术、下一代互联网技术、光传输技术等，并辅助于下一代接入网典型案例应用、下一代互联网典型案例应用、传输网典型案例应用、企业信息化技术与应用、工程概预算和工程项目管理等实践内容。这些课程的设置可以系统全面地培养学生掌握必要的网络与通信理论和技术，并在此基础上学习当前行业最新的技术和产品，以及这些产品所提供的业务，使学生在校期间不但打下了坚实的基础，还掌握了前沿技术。学生毕业后可以马上把所学应用到生产中去，为其就业增加了竞争力。

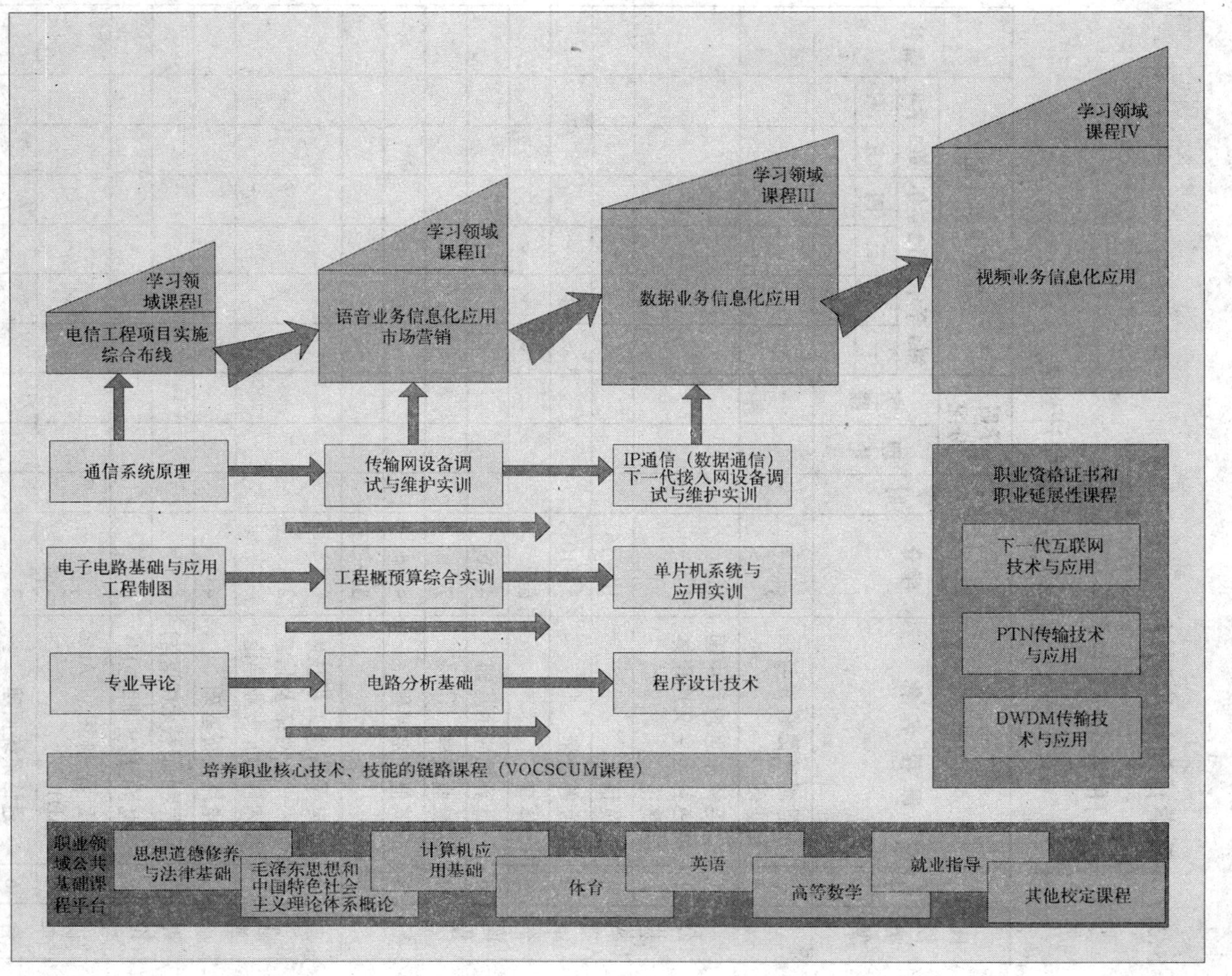

图 3–12　专业课程体系基本结构设计图

3.3.7 教学计划初步制订

初步制订的教学计划如表 3-27 所示。

表 3-27 教学计划表

课程类型	序号	课程名称	学分	学时	学时分配		学年学期分配						备注
							第1学年		第2学年		第3学年		
					理论	实践	一	二	三	四	五	六	
公共基础平台课程	1	思想道德修养与法律基础	3				√						
	2	毛泽东思想和中国特色社会主义理论体系概论	4					√					
	3	英语	10～16				√	√	√				
	4	高等数学	5～10				√	√					
	5	体育	6				√	√	√				
	6	计算机应用基础	4～6				√						
	7	就业指导	2						√				
	8	其他校定课程	4～6				√	√					
	小计		38～53										
专业基础理论知识平台课程	1	电子信息工程技术（下一代网络及信息技术应用）专业导论	2				√						
	2	电路分析基础	4				√						
	3	程序设计技术(C语言)	6				√						
	4	电子电路基础与应用*	8					√					
	5	工程制图（AutoCAD)	3					√					
	6	通信系统原理	3						√				
	7	IP 通信（数据通信）*	4						√				
	小计		30										

续表

课程类型	序号	课程名称	学分	学时	学时分配		学年学期分配						备注
					理论	实践	第1学年		第2学年		第3学年		
							一	二	三	四	五	六	
专业基本技术-技能平台课程	1	工程概预算综合实训	2					✓					
	2	单片机系统与应用实训	4					✓					
	3	光传输系统组建与维护实训*	4						✓				
	4	下一代接入网系统组建与维护实训*	4							✓			
	小计		14										
学习领域课程	1	综合布线	2						✓				
	2	电信工程项目实施	3							✓			
	3	数据业务信息化应用*	6							✓			
	4	语音业务信息化应用*	6							✓			
	5	多媒体业务信息化应用*	6								✓		
	6	市场营销	2						✓				
	小计		25										
拓展课程	1	下一代互联网技术与应用	2							✓			
	2	PTN传输技术与应用	2								✓		
	3	DWDM 传输技术与应用	2								✓		
	4	其他学校规定拓展课程	2～4							✓	✓		
	小计		8～10										
		毕业实践	18									✓	
合计			133～150				9	9	8	6	4	1	

3.4 课程设计

3.4.1 学习领域课程（C 类课程）设计

一、学习领域课程设计表

学习领域课程设计表如表 3-28～表 3-30 所示。

表 3-28 学习领域课程设计表（1）

<table>
<tr><td colspan="2">学习领域课程编号 4</td><td>语音业务信息化应用</td><td>核心学习领域</td><td colspan="2">难度等级 II</td></tr>
<tr><td rowspan="4">讲授单元</td><td colspan="3">名　　称</td><td colspan="2">学　　时</td></tr>
<tr><td colspan="3">子学习领域 1：基本语音业务开通</td><td>20</td><td rowspan="3">总计 96</td></tr>
<tr><td colspan="3">子学习领域 2：中继原理与组网配置</td><td>40</td></tr>
<tr><td colspan="3">子学习领域 3：呼叫中心系统操作</td><td>36</td></tr>
<tr><td>行动单元</td><td colspan="5">子学习领域课程 1：基本语音业务开通　　学时：20
项目名称：基本语音业务开通
项目教学性质：
以较为基础的 VOIP 基本原理和系统结构为载体，以 ZXECS IBX1000 为典型应用、VOIP 基本语音业务开通为任务驱动，通过教、学、做相结合，使学生掌握 VOIP 基本语音业务开通技能
工作程序：学生根据教师给出的具体工作任务，分成若干学习小组，组长带领分析业务需求：依据分工不同，完成业务配置及相关报表的填写。具体工作过程如下所示。
第一步：讲师讲授知识要点
第二步：根据知识点要求进行任务模拟
第三步：学生分组后解读任务单
第四步：学生对任务进行分解、规划
第五步：实施业务配置、测试
第六步：组长及讲师对任务实施情况进行考核
第七步：学生撰写相关报表
教学程序：先由主讲教师或来自企业的兼职教师进行知识点的讲解，然后模拟业务需求方分配任务并将学生分成若干学习小组，由小组长根据业务需求组织组员讨论：规划网络拓扑图、设备分配、设备基本配置和测试等工作过程，给小组成员分派不同的工作任务。任务完成后，由小组长初审任务完成情况并汇报给教师，由教师对各小组及小组成员任务完成情况进行考核、点评和完成效果评估。最终，学生根据任务工作过程完成相关报表及任务小结</td></tr>
</table>

续表

<table>
<tr><td rowspan="3">行动单元</td><td>职业竞争力培养要点：
(1) 具备一定业务分析能力
(2) 熟练掌握设备的基本结构
(3) 掌握 VOIP 的数据规划和基本语音业务开通
(4) 良好的沟通能力、团队协作意识
教学环境：
校内：校内实训基地
校外：校外实习基地
教（学）件：自编教材、实训指导书、多媒体课件、课程网站、项目案例、互联网、配置过程录像资料</td></tr>
<tr><td>考核方式：采取过程性考核与水平性考核相结合。教师根据教学中观察到的问题、各小组任务分工及完成情况，综合评价学生的工作情况，重点评价各小组所提交项目的优缺点，以及亟待完善的地方；各小组成员根据自己在本小组中的工作参与情况，给自己打出一个合理的自评成绩，同时各小组成员间进行互评，互评成绩一并写在过程考核单上。课后，指导教师结合学生的自评、互评成绩，给出每位学生一个综合性评价
职业素养成绩(40%)：
(1) 出勤纪律（20%）
(2) 团队协作（20%）
(3) 任务实施（30%）
(4) 小结报表（30%）
综合考试成绩（60%）：
(1) 知识考核（20%）
(2) 技能考核（80%）</td></tr>
<tr><td>子学习领域课程 2：中继原理与组网配置　　学时：40
项目名称：中继原理与组网配置
项目教学性质：
以较为复杂的中继技术为载体，以中继组网规划、语音网关接入、私网穿越业务开通、多设备组网为任务驱动，通过教、学、做相结合，使学生掌握较为复杂中继组网业务。
工作程序：学生根据教师给出的具体工作任务，分成若干学习小组，组长带领分析业务需求，依据分工不同，完成业务配置及相关报表的填写。具体工作过程如下所示
第一步：讲师讲授知识要点
第二步：根据知识点要求进行任务模拟
第三步：学生分组后解读任务单</td></tr>
</table>

续表

<table>
<tr>
<td rowspan="2">行动单元</td>
<td>第四步：学生对任务进行分解、规划
第五步：实施业务配置、测试
第六步：组长及讲师对任务实施情况进行考核
第七步：学生撰写相关报表
教学程序：先由主讲教师或来自企业的兼职教师进行知识点的讲解，然后模拟业务需求方分配任务并将学生分成若干学习小组，由小组长根据业务需求组织组员讨论：规划网络拓扑图、设备分配、设备基本配置和测试等工作过程，给小组成员分派不同的工作任务。任务完成后，由小组长初审任务完成情况并汇报给教师，由教师对各小组及小组成员任务完成情况进行考核、点评和完成效果评估。最终，学生根据任务工作过程完成相关报表及任务小结。
职业竞争力培养要点：
（1）熟悉中继的工作原理及配置
（2）熟练中继的组网规划和数据配置
（3）熟练中继的组网的穿越服务器配置
（4）良好的沟通能力、团队协作意识
教学环境：
校内：校内实训基地
校外：校外实习基地
教（学）件：自编教材、实训指导书、多媒体课件、课程网站、项目案例、互联网、配置过程录像资料</td>
</tr>
<tr>
<td>考核方式：采取过程性考核与水平性考核相结合。教师根据教学过程中观察到的问题、各小组任务分工及完成情况，综合评价学生的工作情况，重点评价各小组所提交项目的优缺点，以及亟待完善的地方；各小组成员根据自己在本小组中的工作参与情况，给自己打出一个合理的自评成绩，同时各小组成员间进行互评，互评成绩一并写在过程考核单上。课后，指导教师结合学生的自评、互评成绩，给出每位学生一个综合性评价
职业素养成绩(40%)：
（1）出勤纪律（20%）
（2）团队协作（20%）
（3）任务实施（30%）
（4）小结报表（30%）
综合考试成绩（60%）：
（1）知识考核（20%）
（2）技能考核（80%）</td>
</tr>
</table>

续表

<table>
<tr><td rowspan="1">行动单元</td><td>子学习领域课程 3：呼叫中心系统操作　　学时：36
项目名称：呼叫中心系统操作
项目教学性质：
以基本语音业务，IVR、ACD、CTI 原理为载体，以呼叫中心数据配置、呼叫中心常见业务操作为任务驱动，通过教、学、做相结合，使学生胜任语音业务入及呼叫中心管理相关岗位。
工作程序：学生根据教师给出的具体工作任务，分成若干学习小组，组长带领分析业务需求，依据分工不同，完成业务配置及相关报表的填写。具体工作过程如下所示
第一步：讲师讲授知识要点
第二步：根据知识点要求进行任务模拟
第三步：学生分组后解读任务单
第四步：学生对任务进行分解、规划
第五步：实施业务配置、测试
第六步：组长及讲师对任务实施情况进行考核
第七步：学生撰写相关报表
教学程序：先由主讲教师或来自企业的兼职教师进行知识点的讲解，然后模拟业务需求方分配任务并将学生分成若干学习小组，由小组长根据业务需求组织组员讨论：规划网络拓扑图、设备分配、设备基本配置和测试等工作过程，给小组成员分派不同的工作任务。任务完成后，由小组长初审任务完成情况并汇报给教师，由教师对各小组及小组成员任务完成情况进行考核、点评和完成效果评估。最终，学生根据任务工作过程完成相关报表及任务小结
职业竞争力培养要点：
（1）熟悉呼叫中心的工作原理及配置
（2）熟练呼叫中心的日常业务操作
（3）良好的沟通能力、团队协作意识
教学环境：
校内：校内实训基地
校外：校外实习基地
教（学）件：自编教材、实训指导书、多媒体课件、课程网站、项目案例、互联网、配置过程录像资料</td></tr>
</table>

表 3-29 学习领域课程设计表（2）

学习领域课程编号 5	数据业务信息化应用	核心学习领域	难度等级 III
讲授单元	名称		学时
	子学习领域 1：ACL 访问控制列表原理及应用		16
	子学习领域 2：MPLS/VPN 原理及应用		48　　总计 96
	子学习领域 3：PPPOE、AAA 服务原理及应用		32
行动单元	子学习领域课程 1：ACL 访问控制列表原理及应用　　学时：16 项目名称：ACL 访问控制列表原理及应用 项目教学性质： 以较为基础的数据业务——ACL 访问控制列表实现数据业务过滤为载体，以 ACL 访问控制列表规划、ACL 访问控制列表创建、ACL 访问控制列表应用为任务驱动，通过教、学、做相结合，使学生初步掌握 ACL 访问控制列表实现业务过滤技能 工作程序：学生根据教师给出的具体工作任务，分成若干学习小组，组长带领分析业务需求，依据分工不同，完成业务配置及相关报表的填写。具体工作过程如下所示 第一步：讲师讲授知识要点 第二步：根据知识点要求进行任务模拟 第三步：学生分组后解读任务单 第四步：学生对任务进行分解、规划 第五步：实施业务配置、测试 第六步：组长及讲师对任务实施情况进行考核 第七步：学生撰写相关报表 教学程序：先由主讲教师或来自企业的兼职教师进行知识点的讲解，然后模拟业务需求方分配任务并将学生分成若干学习小组，由小组长根据业务需求组织组员讨论：规划网络拓扑图、设备分配、设备基本配置和测试等工作过程，给小组成员分派不同的工作任务。任务完成后，由小组长初审任务完成情况并汇报给教师，由教师对各小组及小组成员任务完成情况进行考核、点评和完成效果评估。最终，学生根据任务工作过程完成相关报表及任务小结 职业竞争力培养要点： （1）具备一定业务分析能力 （2）熟练掌握设备的业务配置 （3）掌握 ACL 的业务原理及配置 （4）良好的沟通能力、团队协作意识 教学环境： 校内：校内实训基地 校外：校外实习基地 教（学）件：自编教材、实训指导书、多媒体课件、课程网站、项目案例、互联网、配置过程录像资料			

续表

<table>
<tr><td rowspan="2">行动单元</td><td>考核方式：采取过程性考核与水平性考核相结合。教师根据教学中观察到的问题、各小组任务分工及完成情况，综合评价学生的工作情况，重点评价各小组所提交项目的优缺点，以及亟待完善的地方；各小组成员根据自己在本小组中的工作参与情况，给自己打出一个合理的自评成绩，同时各小组成员间进行互评，互评成绩一并写在过程考核单上。课后，指导教师结合学生的自评、互评成绩，给出每位学生一个综合性评价。
职业素养成绩(40%)：
（1）出勤纪律（20%）
（2）团队协作（20%）
（3）任务实施（30%）
（4）小结报表（30%）
综合考试成绩（60%）：
（1）知识考核（20%）
（2）技能考核（80%）</td></tr>
<tr><td>子学习领域课程 2：MPLS/VPN 原理及应用　　学时：48
项目名称：MPLS/VPN 原理及应用
项目教学性质：
以较为复杂的 MPLS/VPN 相结合的二层、三层隧道技术为载体，以 MPLS/VPN 网络规划、MPLS/VPN 网络创建、MPLS/VPN 用户开局为任务驱动，通过教、学、做相结合，使学生掌握较为复杂 MPLS/VPN 二层、三层业务。
工作程序：学生根据教师给出的具体工作任务，分成若干学习小组，组长带领分析业务需求，依据分工不同，完成业务配置及相关报表的填写。具体工作过程如下所示
第一步：讲师讲授知识要点
第二步：根据知识点要求进行任务模拟
第三步：学生分组后解读任务单
第四步：学生对任务进行分解、规划
第五步：实施业务配置、测试
第六步：组长及讲师对任务实施情况进行考核
第七步：学生撰写相关报表
教学程序：先由主讲教师或来自企业的兼职教师进行知识点的讲解，然后模拟业务需求方分配任务并将学生分成若干学习小组，由小组长根据业务需求组织组员讨论：规划网络拓扑图、设备分配、设备基本配置和测试等工作过程，给小组成员分派不同的工作任务。任务完成后，由小组长初审任务完成情况并汇报给教师，由教师对各小组及小组成员任务完成情况进行考核、点评和完成效果评估。最终，学生根据任务工作过程完成相关报表及任务小结。</td></tr>
</table>

续表

<table>
<tr><td rowspan="3">行
动
单
元</td><td>职业竞争力培养要点：
(1) 熟悉 MPLS 的工作原理及配置
(2) 熟练 VPN 业务的原理和配置
(3) 掌握 MPLS/VPN 的业务原理及配置
(4) 良好的沟通能力、团队协作意识
教学环境：
校内：校内实训基地
校外：校外实习基地
教（学）件：自编教材、实训指导书、多媒体课件、课程网站、项目案例、互联网、配置过程录像资料</td></tr>
<tr><td>考核方式：采取过程性考核与水平性考核相结合。教师根据教学过程中观察到的问题、各小组任务分工及完成情况，综合评价学生的工作情况，重点评价各小组所提交项目的优缺点，以及亟待完善的地方；各小组成员根据自己在本小组中的工作参与情况，给自己打出一个合理的自评成绩，同时各小组成员间进行互评，互评成绩一并写在过程考核单上。课后，指导教师结合学生的自评、互评成绩，给出每位学生一个综合性评价
职业素养成绩(40%)：
(1) 出勤纪律（20%）
(2) 团队协作（20%）
(3) 任务实施（30%）
(4) 小结报表（30%）
综合考试成绩（60%）：
(1) 知识考核（20%）
(2) 技能考核（80%）</td></tr>
<tr><td>子学习领域课程 3：PPPOE、AAA 服务原理及应用　　学时：32
项目名称： PPPOE、AAA 服务原理及应用
项目教学性质：
以数据业务中接入及相关安全性保障业务为载体，以 PPPOE 规划、配置，AAA 服务器中 RADIUS 服务和相关 802.1x 认证服务器的配置、调试为任务驱动，通过教、学、做相结合，使学生胜任数据接入及安全保障相关岗位
工作程序：学生根据教师给出的具体工作任务，分成若干学习小组，组长带领分析业务需求，依据分工不同，完成业务配置及相关报表的填写。具体工作过程如下所示
第一步：讲师讲授知识要点</td></tr>
</table>

续表

<table>
<tr><td>行动单元</td><td>第二步：根据知识点要求进行任务模拟
第三步：学生分组后解读任务单
第四步：学生对任务进行分解、规划
第五步：实施业务配置、测试
第六步：组长及讲师对任务实施情况进行考核
第七步：学生撰写相关报表
教学程序：先由主讲教师或来自企业的兼职教师进行知识点的讲解，然后模拟业务需求方分配任务并将学生分成若干学习小组，由小组长根据业务需求组织组员讨论：规划网络拓扑图、设备分配、设备基本配置和测试等工作过程，给小组成员分派不同的工作任务。任务完成后，由小组长初审任务完成情况并汇报给教师，由教师对各小组及小组成员任务完成情况进行考核、点评和完成效果评估。最终，学生根据任务工作过程完成相关报表及任务小结。
职业竞争力培养要点：
（1）熟悉 PPPOE 的工作原理及配置
（2）熟练 AAA 业务的原理和配置
（3）掌握 RADIUS 的业务原理及配置
（4）良好的沟通能力、团队协作意识
教学环境：
校内：校内实训基地
校外：校外实习基地
教（学）件：自编教材、实训指导书、多媒体课件、课程网站、项目案例、互联网、配置过程录像资料</td></tr>
</table>

表 3-30 学习领域课程设计表（3）

<table>
<tr><th colspan="2">学习领域课程编号 6</th><th>多媒体业务信息化应用</th><th>核心学习领域</th><th colspan="2">难度等级 IV</th></tr>
<tr><td rowspan="2">讲授单元</td><td colspan="3">名　　称</td><td colspan="2">学　时</td></tr>
<tr><td colspan="3">子学习领域 1：视频会议系统组成及技术标准
子学习领域 2：视频会议终端产品、外设原理及使用调试
子学习领域 3：视频会议系统软硬件安装及软调</td><td>24
36
36</td><td>总计 96</td></tr>
<tr><td>行动单元</td><td colspan="5">子学习领域课程 1：视频会议系统组成及技术标准　　学时：24
项目名称：视频会议系统组成及技术标准</td></tr>
</table>

续表

<table>
<tr><td>行动单元</td><td>项目教学性质：
以较为基础的视频会议系统概述为线索，以视频会议系统组成、视频会议相关技术标准为任务驱动，通过教、学、做相结合，使学生初步掌握视频会议系统基本理论及层次架构
工作程序：学生根据教师给出的具体工作任务，分成若干学习小组，组长带领分析任务需求，依据分工不同，完成多点控制单元（MCU）对终端设备的控制，并填写相关的报表。具体工作过程如下所示
第一步：讲师讲授知识要点
第二步：根据知识点要求进行任务模拟
第三步：学生分组后解读任务单
第四步：学生对任务进行分解、规划
第五步：完成相关的任务并进行测试
第六步：组长及讲师对任务实施情况进行考核
第七步：学生撰写相关报表
教学程序：先由主讲教师或来自企业的兼职教师进行知识点的讲解，然后模拟业务需求方分配任务并将学生分成若干学习小组，由小组长根据业务需求组织组员讨论：规划网络拓扑图、设备分配、设备基本配置和测试等工作过程，给小组成员分派不同的工作任务。任务完成后，由小组长初审任务完成情况并汇报给教师，由教师对各小组及小组成员任务完成情况进行考核、点评和完成效果评估。最终，学生根据任务工作过程完成相关报表及任务小结。
职业竞争力培养要点：
(1) 具备一定网络组建能力；
(2) 熟练掌握设备的基本业务配置；
(3) 掌握 MCU 的基本操作及网管系统的应用；
(4) 良好的沟通能力、团队协作意识。
教学环境：
校内：校内实训基地
校外：校外实习基地
教（学）件：自编教材、实训指导书、多媒体课件、课程网站、项目案例、互联网、配置过程录像资料。
考核方式：采取过程性考核与水平性考核相结合。教师根据教学中观察到的问题、各小组任务分工及完成情况，综合评价学生的工作情况，重点评价各小组所提交项目的优缺点，以及亟待完善的地方；各小组成员根据自己在本小组中的工作参与情况，给自己打出一个合理的自评成绩，同时各小组成员间进行互评，互评成绩一并写在过程考核单上。课后，指导教师结合学生的自评、互评成绩，给出每位学生一个综合性评价。</td></tr>
</table>

续表

<table>
<tr><td></td><td>职业素养成绩(40%)：
(1) 出勤纪律（20%）
(2) 团队协作（20%）
(3) 任务实施（30%）
(4) 小结报表（30%）
综合考试成绩（60%）：
(1) 知识考核（20%）
(2) 技能考核（80%）</td></tr>
<tr><td>行动单元</td><td>子学习领域课程 2：视频会议视频会议终端产品、外设原理及使用调试 学时：36
项目名称：视频会议视频会议终端产品、外设原理及使用调试
项目教学性质：
以视频会议终端产品为索引，以相关外设进行知识上的逐步展开，并以对各相关设备的调试工作作为本节的任务驱动，通过教、学、做相结合，使学生掌握视频会议的整体组建、延伸及灵活运用，训练学生的综合调试应用能力。
工作程序：学生根据教师给出的具体工作任务，分成若干学习小组，组长带领分析业务需求，依据分工不同，完成业务配置及相关报表的填写。具体工作过程如下所示
第一步：讲师讲授知识要点
第二步：根据知识点要求进行任务模拟
第三步：学生分组后解读任务单
第四步：学生对任务进行分解、规划
第五步：实施业务配置、测试
第六步：组长及讲师对任务实施情况进行考核
第七步：学生撰写相关报表
教学程序：先由主讲教师或来自企业的兼职教师进行知识点的讲解，然后模拟业务需求方分配任务并将学生分成若干学习小组，由小组长根据业务需求组织组员讨论：规划网络拓扑图、设备分配、设备基本配置、和测试等工作过程，给小组成员分派不同的工作任务。任务完成后，由小组长初审任务完成情况并汇报给教师，由教师对各小组及小组成员任务完成情况进行考核、点评和完成效果评估。最终，学生根据任务工作过程完成相关报表及任务小结
职业竞争力培养要点：
(1) 熟悉中兴视频会议系统主要终端产品及性能
(2) 熟练网管系统的组建及基本操作
(3) 掌握常见音视频外设的基本原理及使用
(4) 良好的沟通能力、团队协作意识</td></tr>
</table>

续表

<table>
<tr><td rowspan="2">行动单元</td><td>教学环境：
校内：校内实训基地
校外：校外实习基地
教（学）件：自编教材、实训指导书、多媒体课件、课程网站、项目案例、互联网、配置过程录像资料
考核方式：采取过程性考核与水平性考核相结合。教师根据教学过程中观察到的问题、各小组任务分工及完成情况，综合评价学生的工作情况，重点评价各小组所提交项目的优缺点，以及亟待完善的地方；各小组成员根据自己在本小组中的工作参与情况，给自己打出一个合理的自评成绩，同时各小组成员间进行互评，互评成绩一并写在过程考核单上。课后，指导教师结合学生的自评、互评成绩，给出每位学生一个综合性评价
职业素养成绩(40%)：
（1）出勤纪律（20%）
（2）团队协作（20%）
（3）任务实施（30%）
（4）小结报表（30%）
综合考试成绩（60%）：
（1）知识考核（20%）
（2）技能考核（80%）</td></tr>
<tr><td>子学习领域课程 3：视频会议系统软硬件安装及软调　　学时：36
项目名称：视频会议系统软硬件安装及软调
项目教学性质：
以视频会议终端及 MCU 硬件结构、接口及连线为载体，以 ZXMS80 系统软件的安装及其配置、视频会议常见音频、视频、网络故障的定位及处理为任务驱动，通过教、学、做相结合，使学生胜任视频会议系统安装、组网、调试及安全保障的相关岗位
工作程序：学生根据教师给出的具体工作任务，分成若干学习小组，组长带领分析业务需求，依据分工不同，完成业务配置及相关报表的填写。具体工作过程如下所示
第一步：讲师讲授知识要点
第二步：根据知识点要求进行任务模拟
第三步：学生分组后解读任务单
第四步：学生对任务进行分解、规划
第五步：实施业务配置、测试
第六步：组长及讲师对任务实施情况进行考核
第七步：学生撰写相关报表</td></tr>
</table>

续表

行动单元	教学程序：先由主讲教师或来自企业的兼职教师进行知识点的讲解，然后模拟业务需求方分配任务并将学生分成若干学习小组，由小组长根据业务需求组织组员讨论：规划网络拓扑图、设备分配、设备基本配置、和测试等工作过程，给小组成员分派不同的工作任务。任务完成后，由小组长初审任务完成情况并汇报给教师，由教师对各小组及小组成员任务完成情况进行考核、点评和完成效果评估。最终，学生根据任务工作过程完成相关报表及任务小结 职业竞争力培养要点： （1）熟悉常见视频会议终端及 MCU 硬件结构 （2）熟练 ZXMS80 系统软件的安装及其配置 （3）掌握视频会议系统常见故障特征 （4）良好的沟通能力、团队协作意识 教学环境： 校内：校内实训基地 校外：校外实习基地 教（学）件：自编教材、实训指导书、多媒体课件、课程网站、项目案例、互联网、配置过程录像资料

二、学习领域课程大纲

1.“语音业务信息化应用”课程大纲

1）课程名称

课程名称：语音业务信息化应用。

2）课程目标

通过这门课程的学习，学生可以基本掌握 VOIP 技术原理、数字中继原理、了解融合通信系统结构、设备安装调试、数据配置及应用知识。

职业与岗位：工程督导、技术支持、硬件安装、硬调工程师、运维工程师、相关设备市场营销人员、机务员等。负责企业语音业务信息化应用平台安装、设备调试、业务开通、网络维护及信息化应用等。

3）课程内容大纲

（1）课程概述。本课程主要介本课程主要介绍融合通信平台网络构架、平台搭建、设备安装调试、VOIP 技术原理及语音业务信息化实际应用。使用理论实践并重的教学体验，紧密结合业界的教学手段。

(2) 基础知识。通信原理、数据通信等相关知识。

(3) 基本技术技能。能熟练操作电脑；能熟练操作、配置语音业务信息化系统的设备参数及业务；实现企业语音业务信息化应用需求。

(4) 学习单元。学习单元列表如表 3-31 所示。

表 3-31　学习单元列表

序号	单元名称	模拟性学习任务	设计性学习任务	工作页	提交报告规范
1	基本语音业务开通	以较为基础的 VOIP 基本原理和系统结构为载体，以 ZXECS IBX1000 典型应用、VOIP 基本语音业务开通为任务驱动	通过教、学、做相结合，使学生掌握 VOIP 基本语音业务开通技能		
2	中继原理与组网配置	以较为复杂的中继技术为载体，以中继组网规划、语音网关接入、私网穿越业务开通、多设备组网为任务驱动	通过教、学、做相结合，使学生掌握较为复杂中继组网业务		
3	呼叫中心系统操作	以基本语音业务，IVR、ACD、CTI 原理为载体，以呼叫中心数据配置、呼叫中心常见业务操作为任务驱动	通过教、学、做相结合，使学生胜任语音业务入及呼叫中心管理相关岗位		

4) 考核方式

采取过程性考核与水平性考核相结合。教师根据教学过程中观察到的问题、各小组任务分工及完成情况，综合评价学生的工作情况，重点评价各小组所提交项目的优缺点，以及亟待完善的地方；各小组成员根据自己在本小组中的工作参与情况，给自己打出一个合理的自评成绩，同时各小组成员间进行互评，互评成绩一并写在过程考核单上。课后，指导教师结合学生的自评、互评成绩，给出每位学生一个综合性评价。

职业素养成绩(40%)：

(1) 出勤纪律（20%）；

(2) 团队协作（20%）；

(3) 任务实施（30%）；

(4) 小结报表（30%）；

综合考试成绩（60%）：

(1) 知识考核（20%）；

(2) 技能考核（80%）；

5）计划学时

计划学时：96 学时（其中理论教学占 32 学时、实践操作占 64 学时）。

2.“数据业务信息化应用”课程大纲

1）课程名称

课程名称：数据业务信息化应用。

2）课程目标

通过课程的学习，学生可以基本掌握 ACL、MPLS、VPN、AAA、RADIUS、802.1x 等协议原理、数据配置及应用知识。

职业与岗位：网络工程师、信息安全工程师、相关设备市场营销人员等。

综合性能力要求：负责企业网络安全、网络维护及信息安全管理等。

基本理论和技术技能：网络的日常维护；网站服务器安全配置和日常维护；网络工程及网络设备的采购；计算机网络的搭建和硬件系统更新改造；软件系统管理及网络设备的维护、维修。

3）课程内容大纲

(1) 课程概述。本课程主要介绍 ACL、MPLS、VPN、AAA、RADIUS、802.1x 等网络安全技术原理、数据配置及应用。使用理论实践并重的教学体验，紧密结合业界的教学手段。

(2) 基础知识。通信网络等相关课程知识；电子信息、计算机及通信等基础知识；网络安全基础知识。

(3) 基本技术技能。能熟练操作计算机；能根据网络攻击进行防范；能熟练操作、配置网络设备相关参数；能使用网络操作系统和防火墙软件。

（4）学习单元。

学习单元列表如表 3-32 所示。

表 3-32 学习单元列表

序号	单元名称	模拟性学习任务	设计性学习任务	工作页	提交报告规范
1	ACL 访问控制列表原理及应用	以较为基础的数据业务——ACL 访问控制列表实现数据业务过滤为载体，以 ACL 访问控制列表规划、ACL 访问控制列表创建、ACL 访问控制列表应用为任务驱动	通过教、学、做相结合，使学生初步掌握 ACL 访问控制列表实现业务过滤技能		
2	MPLS/VPN 原理及应用	以较为复杂的 MPLS/VPN 相结合的二层、三层隧道技术为载体，以 MPLS/VPN 网络规划、MPLS/VPN 网络创建、MPLS/VPN 用户开局为任务驱动，通过教、学、做相结合，使学生掌握较为复杂 MPLS/VPN 二层、三层业务	通过教、学、做相结合，使学生掌握较为复杂 MPLS/VPN 二层、三层业务		
3	PPPOE、AAA 服务原理及应用	以数据业务中接入及相关安全性保障业务为载体，以 PPPOE 规划、配置，AAA 服务器中 RADIUS 服务和相关 802.1x 认证服务器的配置、调试为任务驱动	通过教、学、做相结合，使学生胜任数据接入及安全保障相关岗位		

4）考核方式

采取过程性考核与水平性考核相结合。教师根据教学过程中观察到的问题、各小组任务分工及完成情况，综合评价学生的工作情况，重点评价各小组所提交项目的优缺点，以及亟待完善的地方；各小组成员根据自己在本小组中的工作参与情况，给自己打出一个合理的自评成绩，同时各小组成员间进行互评，互评成绩一并写在过程考核单上。课后，指导教师结合学生的自评、互评成绩，给出每位学生一个综合性评价。

职业素养成绩(40%)：

（1）出勤纪律（20%）；

（2）团队协作（20%）；

（3）任务实施（30%）；

（4）小结报表（30%）。

综合考试成绩（60%）：

（1）知识考核（20%）；

（2）技能考核（80%）。

5）计划学时

计划学时：96学时（其中理论教学占32学时、实践操作占64学时）。

3.《多媒体业务信息化应用》课程大纲

1）课程名称

课程名称：多媒体业务信息化应用。

2）课程目标

通过这门课程的学习，学生可以基本掌握视讯技术原理、了解频会议系统网络构架、平台搭建、设备安装调试、数据配置及应用知识。

职业与岗位：工程督导、技术支持、硬件安装、硬调工程师、运维工程师、相关设备市场营销人员、机务员等。负责企业多媒体业务信息化应用平台安装、设备调试、业务开通、网络维护及信息化应用等。

3）课程内容大纲

（1）课程概述。本课程主要介绍视频会议系统网络构架、平台搭建、设备安装调试、视讯技术原理及多媒体业务信息化实际应用。该课程以IP技术为核心，将多媒体业务与企业实际应用融为一体，整合全套的多媒体业务丰富的增值应用，为企业提供企业所需的各种信息化应用。使用理论实践并重的教学体验，紧密结合业界的教学手段。

（2）基础知识。通信原理、数据通信等相关知识

（3）基本技术技能。能熟练操作计算机；能熟练操作、配置多媒体业务信息化系统的设备参数及业务；实现企业多媒体业务信息化应用需求。

（4）学习单元。学习单元列表如表 3-33 所示。

表 3-33 学习单元列表

序号	单元名称	模拟性学习任务	设计性学习任务	工作页	提交报告规范
1	夯实基础	以较为基础的视频会议系统概述为线索，以视频会议系统组成、视频会议相关技术标准为任务驱动	通过教、学、做相结合，使学生初步掌握视频会议系统基本理论及层次架构		
2	视频会议视频会议终端产品、外设原理及使用调试	以视频会议终端产品为索引，以相关外设进行知识上的逐步展开，并以对各相关设备的调试工作作为本节的任务驱动	通过教、学、做相结合，使学生掌握视频会议的整体组建、延伸及灵活运用，训练学生的综合调试应用能力		
3	视频会议系统软硬件安装及软调	以视频会议终端及 MCU 硬件结构、接口及连线为载体，以 ZXMS80 系统软件的安装及其配置、视频会议常见音频、视频、网络故障的定位及处理为任务驱动	通过教、学、做相结合，使学生胜任视频会议系统安装、组网、调试及安全保障的相关岗位		

4）考核方式

采取过程性考核与水平性考核相结合。教师根据教学过程中观察到的问题、

各小组任务分工及完成情况，综合评价学生的工作情况，重点评价各小组所提交项目的优缺点，以及亟待完善的地方；各小组成员根据自己在本小组中的工作参与情况，给自己打出一个合理的自评成绩，同时各小组成员间进行互评，互评成绩一并写在过程考核单上。课后，指导教师结合学生的自评、互评成绩，给出每位学生一个综合性评价。

职业素养成绩(40%)：

(1) 出勤纪律（20%）；

(2) 团队协作（20%）；

(3) 任务实施（30%）；

(4) 小结报表（30%）。

综合考试成绩（60%）：

(1) 知识考核（20%）；

(2) 技能考核（80%）。

5）计划学时

计划学时：96 学时（其中理论教学占 32 学时、实践操作占 64 学时）。

三、学习领域课程特色

“电子信息工程技术（下一代网络及信息技术应用）”专业主要培养基于下一代网络技术的、与企业信息技术应用要求相适应的技术专业知识的高技能型人才，具有较强的网络及电子通信设备、系统的安装与调试、业务开通、维护及其相关领域从业的综合职业能力，能从事企业信息化网络或专用电子信息系统的规划、优化、维护、营销等工作。

对当前职业实际工作过程中的典型工作任务进行整体化的深入分析，并依据典型工作任务的能力要求，科学地分析、归纳、总结形成不同的行动领域，并最终准确确定和描述典型工作任务对应的学习领域过程中，将其对应性质相近的知识模块整合成为学习领域核心技能平台课程。

核心专业领域课程在内容设置上，系统全面地培养学生掌握必要的新技术——企业信息化技术，并在此基础上学习当前行业最新的技术产品，以及这些产品所提供的业务，使学生在校期间不但打下了坚实的基础，还掌握了前沿技术、开拓了视野。学生毕业后可以马上把所学的知识和技能应用到生产中去，为其就业增加了竞争力。

核心专业领域课程在专业课程体系中，有以下特色：

(1) 技术前沿，符合行业未来发展需要；

(2) 技能的培养目标贴合实际岗位技能要求；

(3) 产学结合，学习应用到生产，生产指导学习。

1.“语音业务信息化应用”课程

本课程主要介绍企业语音业务信息化应用平台网络构架、平台搭建、设备安装调试、语音业务核心技术原理及语音业务信息化实际应用。该课程以 IP 技术为核心，将语音业务与企业实际应用融为一体，整合全套的语音业务丰富的增值应用，为企业提供企业所需的各种信息化应用。语音业务应用平台如图 3-13 所示。

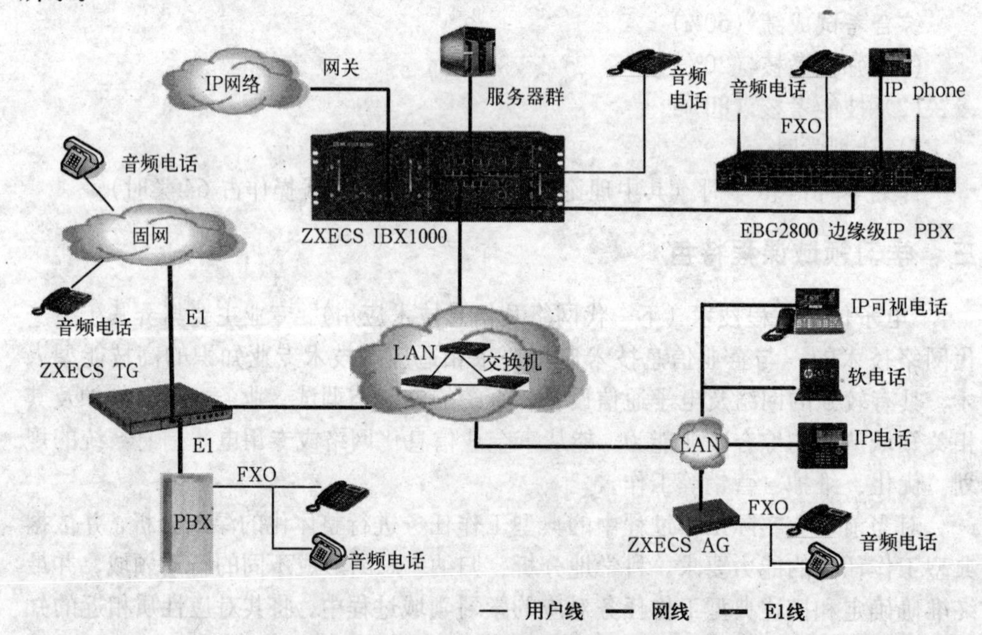

图 3-13 语音业务信息化应用平台

课程在内容设置上，系统全面地培养学生掌握必要的新技术——语音业务信息化技术，并在此基础上学习当前行业最新的技术产品，以及这些产品所提供的业务，使学生在校期间不但打下了坚实的基础，还掌握了前沿技术、开拓了视野。学生毕业后可以马上把所学应用到生产中去，为其就业增加了竞争力。

2.“数据业务信息化应用”课程

本课程主要介绍企业数据业务信息化应用平台网络构架、平台搭建、设备安装调试、数据业务核心技术原理及数据业务信息化实际应用。该课程以 IP 技术为核心，将数据业务与企业实际应用融为一体，整合全套的数据业务丰富的增值应用，为企业提供企业所需的各种信息化应用。数据业务应用平台如图 3-14 所示。

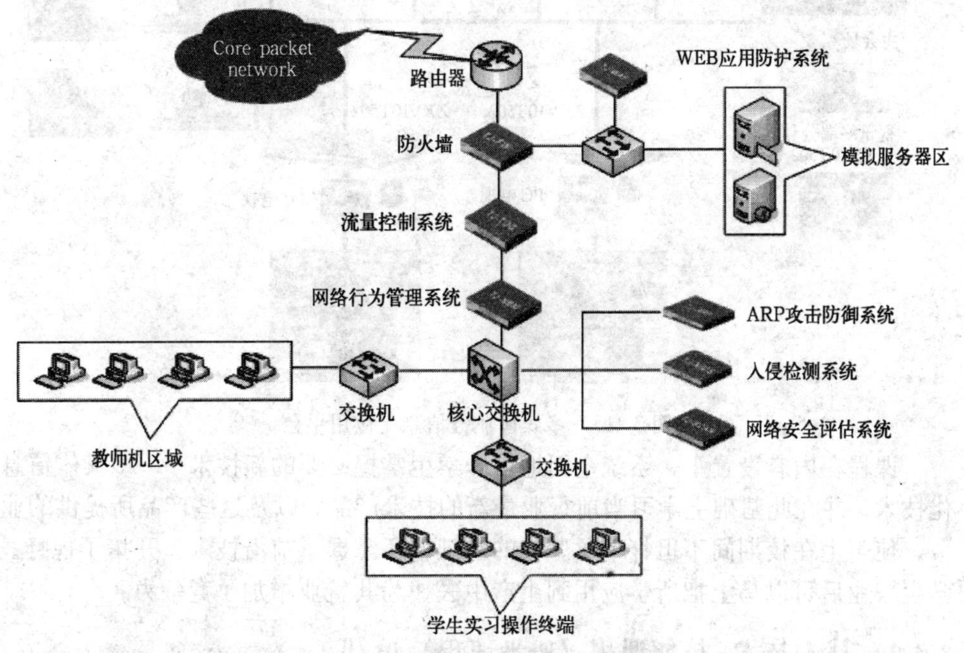

图 3-14　数据业务信息化应用平台

课程在内容设置上，系统全面地培养学生掌握必要的新技术——数据业务信息化技术，并在此基础上学习当前行业最新的技术产品，以及这些产品所提供的业务，使学生在校期间不但打下了坚实的基础，还掌握了前沿技术、开拓了视野。学生毕业后可以马上把所学应用到生产中去，为其就业增加了竞争力。

3.“多媒体业务信息化应用”课程

本课程主要介绍企业多媒体业务信息化应用平台网络构架、平台搭建、设备安装调试、多媒体业务核心技术原理及多媒体业务信息化实际应用。该课程以 IP

技术为核心，将多媒体业务与企业实际应用融为一体，整合全套的多媒体业务丰富的增值应用，为企业提供企业所需的各种信息化应用。多媒体业务应用平台如图 3–15 所示。

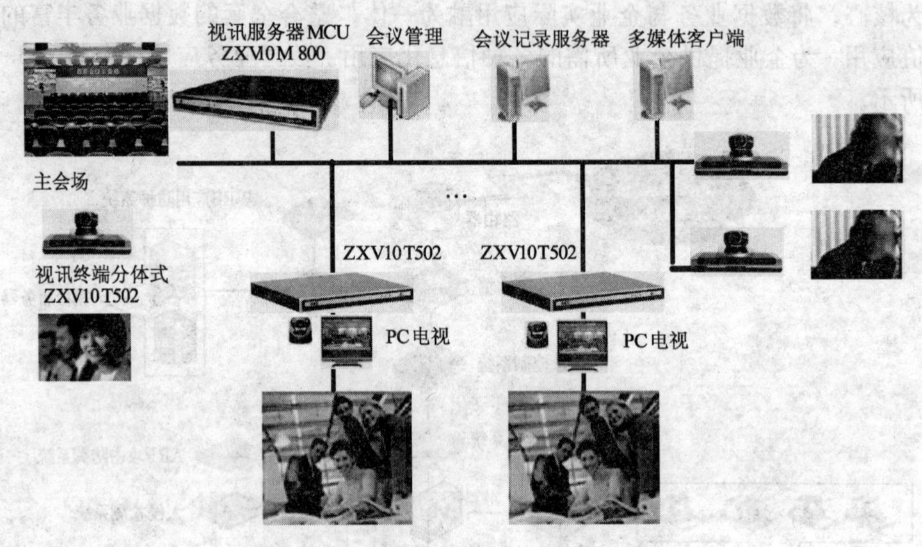

图 3–15　多媒体业务信息化应用平台

课程在内容设置上，系统全面地培养学生掌握必要的新技术——多媒体信息化技术，并在此基础上学习当前行业最新的技术产品，以及这些产品所提供的业务，使学生在校期间不但打下了坚实的基础，还掌握了前沿技术、开拓了视野。学生毕业后可以马上把所学应用到生产中去，为其就业增加了竞争力。

3.4.2　基本技术–技能课程（B 类课程）设计

一、基本技术–技能课程（B 类课程）大纲

1．“光传输系统组建与维护实训”课程大纲

1）课程名称

课程名称：光传输系统组建与维护实训。

2）课程目标

通过本课程的学习，学生除了可以基本掌握光纤通信的基本原理、SDH 传输技术的原理以外，还可以学习到全球领先的综合性通信制造业上市公司——

中兴通信传输设备的硬件结构和软件配置，传输网的拓扑结构以及传输设备的操作维护，使学生更快地掌握住传输在国家电信级组网中的重要地位和作用，把握传输技术发展方向。为学生今后获取传输助理工程师认证以及能很快适应并融入企业的运行之中，以及对将来从事通信行业的运营部门或设备商工作打下良好的基础。

3）教学内容简介

本课程以行业的主流设备 ZXMP S320 为设备实例，详细讲解了 SDH 设备的硬件原理、设备构成，数据配置等。针对中国现有相关工程类教材重理论轻实践，重知识轻教法的问题，本课程做了全新改革，把教材的内容模块化(Modularization)，在教学过程中以任务为驱动力(Mission-driven)，把光传输技术学习的最终目标提炼为四大任务：

Mission 1：夯实光传输技术基础。

Mission 2：成功实现传输网的搭建与业务互通。

Mission 3：如何确保传输网正常运行。

Mission 4：怎样改造传输网络。

指导教师围绕实训研究(Practical-research)的核心，借助学生自评的助推力(Self-evaluation)，贯穿理论结合实际的教学思想，以求达到最好的教学效果。

4）内容规划

内容规划如表 3-34 和表 3-35 所示。

表 3-34 内容规划列表（1）

课程主任务规划	子任务规划	子任务知识点规划	教学方法简述	课时分配
Mission：实现传输业组建与维护	Sub-mission1：了解光纤通信的发展历程	光纤通信、光纤与光缆的基础知识 光纤网络通信技术	Interlacement Mission-driven Self-evaluation	8
	Sub-mission2：掌握电信级组网中采用的传输技术原理	SDH 帧结构和复用步骤 SDH 的开销 SDH 设备的逻辑组成	Interlacement Modularization Practical-research Self-evaluation	12

续表

课程主任务规划	子任务规划	子任务知识点规划	教学方法简述	课时分配
Mission：实现传输业组建与维护	Sub-mission3：学会 SDH 设备开局流程和业务配置	ZXMP S320 设备结构 ZXMP S320 网络管理 ZXMP S320 业务配置 传输性能测试	Modularization Practical-research Mission-driven Self-evaluation	36
	Sub-mission4：了解 SDH 设备日常操作维护流程	机房例行维护 传输设备维护专题 故障处理 性能信息处理	Modularization Practical-research Mission-driven Self-evaluation	12
	Sub-mission5：展望传输技术未来发展趋势	MSTP 演进介绍 DWDM 技术介绍	Modularization Interlacement Self-evaluation	4

表 3-35 内容规划列表（2）

主要知识点	教学标准	对应学时	
		授课	实习
Sub-mission 1：了解光纤通信的发展历程			
（1）光纤通信概论	了解光纤通信发展史 了解光纤通信系统的组成 掌握光纤通信的特点及发展趋势	4	
（2）光纤网络通信技术	熟悉两种传输体制 掌握数字光纤通信系统的构成 掌握 PDH 和 SDH 各自的特点	4	
Sub-mission 2：掌握现行国家电信级组网中采用的传输技术原理			
（3）SDH 的帧结构和复用步骤	了解 SDH 的帧结构 掌握 SDH 的复用结构和步骤 了解映射、定位和复用的概念	4	
（4）SDH 的开销	掌握 SDH 的段开销和指针的作用	4	
（5）SDH 设备的逻辑组成	掌握 SDH 网络的常见网元的功能和作用 掌握 SDH 设备的各逻辑功能块的功能和作用	4	

续表

主要知识点	教　学　标　准	对应学时	
		授课	实习
Sub-mission 3：学会 SDH 设备开局流程和业务配置			
（6）ZXMP S320 设备介绍	了解 ZXMP S320 设备的基本结构、工作原理及信号处理流程	2	8
（7）ZXMP S320 设备单板原理	了解各单板外行图、功能描述和指示说明 掌握各单板功能、工作原理和信号处理的过程	2	
（8）网络管理简介	了解电信管理网（TMN）结构框架 熟悉 SDH 管理网（SMN）及其功能	2	
（9）SDH 网络结构和网络保护机理	了解网络保护的重要意义 掌握 SDH 网络的基本拓扑结构 了解自愈的概念、分类 熟练掌握各种保护的工作原理及特点 了解复杂网络的拓扑结构及特点及 SDH 网络的整体层次结构	4	8
（10）定时与同步	了解同步方式、主从同步网中从时钟的工作模式 掌握 SDH 的引入对网同步的要求 掌握 SDH 网络时钟保护倒换原理	2	6
（11）传输性能与测试	了解误码的产生、分布以及减少误码的策略 了解抖动的产生、性能以及减少抖动的策略 掌握 SDH 的测试方法和内容	2	
Sub-mission 4：了解 SDH 设备日常操作维护流程			
（12）例行维护	了解机房的日常维护要求 学会使用常用工具、仪表 熟悉机房维护制度及基本维护操作 熟悉机房设备维护操作 熟悉网管日常维护操作	2	6
（13）维护专题	掌握网元 IP 地址和路由的配置方法 了解单板更换操作流程和注意事项 了解常用仪器的测试方法 熟练掌握网管升级方法	2	
（14）故障处理	了解故障定位的基本思路 掌握故障定位的常见方法 了解常见故障的分类及处理方法	1	

续表

主要知识点	教学标准	对应学时	
		授课	实习
(15)性能信息处理	了解性能信息的分类 了解物理接口性能事件及处理流程 掌握再生、复用段性能事件及处理流程 掌握高、低阶通道和指针调整性能事件及处理	1	
Sub-mission 5：展望传输技术未来发展趋势			
(16)MSTP 的演进	了解 MSTP 的引进过程 了解二代 MSTP 各自的特点	2	
(17) DWDM 概述	了解 DWDM 技术的产生背景 了解 DWDM 技术基本原理 了解 DWDM 系统基本结构、特点和优势 了解 DWDM 技术的发展趋势	2	

5）训练环境

训练环境：光传输实验室、校外实训基地。

6）考核方式

整个教学过程分三个阶段，每阶段结束后都进行相关阶段测试，最后完成认证考试。

考核方式：采用理论、实训考核相结合的过程考核方式。

（1）理论课考试采用笔试闭卷形式；

（2）实训课考试采用上机配置实际数据、故障分析与处理的形式；

（3）平时成绩主要根据作业、出勤、课堂表现及阶段测试情况评定。

（4）成绩组成：理论成绩占 50%，实训成绩占 50%。在总成绩中，平时成绩（日常考勤成绩 30%、阶段测试成绩 50%、研究型综合实训 20%）占 30%，认证成绩占 70%。

7）计划学时

计划学时：64 学时（其中理论教学占 36 学时、实践操作占 28 学时）。

2.“下一代接入网系统组建与维护实训”课程大纲

1）课程名称

课程名称：下一代接入网系统组建与维护实训。

2）课程目标

通过系统的理论学习，我们以任务为驱动，您将有以下收获：

(1) 家庭或小区的宽带业务开通；

(2) 家庭或小区间的VOIP电话业务开通；

(3) 家庭或小区的ADSL开通；

(4) 家庭或小区的组播业务开通。

职业与岗位：接入网技术支持工程师、PON网络运维工程师、EPON产品售前售后工程师等。

3）教学内容简介

新闻媒体上经常会出现“光纤到小区、光纤到楼、光纤到户”这样的字眼，那么，你知道利用光纤是如何实现的吗？在三网融合的形势下，你知道怎样实现用同一个终端接入到不同的网络中，同时访问多种业务吗？“下一代接入网系统组建与维护实训”课程将为你揭开重重谜团。

内容介绍：

(1) PON系统概述；

(2) EPON工作原理；

(3) PON网络结构、组建、配置、管理及维护；

(4) EPON应用场景案例。

4）内容规划

内容规划如表3-36和表3-37所示。

表3-36　内容规划列表（1）

课程主任务规划	子任务规划	子任务知识点规划	教学方法简述	课时分配
Mission：实现EPON宽带接入网络的组建与维护	Sub-mission 1：网络基础	常见的几种宽带接入方式及其特性 新型宽带接入网络EPON的概念 TCP/IP协议簇 二层交换技术	Interlacement Mission-driven Self-evaluation	10

续表

课程主任务规划	子任务规划	子任务知识点规划	教学方法简述	课时分配
Mission：实现EPON宽带接入网络的组建与维护	Sub-mission 2：EPON系统介绍	EPON 的局端设备OLT ODN 光分配网络 ONU 用户端设备	Modularization Practical-research Mission-driven Self-evaluation	10
	Sub-mission 3：EPON业务开通	以太网业务开通 VOIP 语音业务开通 IPTV 有线电视业务开通	Modularization Practical-research Mission-driven Self-evaluation	24
	Sub-mission 4：宽带认证相关协议	PPP/PPPOE 协议 DHCP+Web 认证 802.1x 协议 AAA 技术	Modularization Practical-research Mission-driven Self-evaluation	12
	Sub-mission 5：服务质量	QOS 工作原理 QOS 的基本应用 QOS 数据配置和维护方法	Interlacement Practical-research Mission-driven Self-evaluation	4
	Sub-mission 6：EPON设备日常维护和案例分析	设备日常维护注意事项 常见故障案例分析	Interlacement Practical-research Mission-driven Self-evaluation	4

表 3-37　内容规划列表（2）

主要知识点	教　学　标　准	对应学时	
		授课	实习
Sub-mission 1：网络基础			
(1) 多种宽带接入技术综述	了解宽带接入技术的发展历史 掌握目前几种主流的宽带技术的特点	2	
(2) EPON 概念	了解 PON 网络的定义及发展历史 了解 PON 网络的几种技术及拓扑结构 掌握 EPON 网络的优势	2	

续表

主要知识点	教　学　标　准	对应学时	
		授课	实习
(3) TCP/IP 原理与子网规划	了解 OSI 参考模型与 TCP/IP 参考模型对比 了解数据封装和解封装的过程 了解 TCP/IP 协议族相关协议 掌握子网规划与地址规划	2	
(4)二层交换技术	了解以太网交换机原理 掌握虚拟局域网(VLAN)技术 掌握 STP 生成树协议 了解端口聚合	2	2
Sub-mission 2：EPON 系统介绍			
(5)EPON 的局端设备 OLT	了解 OLT 设备的系统功能 掌握各单板的功能 掌握 EPON 的工作原理 掌握 OLT 设备的管理操作方式 掌握 OLT 的基本数据配置	2	
(6) ODN 光分配网络	了解 ODN 的组成 掌握 ODN 衰耗指标 掌握常用的仪器仪表使用及光纤接口	2	
(7) ONU 用户端设备介绍	了解中兴的相关产品 掌握 D420、F820 的设备参数和功能 掌握 ONU 的管理与配置 掌握 ONU 的故障定位	2	4
Sub-mission 3：EPON 业务开通			
(8)以太网业务开通	了解以太网业务的开通流程 掌握命令行方式开通以太网业务 掌握图形化网管界面开通以太网业务	2	6
(9) VOIP 语音业务开通	了解语音业务的开通过程 了解 H.248 协议 掌握 VOIP 业务的开通	2	6
(10) IPTV 有线电视业务开通	掌握组播原理 掌握组播技术的配置与应用 掌握 IPTV 业务的开通	2	6

续表

<table>
<tr><th rowspan="2">主要知识点</th><th rowspan="2">教　学　标　准</th><th colspan="2">对应学时</th></tr>
<tr><th>授课</th><th>实习</th></tr>
<tr><td colspan="4">Sub-mission 4：宽带认证相关协议</td></tr>
<tr><td>（11）PPP/PPPOE 协议</td><td>了解 PPP/PPPOE 协议的体系结构
掌握 PPP/PPPOE 协议的实现机制</td><td>1</td><td rowspan="4">6</td></tr>
<tr><td>（12）DHCP +WEB 认证</td><td>了解 DHCP 的概念
掌握 DHCP 的工作原理
掌握 PORTAL 协议的工作原理</td><td>2</td></tr>
<tr><td>（13）802.1x 协议</td><td>了解 802.1x 的协议体系结构
了解 802.1x 协议的实现机制</td><td>1</td></tr>
<tr><td>（14）AAA 技术</td><td>掌握 AAA 的主要作用
掌握 AAA 的认证方法表</td><td>2</td></tr>
<tr><td colspan="4">Sub-mission 5：服务质量</td></tr>
<tr><td>（15）QoS</td><td>掌握 QOS 工作原理
了解 QOS 的基本应用
了解 QOS 数据配置和维护方法</td><td>2</td><td>2</td></tr>
<tr><td colspan="4">Sub-mission 6：EPON 设备日常维护和案例分析</td></tr>
<tr><td>（16）日常维护和案例分析</td><td>掌握日常维护中注意事项
掌握故障处理的思路</td><td>2</td><td>2</td></tr>
</table>

5）训练环境

宽带接入实验室；

校外实训基地。

6）考核方式

整个教学过程分三个阶段，每阶段结束后都进行相关阶段测试，最后完成认证考试。

考核方式：采用理论、实训考核相结合的过程考核方式。

（1）理论课考试采用笔试闭卷形式；

（2）实训课考试采用上机配置实际数据、故障分析与处理的形式；

（3）平时成绩主要根据作业、出勤、课堂表现及阶段测试情况评定。

（4）成绩组成：理论成绩占 50%，实训成绩占 50%。在总成绩中，平时成绩（日常考勤成绩 30%、阶段测试成绩 50%、研究型综合实训 20%）占 30%，认证成绩占 70%。

7）计划学时

计划学时：64 学时（其中理论教学占 32 学时、实践操作占 32 学时）。

3.4.3 基本专业理论课程（A 类课程）设计

一、基本专业理论课程（A 类课程）大纲

1.“IP 通信”课程大纲

1）课程名称

课程名称：IP 通信

2）课程目标

通过本课程的学习各位同学首先可以全面了解 IP 网络结构、TCP/IP 协议原理、子网划分及网络设备（交换机、路由器）操作。还能够亲自体会到如何利用这些设备组建 IP 网络，让数据从这个网络传送到另外的网络，也能使学生为获取网络工程师认证或者将来从事通信行业或设备商工作打下良好的基础。

3）教学内容简介

随着综合业务的逐步发展，Internet 的应用已经非常广泛，从早期的远程登录和文件传输，到现在的电子邮件、Web 浏览等。IP 网络正在为各机构、部门和个人提供着方便快捷的通信服务。网络 IP 化是大势所趋，数据网络被摆在越来越重要的地位。作为通信专业的学生必须掌握数据通信基础理论。本课程从实际角度出发，系统地介绍了以下内容。

（1）IP 网络架构——OSI 网络模型介绍；

（2）IP 网络沟通的语言——TCP/IP 协议原理；

（3）IP 网络组成——常见网络设备及线缆介绍；

（4）IP 网络数据传递——路由原理。

4）课程规划

课程规划如表 3-38 所示。

表 3-38　内容规划列表（1）

知识单元	知识点	对应学时	
		授课	实习
(1) 通信技术基础	了解数据通信的发展历史 掌握数据通信的构成原理 掌握数据通信方式分类及特点	2	
(2) 网络基础	了解网络的定义及发展历史 掌握网络的分类及拓扑结构 了解相关的国际标准化组织 了解 OSI 参考模型及各层的功能	4	
(3) TCP/IP 原理与子网规划	了解 OSI 参考模型与 TCP/IP 参考模型对比 了解数据封装和解封装的过程 了解 TCP/IP 协议族相关协议 掌握子网规划与地址规划	4	
(4) 常见网络接口与线缆	了解局域网接口和线缆 了解广域网接口和线缆 掌握逻辑接口的概念和应用	2	
(5) 通信设备简介	了解常用数据通信产品的种类和作用 掌握中兴数据产品可以提供的功能	4	
(6) 以太网交换机原理	了解以太网发展历史及现状 了解以太网交换机原理 掌握中兴交换机数据配置	4	4
(7) STP 协议工作原理	了解 STP 协议的工作原理，作用 掌握 STP 协议中端口的各种状态 了解 STP 协议解决的问题 了解 STP 协议的类型	2	4
(8) 虚拟局域网 (VLAN)	了解 VLAN 的作用，特点 掌握 VLAN 的工作原理及划分方法 掌握 VLAN 端口（或链路）类型，TURNK 链路的封装协议 掌握中兴交换机 VLAN 的基本数据配置	4	6
(9) VLAN 技术应用	掌握链路聚合的原理和应用 掌握 QINQ 技术原理和应用	2	8

续表

知识单元	知识点	对应学时	
		授课	实习
(10) 路由基础	掌握路由器的定义、作用及工作原理 了解IP通信的路由过程 了解不同网段之间的通信过程 了解不同网段之间的通信过程	2	
(11) 路由器基本操作和配置	了解ZXR10 GAR2604路由器的系统管理方式 了解设备的文件系统 了解常用的设备维护操作	2	2
(12) 路由协议原理和配置	掌握路由及路由表的概念 了解路由优先级的作用及其应用 了解路由选择时的最长匹配原则 掌握静态路由、缺省路由的作用；动态路由的作用、特点、分类 了解距离矢量协议的工作特点、路由回路问题及其解决方式	4	4

5）考核方式

考核方式：采用理论、实训考核相结合的过程考核方式。

理论课考试采用笔试闭卷形式；

成绩组成：理论成绩占50%，实训成绩占50%。

6）计划学时

64学时（其中理论教学占36学时、实践操作占28学时）。

3.“电子电路基础与应用”课程大纲

1）课程名称

课程名称：电子电路基础与应用。

2）课程目标

本课程的教学目的是使学生掌握模拟电子电路及数字电子电路的基本工作原理、基本分析方法和基本应用技能，使学生能够对各种模拟集成电路、数字集成电路以及分立元件构成的基本单元电路进行分析和设计，并初步具备根据实际要求应用这些单元电路，构成简单电子系统的能力，为后续专业课程的学习奠定基础。

3）主要知识点和知识单元

包括模拟和数字电路两部分。模拟电子线路部分包括半导体和半导体器件，基本小信号放大器，低频功率放大器，负反馈放大器，集成电路及其应用，信号发生器，直流稳压电源，小信号调谐放大器，高频功率放大器，调幅、检波、混频电路，调角及其解调电路，电子电路的计算机辅助设计。数字电路部分包括数字逻辑基础，逻辑门与组合逻辑电路，触发器与时序逻辑电路，半导体存储器和可编程逻辑器件，脉冲信号的产生与整形，A/D 与 D/A 转换器，数字系统设计。

4）主要实践教学环节

通用电子仪器使用、单管放大电路的调试、电压比较器电路调试、负反馈电路性能、RC 正弦波振荡电路的调试、功率放大电路调试、宽带放大器调试、调幅电路调试、检波和混频电路调试、调频电路调试与解调、集成门电路工作特性、译码器结构及集成译码器应用、寄存器和计数器功能及集成计数器级联和应用、利用 555 定时器组成的单稳态电路和调试方法、利用 PLD 设计七段译码器电路。

5）教学内容简介

主要讲授各种常见低、高频单元电子线路的基本原理，基本分析方法和基本实验技能，通过学习本课程，学生应具备必要的工程估算能力，能看懂简单的电子线路原理图，增强动手能力，以提高分析、判断和解决问题的能力，并将所学知识运用到实践中去，通过有线收发系统、无线收发系统项目，教会学生如何根据性能指标设计系统并制作电路；在此基础上，学生学习基本的数字电路知识，包括基本逻辑门电路、组合逻辑电路、时序逻辑电路、触发器、脉冲波形的产生与变形，能够利用 EDA 工具进行仿真。

6）课程内容大纲

(1）半导体器件及基本应用电路：

① 理解 PN 结单向导电特性，掌握二极管、三极管、场效应管特性及参数。

② 掌握共射、共集放大电路分析和计算方法。

③ 了解多级放大电路分析和计算。

④ 了解场效应管放大电路。

⑤ 通用电子仪器使用。通过实验学会二、三极管测试方法，掌握二极管、三极管特性。

⑥ 单管放大电路的调试：

a．掌握三极管放大电路测试和静点调试。

b．掌握静态工作点对放大电路性能影响。

(2) 集成运算放大器电路基础及应用：

① 了解差分放大电路及恒流源工作原理；

② 掌握理想集成运算放大器特点；

③ 掌握基本运算电路；

④ 了解电压比较器；

⑤ 掌握集成运算放大器的信号运算电路，电压比较器电路调试；

⑥ 熟悉集成运放的特点；

⑦ 掌握集成运放的线性，非线性的应用电路。

(3) 负反馈放大电路：

① 理解负反馈基本概念及负反馈对放大电路性能的影响；

② 掌握四种类型负反馈放大电路识别及应用；

③ 掌握负反馈放大电路输入电阻、输出电阻、增益测试；

④ 通过实验验证负反馈对放大电路性能的影响。

(4) 信号发生电路：

① 理解电路产生振荡条件；

② 掌握 RC 振荡电路的组成、原理和分析方法；

③ 了解 LC 振荡电路、石英晶体振荡器电路；

④ 了解方波发生电路组成；

⑤ 了解集成函数发生器；

⑥ 掌握 RC 正弦波振荡电路的调试。

(5) 功率放大电路：

① 了解功率放大基本概念；

② 了解乙类、甲乙类功放电路分析和计算；

③ 了解集成功放电路应用；

④ 掌握功率放大电路调试。

(6) 直流稳压电源：
① 掌握半波整流、全波整流、滤波电路的分析和计算；
② 了解串联型稳压电路的组成、分析；
③ 掌握集成稳压器使用。
(7) 小信号谐振放大器：
① 掌握小信号谐振放大器的组成、特点、用途；
② 了解小信号谐振放大器的主要技术指标；
③ 掌握小信号谐振放大器主要技术指标的分析与计算；
④ 掌握小信号谐振放大器主要技术指标的测试。
(8) 高频功率放大器：
① 了解谐振功率放大器的组成特点、用途；
② 掌握谐振功率放大器的负载、放大、调制特性；
③ 了解谐振功率放大器的调试；
④ 调幅电路、检波电路、及混频电路调试。
(9) 调幅、检波、混频电路：
① 掌握调幅的基本概念及相关电路的分析；
② 掌握检波的概念及常见检波电路组成、分析；
③ 了解混频的基本概念及常见混频电路组成、分析。
(10) 调角及其解调电路：
① 调角的基本概念及相关电路；
② 调角的解调及其相关电路；
③ 角度调制及其解调电路的调试。
(11) 数字电路的基础知识：
① 掌握进位数之间的转换；
② 掌握逻辑函数表示方法及函数化简；
③ 熟悉二、三极管开关特性。
(12) 门电路：
① 了解 TTL 门、CMOS 门电路结构、参数；
② 掌握集成门电路的使用方法；
③ 学习集成逻辑门功能验证和参数测试；

④ 通过实验掌握集成门电路的工作特性。

(13) 组合逻辑电路：

① 掌握组合逻辑电路分析方法；

② 熟悉常用组合电路及 MSI 电路分析设计；

③ 通过实验熟悉译码器结构，集成译码器应用。掌握译码器功能和特性；

④ 利用 MSI 数据选择器、译码器设计电路，实现组合函数。

(14) 时序逻辑电路：

① 掌握 D、JK 触发器特点及应用；

② 熟悉时序逻辑电路特点、了解时序电路分析方法和设计方法；

③ 掌握常用的寄存器、计数器电路及 MSI 应用；

④ 由触发器构成的简单时序电路验证，掌握触发器的逻辑功能及正确使用；

⑤ 通过实验掌握寄存器、计数器功能和集成计数器级联和应用。

(15) 脉冲信号的产生与变换：

① 掌握用 555 定时器实现的单稳态电路；

② 掌握用 555 定时器实现的施密特触发器；

③ 掌握用 555 定时器实现的多谐振荡器；

④ 通过实验掌握利用 555 定时器组成的多谐振荡和调试方法；

⑤ 通过实验掌握利用 555 定时器组成的单稳态电路和调试方法。

(16) 半导体存储器和可编程逻辑器件：

① 了解 PROM、EPROM、EEPROM 应用和特点；

② 利用 EPROM 设计码制转换电路；

③ 利用 PLD 设计七段译码器电路；

④ 熟悉 EPROM 的结构和编程原理，掌握利用 PLD 的设计方法。

7) 考核方式

考核方式：采用理论、实训考核相结合的过程考核方式。理论课采用笔试闭卷形式；实验课成绩根据平时实验完成情况和实验报告评定，实验成绩为过程考核；平时成绩主要根据作业、出勤率和课堂回答问题及课堂讨论情况评定。

成绩组成：在总成绩中，理论成绩占 60%；实验成绩占 20%；平时成绩占 20%。课程总成绩为百分制，60 分以上（包括 60 分）算合格。

8）学时

总学时 128 学时，其中理论教学课时为 102 学时，实验学时为 26 学时。

9）对典型工作任务的支撑作用

电子电路基础与应用包含模拟电子电路和数字电子电路两个部分。通过该课程的学习，学生可以初步建立工程的概念，了解工程开发的过程，学会常用电子设备的使用，掌握电子信息产品的安装、调试与维修方法，为能够承担电子信息工程监督与指导、综合布线、电子信息化系统安装与调试、电子信息化系统运行与维护工作打下良好基础。

3.5 专业人才培养方案制定

“电子信息工程技术（下一代网络及信息技术应用）”专业教学基本要求

（一）专业名称

电子信息工程技术（下一代网络及信息技术应用）。

（二）专业代码

专业代码：590201。

（三）招生对象

招生对象：普通高中毕业生/“三校生”（职高、中专、技校毕业生）。

（四）学制与学历

学制与学历三年制，专科。

（五）就业面向

“电子信息工程技术(下一代网络及信息技术应用)”专业就业面向岗位如表 3-39 所示。

表 3-39 “电子信息工程技术(下一代网络及信息技术应用)”专业就业面向岗位

序号	职业领域	初始岗位	晋升岗位	预计平均升迁时间（年）
1	电子信息工程（主要）	线路测试工程师 电子设备调试工	系统调试工程师	2～3 年
		勘察工程师	系统规划与设计工程师 工程督导	

续表

序号	职业领域	初始岗位	晋升岗位	预计平均升迁时间（年）
2	电子信息系统维护（主要）	线路维护工程师 用户终端维修员 系统维护人员 设备维修人员 网络优化工程师	项目经理	3~4年
3	电子信息系统销售（次要）	销售员 电信业务营业员 售前工程师 售后工程师	业务经理	1~2年

（六）培养目标与规格

培养目标：

培养具有良好职业道德，熟悉下一代网络技术，与企业信息技术应用要求相适应，具有较强的网络、终端和系统的安装与调试、业务开通、维护及其相关领域从业的综合职业能力，能从事信息化网络或专用电子信息系统的规划、优化、维护、营销等工作的高素质技能型专门人才。

培养规格：

毕业生应具备的综合职业能力（职业核心能力）：

具有下一代网络系统的工程项目管理、预算、布线、检测和维护能力；

具有下一代网络平台调试、维护、优化能力；

具有信息系统运行、调试、业务开通的能力；

具有下一代网络及信息系统设备运行管理、维护的能力。

毕业生应达到的基本要求（基本素质、基本知识、基本能力、职业态度）：

1．基本素质

(1) 一定的英文读写能力；

(2) 自我管理、学习和总结能力；

(3) 熟练地运用电路基础、电子技术等与本专业相关的知识；

(4) 很好地进行团队合作及协调能力；

(5) 与他人沟通的能力；

(6) 身心健康。

2．基本知识

(1) 高等数学；

(2) 计算机硬件基本知识；
(3) 程序设计基础知识；
(4) 网络技术基本知识；
(5) 下一代网络的关键知识；
(6) 语音、数据、多媒体信息技术。

3. 基本能力

(1) 有计算机操作（Office 组件）基本能力；
(2) 具有下一代网络组建的能力；
(3) 具有信息系统业务开通的能力；
(4) 具有信息系统配置与应用基本能力；
(5) 具有信息系统运行维护基本能力；
(6) 具有网络、电子通信设备基本操作能力。

4. 职业态度

(1) 有正确的职业观念，热爱本职工作；
(2) 诚实守信，遵纪守法；
(3) 努力工作，尽职尽责；
(4) 发展自我，维护荣誉。

（七）职业证书

"电子信息工程技术(下一代网络及信息技术应用)"专业职业资格证书如表3-40所示。

表 3-40 "电子信息工程技术(下一代网络及信息技术应用)"专业职业资格证书

分类	证书名称	内涵要点	颁发证书单位
岗位职业证书	(1) 通信网络管理员（国家职业资格三级）	培训目标：从事通信网络管理、配置管理、性能管理、故障管理等工作的人员 技能要求：能够从事网络设计、平台搭建、业务开通调试、网络维护等岗位工作 鉴定方式：分为理论知识考试和技能操作考核。理论知识考试采用闭卷笔试或机试（计算机软件考试）方式，技能操作考核根据实际需要，采取现场实际操作、笔试、口试相结合的方式。理论知识考试和技能操作考核均实行百分制，成绩皆达到60分者为合格。技师和高级技师还须进行综合评审	工业和信息化部

续表

分类	证书名称	内　涵　要　点	颁发证书单位
岗位职业证书	(2) 电信机务员（国家职业资格三级）	培训目标：从事短波通信、微波通信、卫星通信、光通信、数据通信、移动通信、无线通信、长途电话交换、数据交换、分组交换、无线接入、集群通信等设备的维护、值机、调测、检修、障碍处理以及工程施工的人员 技能要求：能够从事下一代接入网络设计、平台搭建、业务开通调试、网络维护等岗位工作 鉴定方式：分为理论知识考试和技能操作考核。理论知识考试采用闭卷笔试或机试（计算机软件考试）方式，技能操作考核根据实际需要，采取现场实际操作、笔试、口试相结合的方式。理论知识考试和技能操作考核均实行百分制，成绩皆达到60分者为合格。技师和高级技师还须进行综合评审	工业和信息化部
	(3) 线务员（国家职业资格三级）	培训目标：从事通信线路维护和工程施工的人员 技能要求：能够从事传输线路维护等岗位工作 鉴定方式：分为理论知识考试和技能操作考核。理论知识考试采用闭卷笔试或机试（计算机软件考试）方式，技能操作考核根据实际需要，采取现场实际操作、笔试、口试相结合的方式。理论知识考试和技能操作考核均实行百分制，成绩皆达到60分者为合格。技师和高级技师还须进行综合评审	工业和信息化部
	(4) 用户通讯终端维修员（国家职业资格三级）	培训目标：对用户通信终端设备进行客户受理、障碍测量和维修工作的人员 技能要求：用户通信终端设备维护管理等岗位工作 鉴定方式：分为理论知识考试和技能操作考核。理论知识考试采取闭卷笔试方式，技能考核根据实际需要，采取操作、笔试等方式。理论知识考试和技能操作考核均采取百分制，皆达60分者为合格。技师还须通过综合评审	工业和信息化部

续表

分类	证书名称	内涵要点	颁发证书单位
企业相关证书	（5）网络工程师 ZCNE	培训目标：从事电子信息系统或者网络管理、配置管理、性能管理、故障管理等工作的人员 技能要求：能够从事网络设计、平台搭建、业务开通调试、网络维护等岗位工作 考试说明：通过规范的考试以及标准的认证，可获得企业颁发的职业技能证书	中兴通讯公司
	（6）综合接入技术工程师、电信机务员（国家职业资格三级）	培训目标：从事接入网设备的维护、值机、调测、检修、障碍处理以及工程施工的人员 技能要求：能够从事下一代接入网络设计、平台搭建、业务开通调试、网络维护等岗位工作 考试说明：通过规范的考试以及标准的认证，可获得企业颁发的职业技能证书	中兴通讯公司
	（7）光传输技术工程师、电信机务员（国家职业资格三级）	培训目标：从事传输网设备的维护、值机、调测、检修、障碍处理以及工程施工的人员 技能要求：能够从事传输网络设计、平台搭建、业务开通调试、网络维护等岗位工作 考试说明：通过规范的考试以及标准的认证，可获得企业颁发的职业技能证书	中兴通讯公司
	（8）信息安全工程师	培训目标：从事信息安全系统管理人员 技能要求：能够从事信息系统安全管理等岗位工作 考试说明：通过规范的考试以及标准的认证，可获得企业颁发的职业技能证书	中兴通讯公司
	（9）信息系统运营工程师	培训目标：从事信息系统运营维护、管理人员 技能要求：能够从事语音、数据、多媒体系统业务运营、管理、维护等岗位工作 考试说明：通过规范的考试以及标准的认证，可获得企业颁发的职业技能证书	中兴通讯公司
	（10）通信施工工程师	培训目标：从事电子信息系统的布线、测试、设备安装、工程施工的人员。 技能要求：能够从事电子信息设备系统布线、测试、设备安装、工程施工等岗位工作 考试说明：通过规范的考试以及标准的认证，可获得企业颁发的职业技能证书	中兴通讯公司

证书选择建议： 学生获取证书可以选择工业和信息化部颁发的相关职业资格证书，也可以根据学校的硬件设备情况选择相关的厂商资格证书。除此之外，在开设专业核心课程如：下一代接入网技术、光传输技术、企业信息化应用等课程的时候，可以结合实训室情况选择相关的专项认证，作为职业资格证书的补充。

（八）课程体系与核心课程

电子信息工程技术（下一代网络及信息技术应用）专业课程体系的开发紧密结合下一代网络技术、信息技术产业的发展和人才需求，按照电子信息教指委在《专业规范（Ⅰ）》中提出的“职业竞争力导向的工作过程–支撑平台系统化课程”模式及开发方法进行开发。该方法以培养学生职业竞争力（以基本素质、基本知识、基本能力和职业态度支持的综合职业能力即职业核心能力而构成）为导向，设计符合学生职业成长规律的课程体系。其开发工作流程如图 3–16 所示。

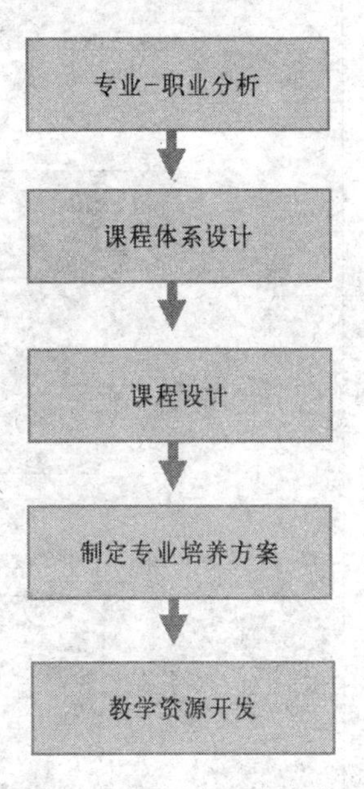

图 3–16　开发工作流程

该课程模式和开发方法提出了“ABC 三类课程”的概念。其中，A 类课程是相对系统的专业知识性课程。B 类课程为基本技术技能的训练性实践课程。C 类课程是以培养学生解决工作中问题的综合职业能力（职业核心能力）为目标的实践–理论一体化的学习领域课程。本课程体系主要由 ABC 三类课程构成，以培养学生综合职业能力（职业核心能力）为主，注重基础知识学习和基本技术技能的训练，同时把基本素质和态度的培养贯穿始终，以保证学生职业竞争力的培养和学生职业生涯的长期发展。在教学过程中，推进教学改革，积极采用先进的教学方法，并注重全面的产学合作。

电子信息工程技术（下一代网络及信息技术应用）专业课程体系图如 3–17 所示。

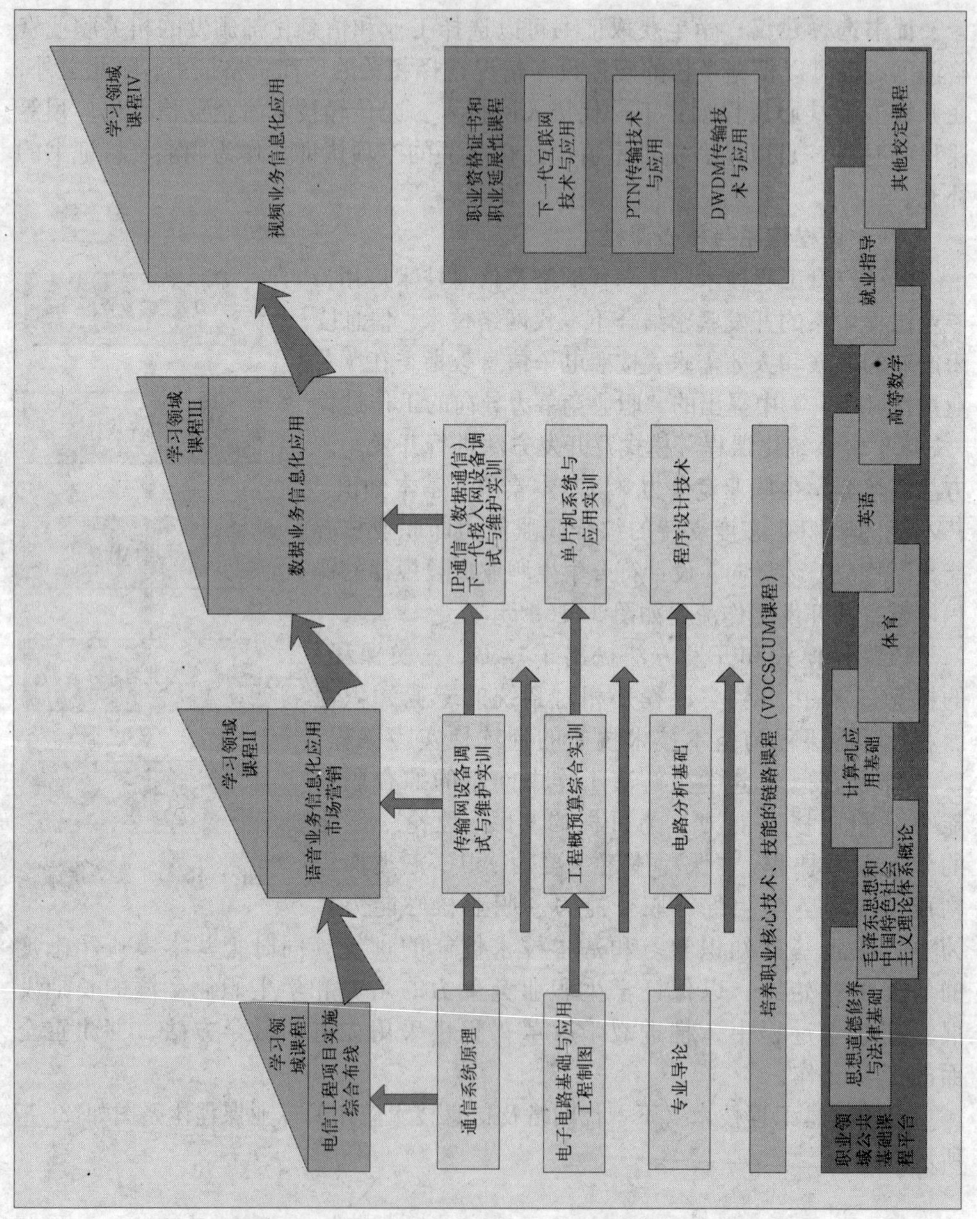

图 3-17　电子信息工程技术（下一代网络及信息技术应用）专业课程体系

教学进程安排表如表 3-41 所示。

表 3-41　“电子信息工程技术（下一代网络及信息技术应用）”专业教学计划表

课程类型	序号	课程名称	学分	学时	学时分配		学年学期分配						备注
							第1学年		第2学年		第3学年		
					理论	实践	一	二	三	四	五	六	
公共基础平台课程	1	思想道德修养与法律基础	3				√						
	2	毛泽东思想和中国特色社会主义理论体系概论	4					√					
	3	英语	10～16				√	√	√				
	4	高等数学	5～10				√	√					
	5	体育	6				√	√	√				
	6	计算机应用基础	4～6				√						
	7	就业指导	2						√				
	8	其他校定课程	4～6				√	√					
	小计		38～53										
专业基础理论知识平台课程	1	电子信息工程技术（下一代网络及信息技术应用）专业导论	2				√						
	2	电路分析基础	4				√						
	3	程序设计技术（C语言）	6				√						
	4	电子电路基础与应用*	8					√					
	5	工程制图（AutoCAD）	3					√					
	6	通信系统原理	3						√				
	7	IP 通信（数据通信）*	4						√				
	小计		30										

续表

课程类型	序号	课程名称	学分	学时	学时分配		学年学期分配						备注
							第1学年		第2学年		第3学年		
					理论	实践	一	二	三	四	五	六	
专业基本技术—技能平台课程	1	工程概预算综合实训	2					√					
	2	单片机系统与应用实训	4					√					
	3	光传输系统组建与维护实训*	4						√				
	4	下一代接入网系统组建与维护实训*	4							√			
	小计		14										
学习领域课程	1	综合布线	2						√				
	2	电信工程项目实施	3							√			
	3	数据业务信息化应用*	6							√			
	4	语音业务信息化应用*	6							√			
	5	多媒体业务信息化应用*	6								√		
	6	市场营销	2						√				
	小计		25										
拓展课程	1	下一代互联网技术与应用	2							√			
	2	PTN 传输技术与应用	2								√		
	3	DWDM 传输技术与应用	2								√		

续表

课程类型	序号	课程名称	学分	学时	学时分配		学年学期分配						备注
					理论	实践	第1学年		第2学年		第3学年		
							一	二	三	四	五	六	
	4	其他学校规定拓展课程	2～4							✓	✓		
	小计		8～10										
		毕业实践	18									✓	
合计			130～150				9	9	8	6	4	1	

说明：
(1) 专业核心课程后以“*”标记，为必须开设课程；
(2) 建议第五学期至少安排12周课；
(3) 选修课为公共选修课和专业选修课，预留10～20学分，未在专业教学计划表中列出；
(4) 学时根据各学校的学分学时比自行折算。

专业核心课程介绍：

1. 语音业务信息化应用

本课程是电子信息工程技术（下一代网络及信息技术应用）专业的核心课程之一（属C类课程）。本课程主要讲授企业语音业务信息化应用平台网络构架、平台搭建、设备安装调试、语音业务核心技术基本理论知识及语音业务信息化实际应用。该课程以IP技术为核心，将语音业务与企业实际应用融为一体，整合全套的语音业务丰富的增值应用，为企业提供企业所需的各种信息化应用。

2. 数据业务信息化应用

本课程是电子信息工程技术（下一代网络及信息技术应用）专业的核心课程之一（属C类课程）。本课程主要讲授企业数据业务信息化应用平台网络构架、平台搭建、设备安装调试、数据业务核心技术原理及数据业务信息化实际应用。该课程以IP技术为核心，将数据业务与企业实际应用融为一体，整合全套的数据业务丰富的增值应用，为企业提供企业所需的各种信息化应用。

3. 多媒体业务信息化应用

本课程是电子信息工程技术（下一代网络及信息技术应用）专业的核心课程

之一（属 C 类课程）。主要讲授企业多媒体业务信息化应用平台网络构架、平台搭建、设备安装调试、多媒体业务核心技术原理及多媒体业务信息化实际应用。该课程以 IP 技术为核心，将多媒体业务与企业实际应用融为一体，整合全套的多媒体业务丰富的增值应用，为企业提供企业所需的各种信息化应用。

4. 光传输系统组建与维护实训

本课程是“电子信息工程技术（下一代网络及信息技术应用）”专业的核心课程之一（属 B 类课程）。本课程以 IP 技术为基础，提供包括语音、数据、多媒体等多种业务的数据传输，课程主要讲授同步光网络搭建、业务配置、网络维护及实际应用实训。

5. 下一代接入网系统组建与维护实训

本课程是“电子信息工程技术（下一代网络及信息技术应用）”专业的核心课程之一（属 B 类课程）。本该课程以 IP 技术为基础、基于开放的网络架构，提供包括语音、数据、多媒体等多种业务的光纤接入。课程主要讲授下一代接入网发展与应用；了解下一代接入网组网方式；掌握下一代接入网实际应用，其中包括学习企业、家庭、小区的宽带业务、语音业务、组播业务（视频会议、IPTV、视频点播等业务）开通、网络的日常维护、管理及故障处理实训等。

6. IP 通信

本课程是“电子信息工程技术（下一代网络及信息技术应用）”专业的核心课程之一(属 A 类课程)。主要讲授 IP 通信、IP 网络组成、IP 网络技术(LAN、MAN、WAN)等基本理论知识及应用，该课程以 IP 技术为核心，培养学生以提供企业用户 WLAN、LAN 网络建设、数据配置、网络维护等能力。

7. 电子电路基础与应用

本课程是“电子信息工程技术（下一代网络及信息技术应用）”专业的核心课程之一（属 A 类课程）。主要讲授各种常见低、高频单元电子线路的基本原理，基本分析方法和基本实验技能，通过学习本课程，学生应具备必要的工程估算能力，能看懂简单的电子线路原理图，增强动手能力，以提高分析、判断和解决问题的能力，并将所学知识运用到实践中去，通过有线收发系统、无线收发系统项目，教会学生如何根据性能指标设计系统并制作电路；在此基础上，学生学习基本的数字电路知识，包括基本逻辑门电路、组合逻辑电路、时序逻辑电路、触发器、脉冲波形的产生与变形，能够利用 EDA 工具进行仿真、采用 VHDL 代码对电路进行描述和设计。通过电子线路相关知识的学习，开拓他们的创新能力，为学习专业课打下良好的基础。

（九）专业办学条件和教学建议

1. 专业教学团队

“电子信息工程技术（下一代网络及信息技术应用）”专业最低生师比建议为1∶16。电子信息工程技术（下一代网络及信息技术应用）专业的专任教师应具备电子信息工程技术专业的教师任职资格，包括具备相关专业本科以上学历，教师资格证书，网络工程师（二级），或综合接入技术工程师（二级），或光传输技术工程师（二级），或信息系统运营工程师（二级），或通信施工工程师（二级）及同等级别的职业资格证书以及相关企业工作经历等，具有相当的课程开发能力与教学能力，较强的实训项目指导能力，热爱职业教育，工作态度认真负责，具备严谨、科学的工作作风等。在工程实践、工程管理类课程上建议聘请企业兼职教师，企业兼职教师除了具有3年以上相关工作经验外，更要求具有较强的执教能力。在专业核心课中专职和兼职教师的比例建议为1∶1。

各类师资的要求：

1）专业核心课教师要求：

（1）学历：硕士研究生或以上。

（2）专业：电子信息工程类相关专业。

（3）技术职称：副高级或以上。

（4）实践能力：具有电子信息行业企业一年以上实践经历，或有电子信息类职业技能资格证书、或工程师职称。

（5）工作态度：认真严谨、职业道德良好。

2）非专业限选课教师要求：

（1）学历：本科或以上。

（2）专业：电子信息工程类相关专业。

（3）技术职称：中级或以上。

（4）实践能力：具有电子信息工程类行业企业半年以上实践经历，或有网络工程师、综合接入技术工程师、光传输技术工程师、信息系统运营工程师、通信施工工程师等职业技能资格证书，或具有工程师职称。

（5）工作态度：认真严谨、职业道德良好。

3）企业兼职教师要求

（1）学历：本科或以上。

（2）专业：电子信息工程类相关专业。

(3) 技术职称：中级或以上。

(4) 实践能力：具有所任课程相关的电子信息工程类行业企业工作经历3年以上，工程师技术职称。

(5) 工作态度：认真严谨、职业道德良好。

(6) 授课能力：有良好的表达能力，普通话标准，有授课技巧，并且热爱教育工作，最好有客户培训经验。

2. 教学设施

要开设“电子信息工程技术（下一代网络及信息技术应用）”专业，必要的校内基础课教学实验室和专业教学实训室如表3-42所示，其中，带*号的实训室是该专业开设时必须设置的实训室。对于专业核心实训室可以结合本校情况，开设相关厂商的职业资格取证实训。

表3-42 《电子信息工程技术（下一代网络及信息技术应用)》专业校内实训室

实训室分类	实训室名称	实训项目名称	主要设备要求
电子信息工程技术实训室	数据通信实训室*	数据网组建、数据传输、网络安全等实训	二层交换机、三层交换机、路由器及相关应用软件、PC
		网络工程师	
	电信工程实训室*	电信工程勘测、辅助设计、施工、优化调测、运行、综合布线等实训	走线架、实习机架、天线、电信工程常用测试仪器、工具、操作台
		通信施工工程师	
	工程制图与概预算综合实训室*	电信工程制图及该与预算实训	AutoCAD 软件、概预算软件、PC
	视频会议实验室*	多媒体系统业务运营、管理、维护等实训。	多媒体终端、摄像机、音响设备及相关软件、PC
	融合通信实验室*	电话、传真、呼叫中心、调度指挥（专业系统）、即时通信等实训	综合业务交换设备、接入设备、可视电话、网管软件、PC
	无源光网络实训室	下一代接入网络平台搭建、业务开通调试、网络维护等实训	无源光接入网局端设备、无源光接入网终端设备、光分配设备、专用电源系统及相关软件、PC
		综合接入技术工程师	

续表

实训室分类	实训室名称	实训项目名称	主要设备要求
	光传输实验训室	光传输网络平台搭建、业务开通调试、网络维护等实训	光传输实训平台、交换机及相关软件、PC
		光传输技术工程师	
基础课程实训室	计算机应用实训室	Office 应用软件	PC、Office组件
	电路实验室	电路基础实训	电路实验台、示波器、万用表
	电子线路实验室	模拟电路实训 数字电路实训	电子线路实验箱（台）、示波器、信号源、稳压电源、万用表
	单片机实训室	单片机实训	单片机开发平台、示波器、稳压电源、万用表、PC及相关软件
	通信实训室	模拟、数字通信系统搭建、调测实训	通信原理实验箱、示波器、电源、信号源、频率计、频谱分析仪

校外实训基地的基本要求：

学校要积极探索实践“订单培养、工学交替、顶岗实习”的产学研结合模式和运行机制，不断拓展校外实训基地，规范产学关系，形成良性互动合作机制，实现互利双赢，以培养综合职业能力为目标，在真实的职场环境中使学生得到有效的训练。为确保各专业实训基地的规范性，对校外实训基地必须具备的条件制定出基本要求：

(1) 企业应是正式的法人单位，组织机构健全，领导和工作（或技术）人员素质高，管理规范，发展前景好。

(2) 所经营的业务和承担的职能与相应专业对口，并且在本地区的本行业中有一定的知名度，社会形象好。

(3) 能够为学生提供专业实习实训条件和相应的业务指导，并且满足学生顶岗实训半年以上的企业。

(4) 与学校积极合作，利用自身的行业优势为专业提供发展动力，主动配合学校完成课程体系的设置和专业课程的开发与改革。

信息网络教学条件：

有条件的学校为学生提供网络远程学习条件和资源。

3．教材及图书、数字化（网络）资料等学习资源

由于电子信息技术发展十分迅速，教材选用近三年出版的教材，图书馆资料也应该及时更新。对于网络资源，有条件的学校，如国家示范校，应按照国家资源库标准提供丰富的网络学习资料：具体包括课程PPT，课程实验指导，课程项目指导，课程电子教材，课程重点、难点动画，课程习题，网络在线练习，课程在线考试、课程论坛等网络资源，使学生随时随地都能学习。

4．教学方法、手段与教学组织形式建议

对于基本理论课，建议采用启发式授课方法，以讲授为主，并配合简单实验。针对高职学生多采用案例法、推理法等，深入浅出地讲解理论知识，可制作图表或动画，易于学生理解；对于基本技能课程，采用训练考核的教学方法。在讲清原理和方法的基础上，以实践技能培养为目标，保证训练强度达到训练标准，实践能力达到技术标准。可采用演示、分组辅导，需要提供较为详尽的训练指导、动画视频等演示资料；对于理论-实践一体化课程（如学习领域课程），可采用项目教学法：按照项目实施流程展开教学，让学生间接学习工程项目经验。项目教学法尽量配合小组教学法，可将学生分组教学，并在分组中分担不同的职能，培养学生的团队合作能力。

5．教学评价、考核建议

针对不同的课程可采用不同的考核方法：对基本理论知识性程课，建议采取理论考核的方法；对于基本技能的课程，采用实操考核的方法，根据学校情况结合行业标准进行考核，也可以将职业资格证书考试纳入课程体系范围；对于理论-实践一体化课程，采用过程评价与结果考核相结合的考核方式，如项目考核的方法，针对不同的项目分别考核，同时注重过程考核和小组答辩的考核，锻炼学生的基本素质、职业态度和综合工作能力。

6．教学管理

高职生源可分为两类：高中毕业生和三校生。两类学生有不同的学习基础和学习特点，建议尽量分班教学。如果不能做到，在教学管理中应该考虑各自特点，设计分层的教学目标。对高中毕业生，理论学习的能力比较强，在课程设置上可以在理论课程提高难度。但他们的实践经验比较少，应该在操作技能的课程上增加课时量。三校生在操作技能和先修课程上已经有3年的经验，因此在操作技能类的课程上应该提高难度，在初级或入门的内容减少课时，提高任务的复杂度，训练他们解决问题的能力，提高他们的学习兴趣。尽管他们的

理论基础较为薄弱，但也应采取切实有效措施，使他们在理论知识方面达到专业培养要求。

无论是高中毕业生还是三校生，也无论是理论课程还是实践课程，调动学生学习积极性是当前高职教学管理的关键，也是提高教学质量的关键，各校应将其作为教学管理的主要目标之一，根据本校学生实际情况，努力进行教学管理改革实践探索。

（十）继续专业学习深造建议

本专业毕业的学生可以通过专升本的考试进入本科的电子信息工程技术专业、通信技术或网络工程专业进行深造；也可以通过企业在岗培训获取更高级别的职业资格证书。

第4章 “电子信息工程技术”专业教学基本要求

（一）专业名称

专业名称：电子信息工程技术。

（二）专业代码：

专业代码：590201。

（三）招生对象

招生对象：普通高中毕业生/“三校生”（职高、中专、技校毕业生）。

（四）学制与学历

三年制，专科。

（五）就业面向岗位

“电子信息工程技术”专业就业面向岗位如表4-1所示。

表4-1 “电子信息工程技术”专业就业面向岗位

序号	职业领域	初始岗位	发展岗位	预计平均升迁时间（年）
1	电子信息工程系统集成	系统集成（服务）工程师 系统集成工程师 系统集成设计助理工程师 系统集成销售专员	系统集成高级工程师 系统集成项目经理 系统集成项目现场督导	4~5年
2	电子信息工程项目实施	弱电施工管理工程师 设备及安装工程师 现场应用工程师 施工预算工程师 工程督导	工程项目经理 技术支持高级工程师 工程项目经理 弱电施工项目经理	4~5年
3	电子信息工程系统运行维护	系统设备（维护/调试）工程师 技术支持工程师 系统管理员/网络管理员	工程项目经理 技术支持高级工程师	4~5年

（六）培养目标与规格

培养目标：

培养拥护党的基本路线，具有良好职业道德，适应社会主义现代化建设事业需要的人才，使其掌握较强的工程项目设计架构及规划实施方案，掌握设备的选型，编制方案标书及招投标文件，能够实施工程的综合布线、设备安装，具有系统调试等技能，可进行电子工程项目的运行维护、管理监控、优化及故障排除；具有射频识别、DSP、传感器、无线传输等物联网技术应用能力，能够胜任电子工程实施、技术应用、系统集成、系统维护与管理及电子信息产品生产制造的工作。面向电子工程建设、服务和管理一线的系统集成（服务）工程师、智能电子施工管理工程师、弱电工程师、设备（维护/调试）工程师、技术支持工程师等工作。

培养规格：

毕业生应具备的综合职业能力（职业核心能力）：

(1) 电子信息工程系统集成设计能力；

(2) 电子信息工程系统施工和运行维护能力。

毕业生应达到的基本要求（基本素质、基本知识、基本能力、职业态度：

1．基本素质

(1) 具备创新能力；

(2) 具备自我学习和总结能力；

(3) 具有工程技术文档编写的能力；

(4) 具备团队合作及协调能力；

(5) 能与人沟通的能力；

(6) 吃苦耐劳。

2．基本知识

(1) 电子技术基本知识；

(2) 技术文件、工程文件、工程概算编写等知识；

(3) 常用电子仪器、仪表的使用、测量方法；

(4) 设备选型基本知识；

(5) 数据库基本知识；

(6) 传感器、RFID 基本知识；

(7) 综合布线基本知识；

(8) 通信工程、计算机网络工程、弱电工程等工程实施规范与标准；

(9) 系统工程运行维护知识。

3. 基本能力

(1) 具有编写方案标书及相关投标文件的能力；

(2) 具有工程制图与识图的能力；

(3) 具有系统集成产品设备选型与配置的基本能力；

(4) 具有系统集成测试方案设计能力；

(5) 具有实施弱电工程、通信工程、网络工程的综合布线能力；

(6) 具有系统集成产品调试能力；

(7) 具有系统集成工程检测能力；

(8) 具有系统运行与维护的基本能力；

(9) 具备收集故障信息，能够掌握故障处理流程，对一般故障进行处理的能力；

(10) 具有优化系统的能力。

4. 职业态度

(1) 遵守国家法律法规和有关规章制度；

(2) 爱岗敬业，钻研业务；

(3) 以诚相待，恪守信用；

(4) 爱护仪器、仪表与工具设备，安全文明生产。

（七）职业证书（见表4-2）

表4-2 “电子信息工程技术”专业职业资格证书

分类	证书名称	内涵要点	颁发证书单位
岗位职业证书	(1)《无线电调试工》国家职业资格证书（中级）	培训目标：使用测试仪器调试无线通信、传输设备，广播视听设备和电子仪器、仪表的人员 技术要求：能够看懂较复杂产品的技术文件，较复杂产品的整机调试和复杂产品的部分调试及故障排除，能正确使用仪器、仪表，能正确维护仪器、仪表 考试内容：有关基础知识，脉冲数字电路知识，无线电技术基础，电工（无线电）测量基本原理，较复杂产品的工作原理，较复杂产品的技术要求、调试方法及常见故障排除	国家劳动和社会保障部
	(2)《网络设备调试员》国家职业资格证书（中级）	培训目标：使用专用仪器、工具等调试设备，对计算机通信网络设备和有线广播电视网络设备进行安装、调试的人员 技术要求：能对计算机网络设备、有线广播电视网络设备等进行安装与调试，能进行检验、维护、保养 考试内容：计算机网络硬件安装、软件安装、调试、质量评价、报验单填写、仪器/仪表/工具维护，有线广播电视网络设备安装、调试、质量评价、报验单填写、仪器/仪表/工具维护	国家劳动和社会保障部

续表

分类	证书名称	内　涵　要　点	颁发证书单位
	(3)《通信设备检验员》国家职业资格证书（高级）	培训目标：对有线、无线、数字等通信设备进行检验的人员 技术要求：能根据检验项目正确检验光传输、无线通信设备、多媒体设备、微波通信系统、卫星通信系统、无线接入设备、数字程控交换系统、路由交换设备、ATM 交换机、IP 电话设备、数据复用设备、媒体网关设备、软交换设备，测试仪表能操作，电信设备电磁兼容性能检测，能对测试结果进行误差分析，能编写检验报告 考试内容：制订检验计划，开通被检验设备，检验设备，记录原始数据，结果输出，编写检验报告。	国家劳动和社会保障部
	(4)《通信网络管理员》国家职业资格证书（高级）	培训目标：从事通信网网络管理、配置管理、性能管理、故障管理等工作的人员 技术要求：能够处理一般异常问题，能够熟练使用网管系统进行数据查询和统计，能够掌握一般分析方法，对网络运行性能进行简单分析，能够使用网管系统对性能数据进行采集、处理，并形成数据库，能够使用网管系统对告警进行监视，收集故障信息， 能够掌握故障处理流程，对一般故障进行处理，能够使用网管系统对报警信息进行统计分析，并制定分析报告，能够准确查找，判断和排除故障，能够使用常用通信仪器、仪表对设备进行测试，能够具体实施调度方案 考试内容：通信网络性能监视，数据处理，性能分析，质量评估，通信网络故障监视，数据处理，故障处理，通信网络配置，资源调度，通信网络安全监视，安全审计，网管系统管理，应用管理	国家劳动和社会保障部

证书选择建议：

学生获取证书可以选择国家劳动和社会保障部颁发的职业资格证书，可以根据自身学习情况和就业需求选择两三门课的证书。

（八）课程体系与专业核心课程（教学内容）

电子信息工程技术专业课程体系的开发紧密结合电子信息产业的发展和人才需求，按照电子信息教指委在《专业规范(Ⅰ)》中提出的“职业竞争力导向的工作过程-支撑平台系统化课程”模式及开发方法进行开发。该方法以培养学生职业竞争力（以基本素质、基本知识、基本能力和职业态度支持的综合职业能力

即职业核心能力而构成）为导向，设计符合学生职业成长规律的课程体系。其开发工作流程如图 4-1 所示

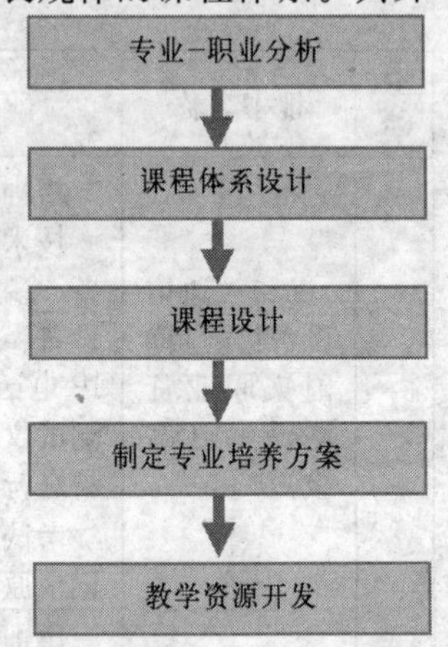

图 4-1　开发工作流程

该课程模式和开发方法提出了“ABC 三类课程”的概念。其中，A 类课程是相对系统的专业知识性课程。B 类课程为基本技术技能的训练性实践课程。C 类课程是以培养学生解决工作中问题的综合职业能力（职业核心能力）为目标的实践-理论一体化的学习领域课程。本课程体系主要由 ABC 三类课程构成，以培养学生综合职业能力（职业核心能力）为主，注重基础知识学习和基本技术技能的训练，同时把基本素质和态度的培养贯穿始终，以保证学生职业竞争力的培养和学生职业生涯的长期发展。在教学过程中，推进教学改革，积极采用先进的教学方法，并注重全面的产学合作。

“电子信息工程技术”专业课程体系如图 4-2 所示。

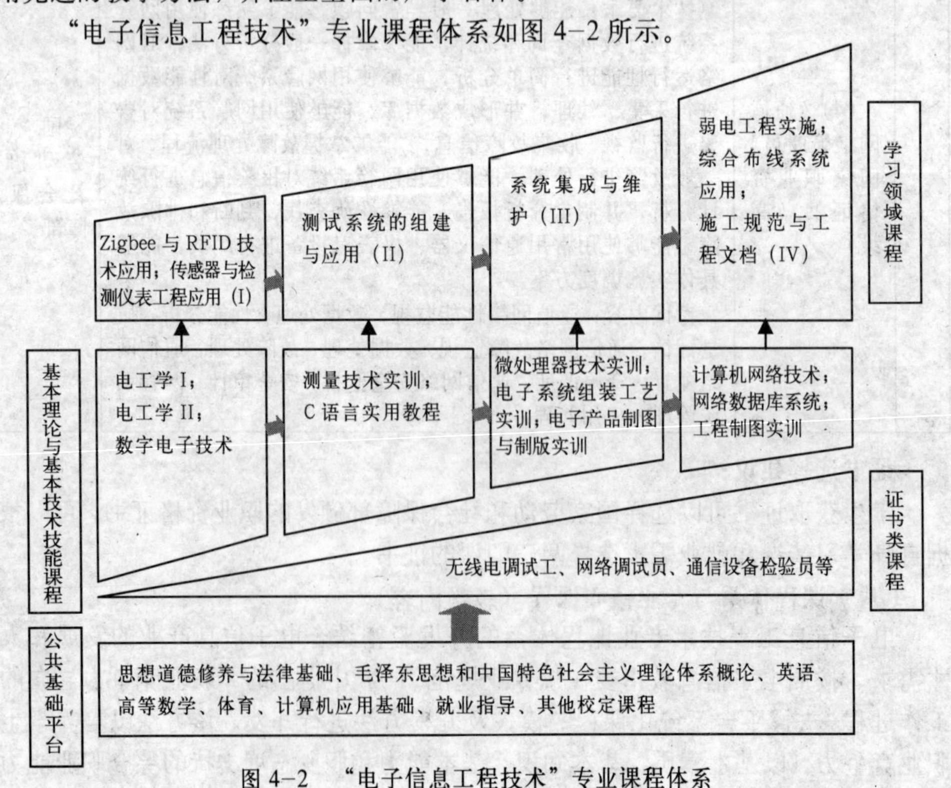

图 4-2　“电子信息工程技术”专业课程体系

教学进程安排表如 4-3 所示。

表 4-3 “电子信息工程技术”专业教学计划表

课程类型	序号	课程名称	学分	学时	学时分配		学年学期分配						备注
					理论	实践	第1学年		第2学年		第3学年		
							一	二	三	四	五	六	
公共基础平台课程	1	思想道德修养与法律基础	3				✓	✓					
	2	毛泽东思想和中国特色社会主义理论体系概论	4						✓	✓			
	3	英语	10～16				✓	✓	✓	✓			
	4	高等数学	5～10				✓	✓					
	5	体育	6				✓	✓					
	6	计算机应用基础	4～6				✓						
	7	就业指导	2						✓				
	8	其他校定课程	4～6				✓	✓					
	小计		35～43										
专业基础理论知识平台课程	1	电子信息工程技术专业概论	2				✓						
	2	电工学I*	5				✓						
	3	电工学II*	5					✓					
	4	数字电子技术	5					✓					
	5	C 语言实用教程*	3					✓					
	6	网络数据库系统*	5							✓			
	7	计算机网络技术	5						✓				
	小计		30										

续表

课程类型	序号	课程名称	学分	学时	学时分配		学年学期分配						备注
					理论	实践	第1学年		第2学年		第3学年		
							一	二	三	四	五	六	
专业基本技术–技能平台课程	1	电子产品制图与制版实训	3					√					
	2	工程制图实训*	4						√				
	3	电子系统组装工艺实训	4						√				
	4	微处理器技术实训*	4						√				
	5	测量技术实训*	4						√				
	小计		19										
学习领域课程	1	综合布线系统应用*	3							√			
	2	传感器与检测仪表工程应用*	4							√			
	3	Zigbee 与 RFID 技术应用	5							√			
	4	施工规范与工程文档	3							√			
	5	测试系统的组建与应用	5								√		
	6	系统集成与维护*	5								√		
	7	弱电工程实施*	6								√		
	小计		31										
拓展课程	1	电子信息工程新技术介绍	2								√		
	2	电子信息工程相关技术拓展	2							√			

续表

课程类型	序号	课程名称	学分	学时	学时分配		学年学期分配						备注
					理论	实践	第1学年		第2学年		第3学年		
							一	二	三	四	五	六	
拓展课程	3	其他学校规定拓展课程	2～4							√	√		
	小计		6～8										
		毕业实践	18									√	
合计			134～157				8	9	8	9	5	1	

说明：
(1) 专业核心课程后以“*”标记，为必须开设的课程
(2) 建议第五学期至少安排 12 周课
(3) 选修课为公共选修课和专业选修课，预留 10～20 学分，未在专业教学计划表中列出
(4) 学时根据各学校的学分学时比自行折算

专业核心课程介绍：

1．系统集成与维护

本课程是电子信息工程专业的核心课程之一（属 C 类课程），目的是培养学生电子信息工程系统集成与维护能力。通过本课程的学习，学生能掌握一般系统集成项目的设计、规划及实施方案；熟悉项目管理和执行方法；掌握弱电智能化、网络、安防监控等工程的系统集成设计；熟悉典型监控系统的组织布局及工作原理；了解系统集成工作流程的主要工作内容，掌握设备选型的方法；熟悉典型监控设备的性能指标和技术参数；熟悉软件开发流程，了解软件开发管理工具；熟悉各种路由器、交换机、防火墙、VPN、服务器、监控、通信设施等硬件设备安装、配置、调试与维护。

2．弱电工程实施

本课程是电子信息工程技术专业的专业核心课程之一（属 C 类课程）。课程主要培养学生掌握弱电工程、通信工程、计算机网络工程的基本知识，掌握弱电工程、通信工程、计算机网络工程施工的行业规范与标准，熟悉工程施工的基本流程，具备弱电工程、通信工程、计算机网络工程施工初步设计能力，掌握防雷接地施工技术。

3．微处理器技术实训

本课程是电子信息工程技术专业的核心课程之一（属 B 类课程），通过介绍 MCS-51 单片机的基本工作原理，并通过实训项目的训练，达到掌握微处理器的

I/O 接口应用、键盘输入、LED 数码管显示、定时器、中断系统、串行口通信等常见技术的目的，为今后以微处理器为核心控制系统进行设计奠定基础。

4. 测量技术实训

本课程是电子信息工程技术专业的核心课程之一（属 B 类课程），主要培养学生环境检测传感器的选用、工程设计与施工；安防检测传感器的选用、工程设计与施工；流量、电量检测仪表的选用、工程设计与施工。

5. 电工学

本课程是电子信息工程技术专业的核心课程之一（属 A 类课程），主要学习电子技术的基本理论知识，为今后电子信息工程技术的专业课打下理论基础；主要介绍电路的基本定律与分析、正弦交流电路的基本概念与分析、三相电路的分析、动态电路的分析、互感电路的分析、三相异步电动机的工作原理与基本控制分析、半导体二极管及应用、半导体三极管及应用、常见实用单元电路分析、多级放大电路分析、放大电路中的反馈分析、信号产生与变换电路分析、直流稳压电源电路分析等。

6. 网络数据库系统

本课程是电子信息工程技术专业的核心课程之一（属 A 类课程），主要讲授网络数据库系统的基本理论知识。通过学习，学生将对网络数据库有全面的了解，通过学习，学生可以掌握 SQL Server 数据库的安装与配置、SQL Server 实用工具、SQL Server 数据库的创建和管理、视图的创建、存储过程和触发器、SQL Server 安全管理、数据库备份和恢复管理、SQL Server 的事务和锁等。

（九）专业办学基本条件和教学建议

1. 专业教学团队

电子信息工程技术专业最低生师比建议为 1:16。电子信息工程技术专业的专职教师应具备电子信息工程技术专业的教师任职资格，本科以上学历，热爱教育事业，工作作风严谨，认真负责，持有国家或者行业的职业资格证书，或者具有相关企业工作经历等，具备课程开发能力，能指导项目实训等。在工程项目实践类课程上建议聘请行业企业技术类人员作为兼职教师，企业兼职教师应具有两年以上相关工程类工作经验。在专业核心课中专职和兼职教师的比例建议为 1:1。

各类师资的要求：

1）专业核心课教师要求

（1）学历：硕士研究生或以上。

（2）专业：电子信息工程类相关专业。

（3）技术职称：副高级或以上。

(4) 实践能力：具有电子信息工程类行业企业两年以上实践经历，或有电子信息工程类职业技能资格证书，或具有工程师职称。

(5) 工作态度：认真严谨、职业道德良好。

2) 非专业限选课教师要求

(1) 学历：本科或以上。

(2) 专业：电子信息工程类相关专业。

(3) 技术职称：中级或以上。

(4) 实践能力：具有电子信息工程类行业企业半年以上实践经历，或有电子设计工程师、弱电施工类职业技能资格证书，或具有工程师职称。

(5) 工作态度：认真严谨、职业道德良好。

3) 企业兼职教师要求

(1) 学历：本科或以上。

(2) 专业：电子信息工程类相关专业。

(3) 技术职称：中级或以上。

(4) 实践能力：具有所任课程相关的电子信息工程类行业企业工作经历两年以上。技术职称为工程师。

(5) 工作态度：认真严谨、职业道德良好。

(6) 授课能力：表达能力良好，普通话标准，有授课技巧，并且热爱教育工作，最好有实际工程类技术培训经验。

2. 教学设施

“电子信息工程技术”专业，需要有必要的校内基础教学实训室和专项技能实训室，根据各学院场地和设施的不同，可以自行选择设备，以满足教学要求为原则。专业教学实训室如表 4-4 所示，其中，带*号的实训室是该专业开设时必须设置的实训室。对于专业核心实训室可以结合本校情况，适当地选择设置实训室。

表 4-4　“电子信息工程技术”专业校内实训室

实训室分类	实训室名称	实训项目名称	主要设备要求
电子信息工程技术实训室	综合布线实训室	综合布线工程综合实训单元 综合布线基本技能训练单元 综合布线展示单元	单元模拟建筑墙体 跳线测试仪 IDC 端接实训仪 故障模拟箱 产品实物展示柜和样品箱

续表

实训室分类	实训室名称	实训项目名称	主要设备要求
电子信息工程技术实训室	传感器实训室*	环境检测网络工程现场安装、调试实训 安防检测网络工程现场安装、调试实训 流量远程检测工程现场安装、调试实训 电量检测工程现场安装、调试实训	环境检测网络工程实训设施 安防检测网络工程实训设施箱 流量远程检测工程实训设施 电量检测工程实训设施
	系统集成实训室*	典型监控系统集成实训 通信系统集成实训 计算机网络系统集成实训	典型监控系统设备 通信交换机 网络设备
	Zigbee与RFID技术实训室*	ZigBee技术智能家居系统、无线数据透明传输系统、工业无线传感网络系统、无线定位系统等实训 RFID在智能交通中、在物流管理、工厂装配流水线、商品防伪等方面的应用实训	ZigBee开发套件包括：传感器板（数量可根据用户需要进行配置），JN5121模块，板载温湿度传感器，和PC采取RS232连接，JN5121的I/O扩展端口 RFID卡片（ID、IC、电子标签等）和读/写设备组成
	网络工程实训室	模拟小型SOHO办公网络、网吧网络、中小型企业网络、大中型园区网、行业纵向网、各类政府部门的一、二、三级网络以及大型连锁企业的网络环境实训	控制管理器 拓扑连接器 多业务路由器 双协议栈多层交换机 安全攻防平台 无线控制器
基础课程实训室	计算机应用实训室	Office 应用软件	PC、Office组件
	计算机组装维修实训室	计算机组装与维修实训	组装PC、防静电设备、计算机组装工具包
	数据库应用技术实训室	数据库管理实训 数据库程序开发实训	PC、SQL Server等数据库软件
	电子技术实训室*	电子元器件识别与测试 电子电路实验方法 数据处理与误差分析 电子电路设计与仿真 电子电路的安装与调试	模拟电子技术实验箱 数字电子技术实验箱 示波器 稳压电源

校外实训基地的基本要求：

学校要积极探索实践“订单培养、工学交替、顶岗实习”的产学研结合模式和运行机制，拓展紧密性的厂中校等校外实训基地，形成长期的互动合作机制，以培养综合职业能力为目标，在真实环境中使学生得到有效的训练，实现校企双方互利双赢。为确保各专业实训基地的规范性，对校外实训基地必须具备的条件制定出基本要求。

（1）企业应是正式的法人单位，组织机构健全，领导和工作（或技术）人员素质高，管理规范，发展前景好。

（2）所经营的业务和承担的职能与相应专业对口，并且在本地区的本行业中有一定的知名度，社会形象好。

（3）能够为学生提供专业实习实训条件，并且满足学生顶岗实训半年以上的企业。

（4）有相应的技术人员担任实训指导教师。

（5）有与学校合作的积极性。

3．教材及图书、数字化（网络）资料等学习资源

充分利用网络上的数字化学习资源，提供学生查阅资料的方法，有效地利用学生的自主学习时间，尽量多布置一些课外的数字化学习任务，教材选用三年之内出版的高职教材，图书馆资料也应该及时更新。充分利用国家示范院校提供的网络资源，以及国家精品课程资源等。已经建设完成的国家资源库，可以包括以下方面的内容：课程 PPT、课程实验指导、课程项目指导、课程电子教材、课程重点、难点动画、课程习题、网络在线练习、课程在线考试、课程论坛等网络资源，使学生随时随地能自主学习。

4．教学方法、手段与教学组织形式建议

按照课程内容编写课程总体实施设计方案，再按照课程进度与课时安排，编写单元教学活动设计。完成单元的教学目标分析、重点和难点分析及应策方法。在教学过程中按照告知、引入、操练、深化、归纳总结及训练巩固的教学步骤实施课程内容。在操练中按照知识点和技能点由简到难并逐步综合的过程使得学生掌握项目实施的初步基本能力，在深化中运用基本能力，形成项目的各功能子模块，最终综合成项目实施工程。在课外结合拓展项目的对应模块进行课外训练。

对于理论课，建议采用启发授课方式，以讲授为主，并配合简单实验。针对高职学生多采用案例法、推理法、演示法等，深入浅出地讲解理论知识，可制作图表或动画，易于学生理解；对于实训课程，应加强对学生实际职业能力的培养，强化实训项目教学，注重以项目实训方式来诱发学生兴趣，应以学生为本，注重“教、学、做”一体。通过选用合适的实训项目，学生在教师指导下，进行真实项目的实际操作，让学生在实训中增强专业和职业意识，掌握本课程的职业能力。可将学生分组教学，并在分组中分担不同的职能，培养学生的团队合作能力。

5. 教学评价、考核建议

针对不同的课程可采用不同的考核方法：对基本理论知识性课程，建议采取理论考核的方法；对于操作性的实训课程，尽量采用实操考核的方法，过程考核的方法。课程最好采用形成性评价与总结性评价、职业素养评价相结合。根据学校情况结合行业标准进行考核，也可以将职业资格证书考试纳入课程体系范围；在项目考核过程中，要注重团队协作考核和小组汇报的考核，锻炼学生的合作意识，沟通能力。

6. 教学管理

根据高职生源可分为两类：高中毕业生和三校生。高中毕业生，理论基础扎实一些，自我学习的能力比较强，可以在课程设置上从理论课程方面加深难度。但考虑到他们缺少实践经验，因此在实训方面应预以加强，适当增加课时量。三校生在操作技能和先修课程上已经有部分经验，特别在操作技能方面，因此可以适当减少操作技能类的课程课时，或者在难度上应有所提高，在综合项目训练方面适当增强，发挥专业技能特长，训练自我解决问题的能力。由于理论基础较为薄弱，适当降低难度，使他们在理论知识方面达到基本的专业培养要求。在教学设计方面要重点分析一下学生情况。

（十）继续专业学习、深造的建议

本专业毕业的学生可以通过专升本的考试进入本科的电子信息工程技术专业或应用电子技术专业、计算机网络技术专业进行深造；也可以根据个人的学习情况深入学习。

第5章 “应用电子技术”专业教学基本要求

（一）专业名称

专业名称：应用电子技术。

（二）专业代码

专业代码：590202。

（三）招生对象

招生对象：普通高中毕业生/“三校生”（职高、中专、技校毕业生）。

（四）学制与学历

学生与学历：三年制，专科。

（五）就业面向岗位

引用电子技术专业就业面向岗位如表5-1所示。

表5-1 “应用电子技术”专业就业面向岗位

职业领域	适应高职高专毕业生的职业岗位
电子产品生产制造	生产管理、生产设备维护与使用、工艺管理、元件测试、电子产品维修、生产制造与设计、产品质量检验
电子产品研发	产品开发调试检测、研发技术支持、电路辅助设计
电子产品营销	电子产品市场支持、产品营销、电子产品工程调试与维护、市场调研

（六）培养目标与规格

培养目标：

坚持知识、能力、素质协调发展和综合提高的原则，培养具备扎实的科学文化基础知识，具备良好的职业素质、团队精神和创新意识，掌握电子仪器测量技术、电子电路设计技术、单片机应用技术、可编程逻辑控制器应用技术，具有电子产品生产过程管理、质量检测及设备维护能力的高端技能型专门人才，使其可胜任电子生产企业中电子产品设计、生产、维修、工艺管理、售后技术服务等岗位要求。

培养规格：

(1) 思想品德素质、心理身体素质、职业道德素质、创业素质。

(2) 科学文化基础知识。掌握自然和社会科学的基础知识；掌握一门外语，具有一定的阅读和听、说、写能力；掌握计算机文化基础知识。

(3) 读图、绘图基本能力。掌握计算机制图和辅助设计的基本知识和技能，熟悉相关国际标准或行业标准。

(4) 电子电路设计能力。掌握模拟与数字电子技术、EDA 技术、电子产品生产工艺与管理等基本知识和技能，具备一定的电子电路设计、分析和调试能力。

(5) 电子检测与控制技术应用能力。掌握自动检测与转换技术、可编程控制器技术等基本知识与原理，能按照要求进行有关应用系统的编程、操作和调试。

(6) 单片机系统设计调试综合应用能力。熟悉大规模集成电路等基础知识和原理，掌握一般小型智能电子产品的设计和调试。

(七) 职业证书

助理电子设计工程师、电子设备装接工、无线电装调工等。

(八) 课程体系与核心课程（教学内容）

1. 构建课程体系的架构与说明

应用电子技术专业课程体系的开发紧密结合电子信息产业的发展和人才需求，按照电子信息教指委在《专业规范（Ⅰ）》中提出的“职业竞争力导向的工作过程–支撑平台系统化课程”模式及开发方法进行开发。该方法以培养学生职业竞争力（以基本素质、基本知识、基本能力和职业态度支持的综合职业能力，即职业核心能力构成）为导向，设计符合学生职业成长规律的课程体系。其开发工作流程如图 5–1 所示。

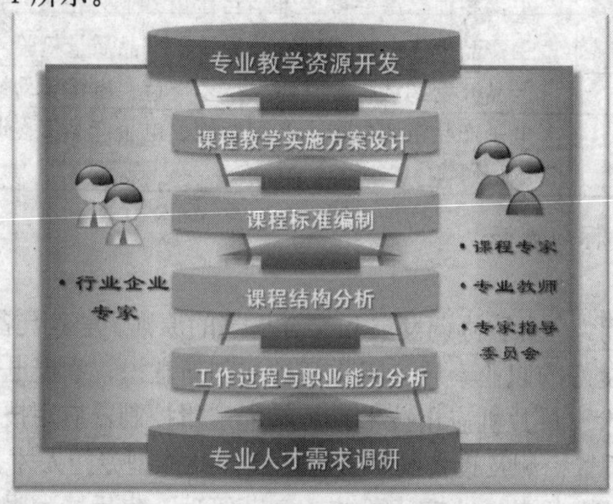

图 5–1 专业课程体系构建开发流程图

专业课程体系从中国的国情出发，以基于工作过程的学习领域课程开发为主导，按照开发规范进行设计，以典型工作任务分析为基础，根据工作任务过程的完整性、难易程度、相关性，按照 4 个逐步提高的学习难度，明确每一门学习领域课程在课程体系中的地位，在考虑了相对系统的理论知识和熟练的单项技术技能支撑的前提下，得出应用电子技术专业典型课程体系结构。应用电子技术专业课程体系基本结构如图 5-2 所示。

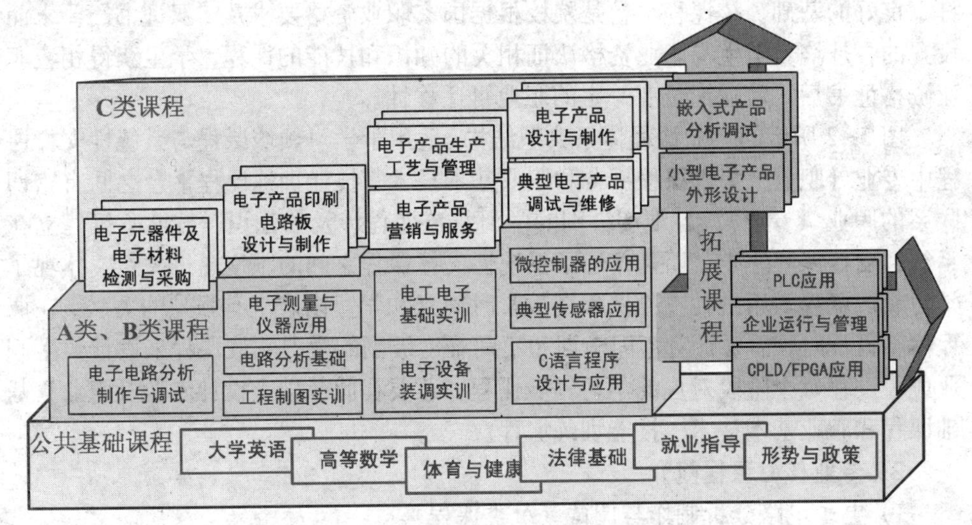

图 5-2　专业课程体系基本结构图

本课程体系结构中支撑学习领域课程的系统性课程除了职业领域公共课程平台外，还有职业资格能力训练和职业能力拓展课程平台、专业（职业）基础课程平台和职业基本技术、技能训练课程平台综合而成的基础平台，从而形成在现实条件下可实施的教学方案和计划。

为达到高端技能型专门人才德智体全面素质培养的规格要求，实现学生的可持续发展，专业课程体系中的职业领域公共基础课程平台是必不可少的。该平台具体包括思想政治课程、军事理论、艺术欣赏、大学英语、高等数学、体育与健康、计算机文化基础、形势与政策、大学生职业发展与就业指导等课程。通过对这些课程的建设与实施，使学生的基本职业素养和人文素质得到潜移默化的提升，为专业学习领域课程的学习起到支撑的作用。

专业（职业）基础课程平台涵盖了从事某一职业而必须学习的专业基础理论、基本知识的课程，基本技术实训课和基本技能实习等课程，主要是使学生在接触专业核心课程之前，相对系统地掌握所涉及的专业知识和基本技能，为后期的专业核心课程学习打下坚实的职业理论与实践基础。各门专业支撑课程在教学时间以及教学内容的设置上，要充分考虑课程之间的关联性，还要考虑课程的难易程度及其与专业支撑课程的强烈关联性，同时还要考虑自身具有的难度递进关系。

职业资格能力训练和职业拓展课程平台主要为了适应经济、社会和学生发展的需求，一方面实现劳动力供需双方的匹配，另一方面能为学生的职业生涯发展打下良好的基础。该课程平台是院校根据国家职业资格要求及“双证书”要求而设置的，是培养学生与职业资格认证相关的知识和技能的课程，学生获得相应职业资格证书后，就业岗位有一定的职业可迁移性。

图 5–2 所示的专业课程体系典型结构，适用于学习领域课程与系统性支撑课程中专业（职业）基础课程平台和职业基本技术、技能训练课程平台之间有密切联系的职业（专业）。各难度级别的学习领域课程涉及的知识、技能不仅建立在系统性支撑课程之上，而且体现了系统性支撑课程之间的难度递进关系，体现了学习领域课程与系统性支撑课程在教学时间点和学科内容上有强烈的关联。在课程体系设计时，需要针对不同学期和不同难度级别的学习领域课程来设计学生职业成长过程每个阶段对应的学习领域课程，还要在此基础上设计专业（职业）基础课程和职业基本技术、技能训练课程。

2. 专业核心课程简介

1）电子电路分析制作与调试（A 类课程）

课程目标：通过课程的学习，培养学生的电子电路分析、设计、制作和调试的能力，使学生掌握电子电路的工作原理，学会电子电路的分析方法、设计方法、制作方法和调试方法。

内容简介与要求：从应用电子电路分析入手，涵盖了数字电子技术和模拟电子技术的基本内容。包括半导体二极管及其应用、三极管及放大电路应用、功率放大器、电路负反馈和集成电路应用、光电器件及其应用、晶闸管及其应用、直流稳压电源、正弦波振荡器、逻辑代数及基本逻辑门电路、组合逻辑电路、触发器和时序逻辑电路、脉冲信号的产生与转换、数/模和模/数转换等内容。要求学生掌握常用电子器件的使用方法，理解典型模拟电路和数字电路的特性，了解电子电路的分析方法、设计过程，掌握电子电路设计、制作、调试环节的基本技能，掌握设计说明书编写、产品设计方案展示等方面的知识和技能，为学生培养电子产品的调试与维修的技能打下基础。

2）电子测量与仪器应用（A 类课程）

课程目标： 通过学习，使学生掌握有关电子测量的基本知识，具备正确选择测量方案和使用电子测量仪器的能力，同时也为后续有关课程学习和进行相关测量打下基础。

内容简介与要求： 使学生了解常用电子测量仪器的用途、性能及主要技术指标，理解常用电子测量仪器的组成和工作原理，理解现代智能仪器的基本工作原理；会对测量结果进行简单的数据处理；能阅读电子测量仪器说明书；能根据被测对象正确地选择仪器；熟练掌握常用电子测量仪器的操作技能，能正确使用仪器完成基本测量任务；能对电子测量仪器进行维护。

3）微控制器的应用（A 类课程）

课程目标： 通过课程的学习，让学生掌握以单片机为代表的微控制器的芯片选择、硬件系统构建及软件应用程序编制与调试的相关知识与技能，学生能够熟悉单片机所涵盖的电子产品开发的流程，学会分析智能电子产品的方法、手段。掌握各种电子辅助软件的使用，并能熟练利用电子电路设计和分析辅助软件对产品进行分析和简单设计。

内容简介与要求： 课程学习内容包括单片机基本工作原理、内部组成、芯片选择及硬件系统构建，单片机汇编指令系统，要求学生能编制简单的应用程序，能较熟练地使用开发仿真工具进行应用程序调试，能利用单片机相关知识设计并调试简单的智能电子产品中的功能模块。

4）课程名称：电子产品印制电路板设计与制作（C 类课程）

课程目标： 使学生了解电子产品印制电路板的基本知识和基本的电路分析方法，掌握电子产品印制电路板设计方法、PROTEL DXP、电子产品印制电路板制作工艺相关知识，熟练掌握制作电子产品印制电路板的操作，精通技术文档的编写，熟练使用 Protel DXP、数据文字排版、原理图和印制电路板图的输出、电子产品印制电路板制作设备等工具。

内容简介与要求： 以真实的单片机学习仪为载体，通过详细的元器件和印制电路板图片，真实而系统地介绍单面插针印制电路板、双面插针印制电路板、双面及多层贴片印制电路板的设计，同时介绍热转印法、雕刻法及小型工业法等印制电路板制作方法。通过具体的电子产品印制电路板制作过程同，使学生能够制定电子产品印制电路板制作工艺流程，在具体的实施过程中能够按照电子产品印制电路板制作工艺标准进行操作，并且会按要求编写技术文档。重点是掌握电子产品印制电路板设计技术与制作工艺方法和提高相关知识的综合应用能力。

5）电子产品生产工艺与管理（C类课程）

课程目标： 通过课程，使学生获得从事电子产品工艺工作和电子产品质量管理工作所必备的基本理论、基本操作技能和基本调试技能。

内容简介与要求： 课程内容由浅入深、由简单到复杂、由局部电路到整机电路不断提升。包括简单的手工焊接工艺以及浸焊工艺、波峰焊工艺、回流焊接工艺；生产方式有单一独立方式与流水生产方式、一体化高精度设备。载体从简单电路板、小型THT技术电子产品、中型SMT技术电子产品到实际的大型电子产品。通过教学，学生可根据实际要求，编写实际电子产品安装工艺文件，按照工艺文件制订生产计划，按照生产计划进行物料准备，按照工艺文件进行实际电子产品安装，组装成产品，并利用仪器、仪表进行实际电子产品的功能检测，并将实际电子产品进行存储。

6）智能电子产品设计与制作（C类课程）

课程目标： 通过本课程的学习，使学生能分析电子产品的功能与技术指标，能根据任务的要求进行方案设计，能熟练使用Keil、Proteus等软件平台及相应的开发工具进行软硬件设计，能按劳动保护与环境保护的要求进行硬件电路设计与安装调试，对产品进行参数、技术指标的测试，具有较强的团队协作精神、语言表达能力以及责任心等。

内容简介与要求： 要求学生掌握单片机人机接口设计、模/数转换接口设计、数据通信接口设计及直流电机调速控制接口设计的基础知识，能自主完成相关案例的学习，并以小组分工学习的方式完成4个综合实训项目的训练，培养学生初步具备电子产品设计的能力。具体内容包括人机接口系统设计、信号采集系统设计、数据通信系统设计、电机控制系统设计。

3．教学进程安排及说明

在设计专业人才培养计划时，打破传统的两节课连排的排课方式，创新地提出“D&W”的排课方式，即学习领域课程以天（D）为单位，每周一次，进行小学习情境学习，而到大学习情境时，又经周（W）方式进行。这样既可以保障项目实施的完整性，又可以保障实训室按天给不同班级轮流使用，从而解决了班级多与教学资源少的矛盾，使得课程体系都顺利实施。“应用电子技术”专业教学计划表如表5-2所示。

表 5-2　“应用电子技术”专业教学计划表

类型	序号	课程名称	学分	总学时	评价		按学年及学期分配周学时、教学周（W）、教学天（D）							
					百分制	五级制	第1学年		暑假一	第2学年		暑假二	第3学年	
							一	二		三	四		五	六
							10	16		13	0		8	0
公共基础平台课程	1	思想道德修养与法律基础	2	30		1	3×10W							
	2	毛泽东思想和中国特色社会主义理论体系概论	3	40		2		4×10W						
	3	大学英语	7	100	1～3		4×10W	4×10W		2×10W				
	4	高等数学	5	80	1～2		4×10W	4×10W						
	5	体育与健康	2	80		1～4	2×10W	2×10W		2×10W	2×10W			
	6	形势与政策	1*	90*			1*	1*		1*	1*		1*	1*
	7	大学生职业发展与就业指导	2*	38*			1*	1*		1*	1*		1*	
	8	艺术欣赏	2*	28*			1*	1*						
	9	军事理论	2*	36*				2*						
	10	计算机文化基础	4	64		1	4							
	小计		23	394	2门	4门	17	14		4	0		0	0
专业基础理论知识平台课程	1	电路分析基础	4	60	1		6							
	2	电子电路分析制作与调试*	12	204	1～2		2d×10W	1d×16W+2W						
	3	C 语言程序设计与应用	4	64		2		4						

续表

类型	序号	课程名称	学分	总学时	评价		按学年及学期分配周学时、教学周（W）、教学天（D）							
					百分制	五级制	第1学年		暑假一	第2学年		暑假二	第3学年	
							一	二		三	四		五	六
							10	16		13	0		8	0
专业基础理论知识平台课程	4	电子测量与仪器应用*	3	39	3					3				
	5	典型传感器应用	4	52	3					4				
	6	微控制器的应用*	8	124	3					2d×8W +2W				
	小　　计		35	543	5门	1门	14	8		15	0		0	0
专业基本技术技能平台课程	1	电工电子基础实训	1	30		1	1W							
	2	工程制图实训	3	90		1	3W							
	3	电子设备装调实训	3	90		4					3W			
	小　　计		7	210	0门	3门	0	0		0	0		0	0
学习领域课程	1	电子元器件及电子材料检测与采购	3	48	2			3						
	2	电子产品印制电路板设计与制作*	7	100	3					2d × 5W +2W				
	3	电子产品生产工艺与管理*	4	60		4					2W			
	4	智能电子产品设计与制作*	8	120	4						1W+ 1W+ 2W			

续表

类型	序号	课程名称	学分	总学时	评价		按学年及学期分配周学时、教学周(W)、教学天(D)							
					百分制	五级制	第1学年		暑假一	第2学年		暑假二	第3学年	
							一	二		三	四		五	六
							10	16		13	0		8	0
学习领域课程	5	典型电子产品调试与维修	3	48		5							6	
	6	电子产品营销与服务	2	32		5							4	
	小计		27	408	3门	3门	0	3		0	0		10	0
拓展课程	1	CPLD/FPGA应用	6	95		3				5×13W+1W				
	2	PLC应用	2	60		3					2W			
	3	嵌入式产品分析调试	2	60		5							2W	
	4	企业运行与管理	2	32		5							4	
	5	小型电子产品外形设计	2	32		5							4	
	小计		14	279	0门	5门	0	0		5	0		8	0
综合课程	1	企业体验实习	2	60					2W					
	2	专业顶岗实习	8	240		4					8W	6W		
	3	毕业综合实践1	8	240		5							8W	
	4	就业顶岗实习(毕业综合实践2)	17	510		6								17W
	小计		33	990	0门	3门	0	0		0	0		0	0

续表

类型	序号	课程名称	学分	总学时	评价		按学年及学期分配周学时、教学周（W）、教学天（D）							
					百分制	五级制	第1学年		暑假一	第2学年		暑假二	第3学年	
							一	二		三	四		五	六
							10	16		13	0		8	0
其它	军训		0				3W							
	机动		0				1W							2W
	考试		0				1W	1W		1W			1W	
学期总周数							19	19		19	19		19	19
合计			139	2824	10门	9门	31	25		24	0		18	0

说明：

(1) 打“*”的课程为专业核心课程；

(2) 第四学期的“体育与健康”穿插在实训周中进行；

(3) 计算机文化基础需补足64课时；

(4)“d”表示为半天（4节课）连续进行；

(5)“电子产品印制电路板设计与制作”是接在“微控制器的应用”后开课的，周课时不重复计算

（九）专业办学基本条件和教学建议

1. 专业教学团队

专业教学团队可由专业带头人、骨干教师、兼职教师共同组成。

专业带头人在应用电子技术专业领域内应有一定的知名度，具有较强的新技术、新工艺、新材料、新设备、新标准等专业能力，并能组织协调其他专业教师吸收、消化和推广专业课程建设，主持完成并负责实施专业人才培养方案，负责协调各课程间衔接和课程建设。骨干教师具有双师素质，宽视野，新理念，有较强实践动手能力和技术研发能力。兼职教师由既有一定理论水平又有丰富实践经验的工程技术人员或项目经理担任。

本专业课程分为6种类型：公共基础平台课程、专业基础理论知识平台课程、专业基本技术技能平台课程、学习领域课程、拓展课程、综合课程。其中，拓展课程又分为横向拓展课程与纵向拓展课程。在不同类型的课程中，专职、兼职教师共同完成教学任务。

1）公共基础平台课程、专业基础理论知识平台课程、专业基本技术技能平台课程的实施

主要由校内专任教师承担，其中强调动手能力、技能训练的专业基本技术技

能平台课程由专职教师与企业兼职教师共同承担。如："电子设备装调实训"、"工程制图实训"。

2）学习领域课程的实施

采用理论实践一体化教学，由专任教师与企业兼职教师共同承担，明确规定了课程教学中专任教师与兼职教师的配置与要求，在教学安排中规定此类课程的实践指导必须有兼职教师参加。

3）拓展课程的实施

不论横向拓展课程还是纵向拓展课程，都由专任教师与企业兼职教师共同承担，并且发挥各自的优势。如"企业运行管理"可请企业的综合办公室与质量管理部的管理人员来承担，而"嵌入式产品分析调试"则请企业技术开发部的工程师来承担。

4）综合课程的实施

专业顶岗实习由系部组织以整班或整专业集中实习。学校明确规定教学指导由企业现场兼职教师担任，学校专任教师只参与学生的日常管理与答疑，并将其职责分别写入与合作单位签订的顶岗实习协议以及顶岗实习专业教师管理办法。

就业顶岗实习的教学指导主要由企业导师承担，学校专职教师只作为联络员，了解学生顶岗实习的情况，由企业导师评定学生实习成绩，并开具工作经历证明。

毕业综合实践 1（毕业设计）从课题征集到毕业设计指导老师的聘请，都面向社会（行业、企业），明确规定课题应尽可能与社会、生产、科研等实际问题相结合。教学大纲中还规定，每个教研室必须充分发挥兼职教师的作用，必须有来自企业的现场课题（不少于课题总数的 30%），从制度上保证兼职教师参与毕业设计的指导工作。教学大纲中还规定，在毕业设计答辩时，每一个毕业设计答辩组，必须至少保证有 2 名来自企业的兼职教师。

2．教学设施

为保障人才培养方案的顺利运行，按照"校企共建、资源共享"原则，以"生产车间"、"培训、实训一体化车间"等多种形式，配备多个集教学、培训、生产、技术服务于一体的共享型生产性校内实训基地，并以"真设备、真项目、真要求"的真实性集成，营造与生产工作现场相一致的职业教育环境，使校内实训基地成为学生职业技能和职业素质的训练中心，实现与企业生产现场无缝对接。

根据各省市区域经济特点，依托行业协会和"校友会"的资源优势，建立一定数量的紧密型合作企业，完善管理运行机制，提高其运行效率，实现学生实训、顶岗实习、毕业设计、就业及校企合作开发科研项目、企业员工技术培训、教师下厂锻炼等功能。同时，发展大量可接收学生顶岗实习的合作企业，供学生全面开展顶岗实习，确保每个学生有8个月以上的顶岗实习时间。

3．教材及图书、数字化（网络）资料等学习资源

教材形式可多样，如讲义、活页、任务书、PPT、相应的辅助文档以及企业工厂的观摩教学、现场演示教学等。讲义一般支持工作过程中所需知识和技能的描述，出现问题的解决措施等；活页通常用于某个专题讨论；任务书一般用于中后期项目的使用；PPT、辅助文档一般用于知识介绍、技术支持等；企业工厂的观摩教学、现场演示教学比较直观，在前期主要用于整个流程的认识，中后期对细节部分加以深化，有助于学生感性和理性的认识等。教材文字表述应简明扼要，内容展现应图文并茂、突出重点，重在提高学生学习的主动性和积极性。教材应突出实用性，前瞻性，良好的扩展性，充分关注行业最新动态，紧跟行业前沿技术，与业界前沿紧密沟通交流，将相应课程相关的发展趋势和新知识、新技术、新工艺及时纳入其中，做到年年更新，月月跟进。

积极利用电子书籍、电子期刊、数字图书馆、各大网站等网络资源，使教学内容从单一化向多元化转变，使学生知识和能力的拓展成为可能。

搭建产学合作平台，充分利用本行业的企业资源，满足学生参观、实训和毕业实习的需要，并在合作中关注学生职业能力的发展和教学内容的调整。

与企业技术人员、专家共同开发教材和实验实训指导书，使教学内容更好地与实践结合以满足未来实际工作需要。

4．教学方法、手段与教学组织形式建议

学习领域课程在教学上应采用教、学、练一体化模式，通过教师对案例的分析和讲解，对任务的分解和提示，由学生通过对任务的实施掌握课程所要求的职业能力，逐步使学生在案例分析或任务实施活动中了解工作过程。

教学方法应注重培养学生的学习能力、知识拓展能力、社会适应能力等；在培养学生独立分析问题、解决问题、总结问题能力的同时，教师应鼓励学生发掘、发现问题；在团队中引导学生与人沟通、交流和相互协作的能力同时，应提倡坚持个体的合理主见，激发其创新的勇气和意识。

在教学过程中，教师应充分使用任务教学法、讲授法、案例教学法、引导文法等多种教学方法，积极参与到学生的工作过程当中去，以了解并及时解决最新的问题。

5. 教学评价、考核建议

专业基础理论知识平台课程和专业基本技术技能平台课程的教学评价与考核可按常规方式进行。

学习领域课程评价按任务进行，采取中间过程和最终结果评价相结合的方式，重视对中间过程的评价；同时也应重视对实践操作能力的检验，以及对工作态度、团队协作及沟通能力的检验。

评价的方式可以采取同学监督评价与教师评价相结合的方式。以团队方式完成工作过程时，对队员的评价由队长负责，对团队总的评价由教师负责，两者结合形成队员的评价结果。

6. 教学管理

高职生源可分为两类：高中毕业生和三校生。两类学生有不同的学习基础和学习特点，建议尽量分班教学。三校生在教学设计时，要注意与中专课程的衔接，避免重复，以提高学生的学习兴趣和教学质量。在操作技能类的课程上应该提高难度，提高任务的复杂度，训练他们解决问题的能力。对高中毕业的学生，文化基础知识相对较扎实，在课程设置上可以在理论课程提高难度。但他们的实践经验比较少，应该注意培养学生独立、规范的操作技能与创新意识。

（十）继续专业学习、深造的建议

本专业毕业生继续学习主要有两种途径：一是参加专升本，二是参加自学考试。其专业面向有：电气工程及其自动化、电子信息科学与技术等。

第6章 “微电子技术”专业教学基本要求

（一）专业名称

专业名称：微电子技术。

（二）专业代码

专业代码：590210。

（三）招生对象

招生对象：普通高中毕业生/职业高中毕业生。

（四）学制与学历

学制与学历：三年制，专科。

（五）就业面向岗位

微电子技术专业就业面向岗位如表6-1所示。

表6-1 “微电子技术”专业就业面向岗位

序号	职业领域	初始岗位	发展岗位	预计平均升迁时间（年）
1	集成电路设计、生产、营销	版图设计助理工程师	版图设计工程师	4～5年
		IC生产工艺员	生产车间经理	3～5年
		IC销售员	产品销售经理	3～5年
		IC生产物料采购员	采购主管	3～5年
		信息系统管理员	信息系统工程师	4～5年
2	IT产品生产、营销；电子系统制作	产品生产工艺员	生产车间经理	3～5年
		产品质检员（QA）	产品质检主管	3～5年
		产品销售员	产品销售经理	3～5年
		产品测试工程师（TE）、产品工程师（PE）	产品研发工程师	3～5年
		PCB助理工程师	PCB工程师	4～5年

(六) 培养目标与规格

培养目标：

本专业面向电子产品行业中的信息技术与管理领域，培养德、智、体、美全面发展，具有良好综合素质，熟悉现代信息技术，掌握先进的集成电路产品生产与管理技术，能够从事集成电路版图设计，集成电路电子产品市场推广与产品营销，电子产品企业的生产和经营管理等工作的高端技能人才。

培养规格：

毕业生应具备的综合职业能力（职业核心能力）：

集成电路版图设计能力；

集成电路产品的生产管理和市场营销能力。

毕业生应达到的基本要求（基本素质、基本知识、基本能力、职业态度）：

1. 基本素质

(1) 自我管理、学习和总结能力；
(2) 很好地进行团队合作及协调能力；
(3) 与他人沟通的能力；
(4) 熟练进行工作岗位相关文档编写的能力；
(5) 具有一定的专业英语读写能力；
(6) 身心健康。

2. 基本知识

(1) 模拟电子基本知识；
(2) 数字电子技术基本知识；
(3) 单片机系统基本知识；
(4) 电子工程计算机辅助设计基本知识；
(5) 计算机应用基础知识；
(6) 程序设计基础知识；
(7) 集成电路工艺基本知识；
(8) 电子产品制作基本知识。

3. 基本能力

(1) 熟练掌握集成电路版图设计 EDA 工具使用的能力；
(2) 具有版图设计与验证能力；
(3) 具有数字系统设计能力；
(4) 具有集成电路工艺设计能力；
(5) 具有编制工艺条件、材料消耗、生产定额能力；

(6) 具有制定生产方案和计算产品生产成本的能力；
(7) 具有认识理解电子电路的能力；
(8) 具有规范设计 PCB 的能力；
(9) 具有编制 PCB 制作工艺的能力；
(10) 具有电子产品的营销的能力；
(11) 具有电子产品市场调查与分析的能力；
(12) 具有计算机办公软件操作的基本能力。

4. 职业态度

(1) 科学的世界观、人生观和价值观；
(2) 诚实守信，遵纪守法；
(3) 努力工作，尽职尽责；
(4) 发展自我，维护荣誉。

（七）职业证书

"微电子技术"专业职业资格证书如表 6-2 所示。

表 6-2 "微电子技术"专业职业资格证书

分类	证书名称	内涵要点	颁发证书单位
岗位职业证书	《集成电路版图设计师》国家职业资格证书(三级)	培训目标：培养通过 EDA 设计工具，进行集成电路物理版图的设计和验证，最终产生送交供集成电路制造用的 GDSII 数据的人员 技术要求：能够进行芯片检查、芯片分析工作，能够识别版图，进行逻辑图的连接，会用版图编辑工具，能够使用版图的层次，掌握设计规则，会用物理验证工具，能够进行规则纠错 考试内容：集成电路工艺制造、集成电路设计 EDA 软件、版图设计规则和物理验证	上海市劳动和社会保障局
	《PCB 设计应用工程师》中级	培训目标：培养能够进行电路 PCB 设计以及相关调试，跟踪 PCB 制板并解决相关技术问题，制作和维护 PCB 标准封装库和标准布线模块的人员 技术要求：掌握 PCB 设计流程及方法，能够运用基本技能和专门技能完成常见电路的设计、布板、验证、测试及文档编写，能够处理 PCB 设计应用中的常见问题 考试内容：PCB 基础知识、PCB 的电磁兼容设计、高速 PCB 设计、电路原理图绘制工具的使用、原理图元件库制作、层次原理图、报表文件生成和原理图输出、印制电路板设计系统、印制电路板布局布线、PCB 元件封装库制作	工业和信息化部

续表

分类	证书名称	内涵要点	颁发证书单位
岗位职业证书	《单片机C言语程序设计师》中级	培训目标：为各电子企业提供利用C语言来开发单片机应用程序，进行电子产品制作的人员 技术要求：能够利用C语言来开发51系列单片机，掌握单片机C语言程序设计方法，具有利用C语言编写开发程序的能力 考试内容：单片机结构和原理、C语言及编程方法、单片机的外围接口及编程、单片机的内部编程：I/O控制、定时器、中断、串口通信、单片机其他设计	人力资源和社会保障部
	《质量管理体系内部审核员》	培训目标：培养为企业组织建立健全质量管理体系、提高质量管理水平，能够对企业的质量状况进行质量管理和评价，并经常进行全面的内部审核人员 技术要求：了解ISO国际质量管理体系，熟悉质量管理的基本术语、原则和原理，掌握质量管理体系策划和实施审核的方法，具备建立文件化质量管理体系的能力，具有审核策划和编写审核方案的技能 考试内容：ISO 9000族标准的基本知识，内部质量体系审核的基本概念、技巧和方法；审核人员的基本素质和建立质量体系的基本知识，质量管理原则，质量管理体系策划和实施审核，审核报告及纠正措施的跟踪验证	深圳市国信认证培训中心
	《电子产品营销员》中级	培训目标：培养从事电子产品营销活动和相关工作的人员 技术要求：掌握产品的技术性能指标，并清楚其含义，能够清楚表述产品性能及特点，对用户进行操作培训，熟练安装产品，能够操作购、销、存报表，能够编制销售计划及销售目标，能够进行销售谈判，能够进行市场调查并进行分析，掌握主要的促销方法 考试内容：电子技术基础知识、电子产品知识、电子产品营销基础知识、电子产品的安全技术知识、职业英语、计算机基本应用、商务谈判与沟通、语言表达和快速应变、资料收集与整理、法律法规常识	人力资源和社会保障部

续表

分类	证书名称	内涵要点	颁发证书单位
岗位职业证书	《电子产品及元器件检验员》中级	培训目标：培养使用相关仪器和测试装置对半导体器件、光电子器件、电真空器件、机电元件、通用元件及特种元件进行质量检验的人员 技术要求：掌握电子元器件基础理论知识，熟悉电子元器件的性能指标，具有常用仪器仪表的使用技能，了解电路理论、模拟电子技术、数字电子技术的基础知识，掌握质量方针，熟悉电子产品的检验流程和标准，具有安全文明生产与环境保护意识 考试内容：电子技术基础，电子元器件知识，电子元器件仪器仪表知识，常用仪器仪表的使用，常用元器件的识别和测量，常用电子电路的分析和测试	深圳市人力资源和社会保障局深圳市职业技能鉴定指导中心

证书选择建议：

学生获取证书可以选择国际组织、国家、部委和省市职业标准机颁发的职业资格证书，也可以根据学校的硬件设备情况选择相关的厂商资格证书，作为职业资格证书的补充。

八、课程体系与专业核心课程（教学内容）

微电子技术专业课程体系的开发紧密结合微电子技术、当地集成电路产业的发展和人才需求，按照电子信息教指委在《专业规范（Ⅰ）》中提出的“职业竞争力导向的工作过程-支撑平台系统化课程” 模式及开发方法进行开发。该方法以培养学生职业竞争力（以基本素质、基本知识、基本能力和职业态度支持的综合职业能力即职业核心能力而构成）为导向，设计符合学生职业成长规律的课程体系。其开发工作流程如图6-1所示。

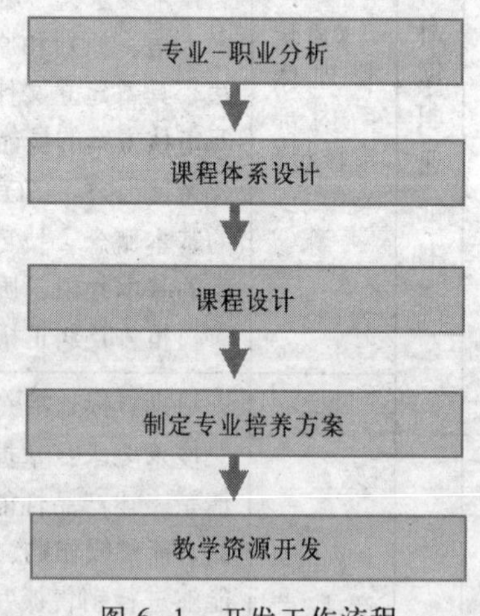

图6-1　开发工作流程

该课程体系模式和开发方法提出了“ABC三类课程”的概念。其中：A类课程是相对系统的专业知识性课程。B类课程为基本技术技能的训练性实践课程。C类课程是以培养学生解决工作中问题的综合职业能力（职业核心能力）为目标的实践-理论一体化的学习领域课程。本课程体系主要由ABC三类课程构成，以培养学生综合职业能力（职业核心能力）为主，注重基础知识学习和基本技术技能的训练，同时把基本素质和态度的培养贯穿始终，以保证学生职业竞争力的培养和学生职业生涯的长期发展。在教学过程中，推进教学改革，积极采用先进的教学方法，并注重全面的产学合作。

微电子技术专业课程体系图如图 6-2 所示。

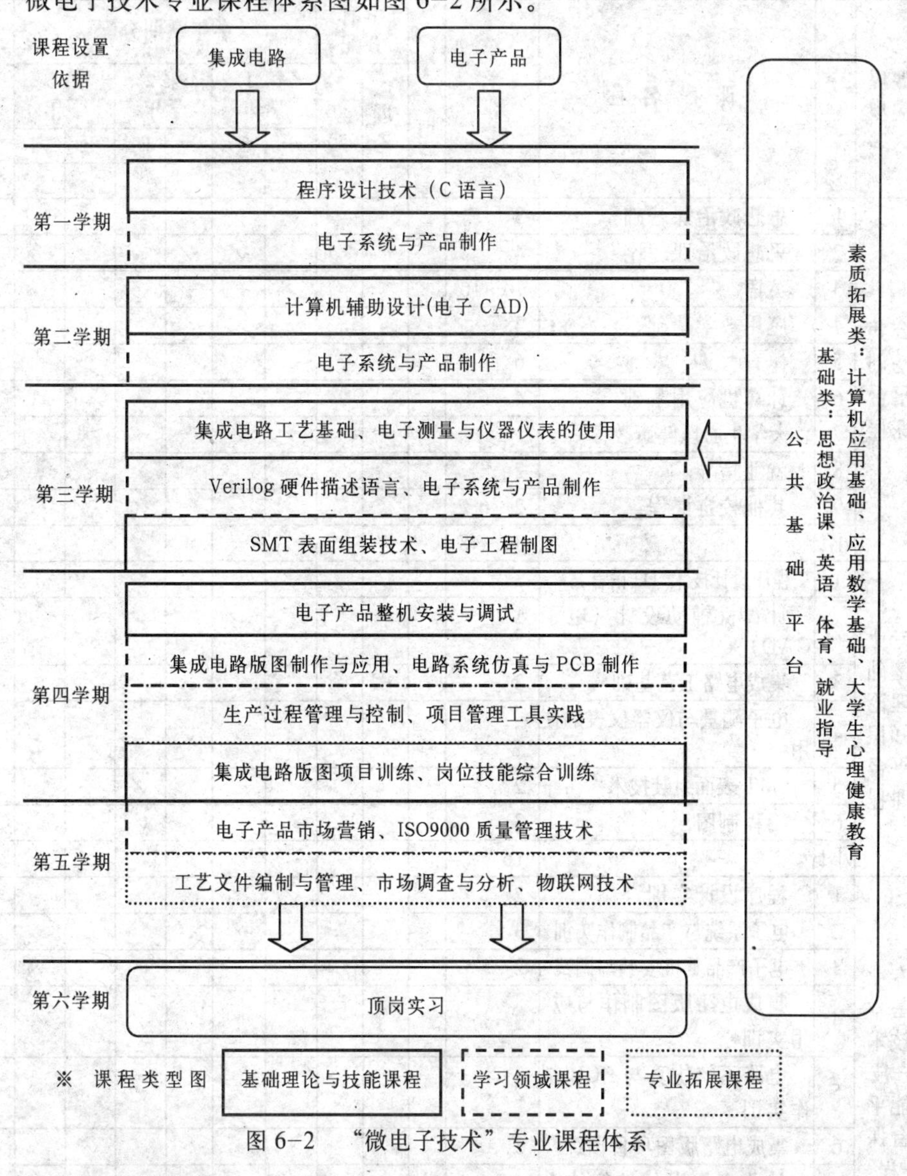

图 6-2　“微电子技术”专业课程体系

教学进程安排如表 6-3 所示。

表 6-3 “微电子技术”专业教学计划表

课程类型	序号	课程名称	学分	学时	学时分配		学年学期分配						备注
					理论	实践	第1学年		第2学年		第3学年		
							一	二	三	四	五	六	
公共基础平台课程	1	思想政治课基础	3				√	√					
	2	思想政治课理论	4					√	√				
	3	英语	10～16				√	√	√	√			
	4	应用数学基础	4				√						
	5	体育	6				√	√					
	6	计算机应用基础	4～6				√						
	7	大学生心理健康教育	1					√					
	8	就业指导	2						√	√			
	9	其他校定课程	2～6							√	√		
	小计		36～48										
专业基础理论知识平台课程	1	程序设计技术（C语言）*	3				√						
	2	计算机辅助设计（电子CAD）*	3					√					
	3	集成电路工艺基础*	3						√				
	4	电子测量与仪器仪表的使用*	2						√				
	5	SMT表面组装技术*	2							√			
	6	工程制图	3							√			
	小计		16										
专业基本技术-技能平台课程	1	程序设计实训	2				√						
	2	电子系统与产品制作实训*	3					√	√				
	3	电子产品整机安装与调试*	2							√			
	4	集成电路版图制作与应用实训*	2							√			
	5	电路系统仿真与PCB制作实训	2							√			
	6	集成电路版图项目训练*	3								√		
	7	就业工作岗位技能综合训练*	4								√		
	小计		18										

续表

课程类型	序号	课程名称	学分	学时	学时分配		学年学期分配						备注
							第1学年		第2学年		第3学年		
					理论	实践	一	二	三	四	五	六	
学习领域课程	1	电子系统与产品制作*	9				√	√	√				
	2	Verilog 硬件描述语言	4						√				
	3	集成电路版图制作与应用*	3							√			
	4	电路系统仿真与PCB 制作*	4							√			
	5	电子产品市场营销	4								√		
	6	ISO9000 质量管理技术*	4								√		
	小计		28										
拓展课程	1	生产过程管理与控制	2							√			
	2	项目管理工具实践	2							√			
	3	工艺文件编制与管理*	2								√		
	4	电子元器件检验技术	2								√		
	5	市场调查与分析	2								√		
	6	物联网技术	2								√		
	7	其他学校规定拓展课程	2～4							√	√		
	小计		14～16										
	1	顶岗实习*	18									√	
合计			130～144				8	7	8	13	10	1	

说明：

(1) 专业核心课程后以“*”标记，为必须开设课程；

(2) 建议第五学期至少安排 12 周课；

(3) 选修课为公共选修课和专业选修课，预留 10～20 学分，未在专业教学计划表中列出；

(4) 学时根据各学校的学分学时比自行折算

专业核心课程介绍：

1. 电子系统与产品制作

本课程是微电子技术专业的核心课程之一（属 C 类课程），目的是培养学生掌握常见电子系统的原理，并具有制作产品的能力。学生需要掌握各种电路元器件的应用；掌握放大电路、运算放大电路的应用；能进行电路图的识读；能进行简单的组合逻辑电路、时序逻辑电路的分析与应用；掌握单片微型计算机的基本组成以及各种接口部件的使用扩展方法，具备熟练运用 C51 程序设计知识，开发各类单片机系统和产品的知识和能力，并形成对电子系统软硬件协同设计的能力。

2．集成电路版图制作与应用

本课程是微电子技术专业的专业核心课程之一（属 C 类课程）。课程主要培养学生集成电路制作版图的基本能力，学生要掌握集成电路版图设计规则；掌握版图设计的基本内容和 EDA 工具的使用（图层设置、设计规则设置、版图绘制、设计规则检查等）；了解版图设计的基本原则；了解集成电路电学设计规则；能进行简单集成电路的版图设计。

3．集成电路版图项目训练

本课程是微电子技术专业的核心课程之一（属 B 类课程），课程主要进一步使学生掌握集成电路版图设计软件的使用方法；掌握集成电路版图设计的基本流程。学生能够进行小规模集成电路版图的设计和检验；掌握集成电路版图设计项目的完整流程。培养学生电路结构图的识读和利用集成电路设计工具进行编辑及仿真等的相关能力。培养学生使用版图设计软件能力，版图的布局和布线能力，以及版图的 DRC 和 LVS 等验证能力。

4．电子产品整机安装与调试

本课程是微电子技术专业的核心课程之一（属 B 类课程），主要培养学生能够较为独立进行电子产品安装与调试的综合技能。通过学习本课程，培养学生根据工艺图纸独立地进行电子产品的组装的技能，能够进行整机调试、维修等工作。使学生熟悉电子产品的生产工艺流程，从电路板焊接、组装到整机调试、维修都能够具有较为扎实的技能。

5．计算机辅助设计（电子 CAD）

本课程是微电子技术专业的核心课程之一（属 A 类课程），主要学习主流计算机负责设计软件的使用，为今后进一步学习微电子技术的专业课打下基本技能基础。学生要掌握一定的电子电路基础知识，掌握计算机辅助设计的基本理论和专业知识，掌握应用相关软件绘图和开发等技能。学生能进行电路原理图的绘制与 PCB 的设计；能进行 PCB 的研发辅助设计、生产管理、技术支持等工作。

6．集成电路工艺基础

本课程是微电子技术专业的核心课程之一（属 A 类课程），主要讲授集成电路的制造流程和基本制造方法，并具备初步的工艺知识，为今后学习集成电路制造技术打下理论基础。内容包括：典型的双极和MOS集成电路制造工艺流程；集成电路芯片制造核心工序的工艺原理、方法和特点；各工序的工艺设备、操作方法和参数测量；集成电路制造材料制备、洁净技术、组装工序的工艺原理、方法和特点；集成电路工艺设计、参数测试、可靠性试验等。

（九）专业办学基本条件和教学建议

1．专业教学团队

微电子技术专业最低生师比建议为1:16。微电子技术专业的专任教师应具备微电子技术专业的教师任职资格，包括：高职教师资格证书，中级以上职业资格证书或者具有相关企业工作经历等，具有相当的课程开发能力与教学能力，较强的实训项目指导能力，热爱职业教育，工作态度认真负责，具备严谨、科学的工作作风等。在工程实践、工程管理类课程上建议聘请企业兼职教师，企业兼职教师应该为企业中具有丰富经验的能工巧匠，并且具有较强的执教能力。在专业核心课中专职和兼职教师的比例建议为1:1。

各类师资的要求：

1）专业核心课教师要求

（1）学历：硕士研究生或以上。

（2）专业：电子类相关专业。

（3）技术职称：副高级或以上。

（4）实践能力：具有相关行业企业半年以上实践经历，或具有电子类职业技能资格证书，或具有工程师职称。

（5）工作态度：认真严谨、职业道德良好。

2）非专业限选课教师要求

（1）学历：本科或以上。

（2）专业：电子类相关专业。

（3）技术职称：中级或以上。

（4）实践能力：具有电子类行业企业半年以上实践经历，或有电子类职业技能资格证书或工程师职称。

（5）工作态度：认真严谨、职业道德良好。

3）企业兼职教师要求

（1）学历：本科或以上。

（2）专业：电子类相关专业。

（3）技术职称：中级或以上。

(4) 实践能力：具有所任课程相关的电子类行业企业工作经历两年以上，以及工程师的技术职称。

(5) 工作态度：认真严谨、职业道德良好。

(6) 授课能力：有良好的表达能力，普通话标准，有授课技巧，并且热爱教育工作，最好有客户培训经验。

2. 教学设施

要开设“微电子技术专业”，必要的校内实验、实训室如表6-4所示，其中，带*号的实训室是该专业开设时必须设置的实训室。对于专业核心实训室可以结合本校情况，开设相关职业资格证书考证实训。

表6-4 “微电子技术”专业校内实训室

实训室分类	实训室名称	实训项目名称	主要设备要求
微电子技术实训室	集成电路版图设计实训室*	集成电路版图设计实训	专业工作站、集成电路测试仪、集成电路设计软件等
		版图工程师考证	
	电子仿真实训室*	单片机仿真实训、计算机辅助设计（CAD）技术实训、工程制图实训、电路仿真与PCB设计实训	专业软件、电子系统仿真软件
		PCB设计应用工程师、单片机C语言程序设计师考证	
	电子设计与制作实训室*	模拟与数字电子实训、单片机系统设计与应用实训、FPGA应用实训	直流稳压电源、信号发生器、数字示波器、智能家居实训平台等
	物联网技术与系统仿真实训室	EDA技术实训、IC芯片设计实训、物联网技术与应用实训	EDA开发系统实验箱、无线传感器网络教学/开发平台等
	产品装配检测实训车间	电子仪器仪表实训、手机识图与组装实训	电子通信产品装配和检测线、手机测试仪等
	产品维修实训车间	移动电话测试与维修实训	频谱分析仪、防静电热风拆焊台、信号源等
		移动电话维修员考证	
	电子产品生产实训车间	表面组装技术实训、生产管理基础实训、质量管理技术实训、生产过程管理与控制实训	全自动丝印机、贴片机、回流炉、插件生产流水线、无铅波峰炉、PCB层压机、自动制板机等
		质量管理体系内部审核员考证	

续表

实训室分类	实训室名称	实训项目名称	主要设备要求
基础课程实训室	电路基础实训室	电路分析实训	电工综合实验台
	电子技术实训室	数字电子技术，模拟电子技术实训	电子学综合实验装置万用表、频率计
	电子工艺实训室	电路与电子实训、通信电源实训、电子技能训练、电子仪器仪表使用实训	万用表、示波器、超高频毫伏表、自动失真度测量仪
		电子产品及元器件检验员考证	

校外实训基地的基本要求：

学校要积极探索实践“订单培养、工学交替、顶岗实习”的产学研结合模式和运行机制，不断拓展校外实训基地，规范产学关系，形成良性互动合作机制，实现互利双赢，以培养综合职业能力为目标，在真实的职场环境中使学生得到有效的训练。为确保各专业实训基地的规范性，对校外实训基地必须具备的条件制定出基本要求：

(1) 企业应是正式的法人单位，组织机构健全，领导和工作（或技术）人员素质高，管理规范，发展前景好。

(2) 所经营的业务和承担的职能与相应专业对口，并且在本地区的本行业中有一定的知名度，社会形象好。

(3) 能够为学生提供专业实习实训条件和相应的业务指导，并且满足学生顶岗实训半年以上的企业。

信息网络教学条件

有条件的学校为学生提供网络远程学习资源。

3. 教材及图书、数字化（网络）资料等学习资源

由于微电子技术发展十分迅速，教材选用近三年之内出版的教材，最好能够根据学校的实际情况，选用由本校教师自编的符合本校生源特点的教材。图书馆资料也应该及时更新。对于网络资源，有条件的学校，如国家示范学校，应按照国家资源库标准提供丰富的网络学习资料，具体包括：课程PPT、课程实验指导、课程项目指导、课程电子教材、课程重点、难点动画、课程习题、网络在线练习、课程在线考试、课程论坛等网络资源，使学生随时随地

都能学习。

4．教学方法、手段与教学组织形式建议

对于基本理论课，建议采用启发式授课方法，以讲授为主，并配合简单实验。针对高职学生多采用案例法、推理法等，深入浅出地讲解理论知识，可制作图表或动画，易于学生理解；对于基本技能课程，采用训练考核的教学方法。在讲清原理和方法的基础上，以实践技能培养为目标，保证训练强度达到训练标准，实践能力达到技术标准。可采用演示、分组辅导的方法，需要提供较为详尽的训练指导、动画视频等演示资料；对于理论-实践一体化课程（如学习领域课程），可采用项目教学法：按照项目实施流程展开教学，让学生间接学习工程项目经验。项目教学法尽量配合小组教学法，可将学生分组教学，并在分组中分担不同的职能，培养学生的团队合作能力。

5．教学评价、考核建议

针对不同的课程可采用不同的考核方法：对基本理论知识性课程，建议采取理论考核的方法；对于基本技能的课程，采用实操考核的方法，根据学校情况结合行业标准进行考核，也可以将职业资格证书考试纳入课程体系范围；对于理论-实践一体化课程，采用过程评价与结果考核相结合的考核方式，如项目考核的方法，针对不同的项目分别考核，同时注重过程考核和小组答辩的考核，锻炼学生的基本素质、职业态度和综合工作能力。

6．教学管理

高职生源可分为两类：高中毕业生和职高毕业生。两类学生有不同的学习基础和学习特点，建议尽量分班教学。如果不能做到，在教学管理中应该考虑各自特点，设计分层的教学目标。对已高中毕业的学生，理论学习的能力比较强，在课程设置上可以在理论课程提高难度。但他们的实践经验比较少，应该在操作技能的课程上增加课时量。职高毕业生在操作技能和先修课程上已经有3 年的经验，因此在操作技能类的课程上应该提高难度，在初级或入门的内容减少课时，提高任务的复杂度，训练他们解决问题的能力，提高他们的学习兴趣。尽管他们的理论基础较为薄弱，但也应采取切实有效的措施，使他们在理论知识方面达到专业培养要求。

无论是高中毕业生还是职高毕业生，也无论是理论课程还是实践课程，调动学生学习积极性是当前高职教学管理的关键，也是提高教学质量的关键，各校应将其作为教学管理的主要目标之一，根据本校学生实际情况，努力进行教学管理改革实践探索。

（十）继续专业学习、深造的建议

本专业毕业的学生可以通过专升本考试进入本科的微电子专业或电子学科相关专业进行深造。

第7章　“数字媒体技术”专业教学基本要求

（一）专业名称

专业名称：数字媒体技术。

（二）专业代码

专业代码：590222。

（三）招生对象

招生对象：普通高中毕业生/“三校生”（职高、中专、技校毕业生）。

（四）学制与学历

学制与学历：三年制，专科。

（五）就业面向岗位

“数字媒体技术”专业就业面向岗位如表7-1所示。

表7-1　“数字媒体技术”专业就业面向岗位

序号	职业领域	初始岗位	发展岗位	预计平均升迁时间（年）
1	数字媒体产品制作	印前制作员 数字照片处理员	广告设计师 平面设计师	2~3年
		网络编辑员 多媒体作品制作员	网络课件设计师 网页设计师 交互制作设计师	2~3年
		剪辑师	音像制品制作复制人员	1~2年
		数字视频(DV)策划制作师	数字视频合成师	3~5年
2	数字媒体技术支持	电教技术员 电子商务助理	品牌专员 流媒体工程师 广播电影电视工程技术人员 数字媒体方案技术培训师	2~3年
3	数字媒体营销服务	数字出版技术营销	数字媒体专业方案营销	1~2年

（六）培养目标与规格

培养目标：

培养具有良好的职业素质和职业道德，掌握计算机科学和数字媒体技术的基本理论和知识，熟悉计算机应用环境、媒体内容制作、数字媒体信息处理，并熟练进行数字出版物制作的高素质技能型专门人才。

毕业生应具备数字媒体产业需要的技术知识，具有平面设计、网页设计、视频制作以及三维基础应用技能，能够在数字媒体产业从事生产平台的搭建和维护、发布平台的应用等技能；能够完成宣传所需的常规平面、网络、视频等宣传材料的制作以及资源管理；能够与制作方进行有效沟通；能够从事数字媒体产业相关软硬件的销售和客户技术支持工作。

培养规格：

1．毕业生应具备的综合职业能力（职业核心能力）

数字媒体产品制作技术；

数字媒体系统的搭建、维护和技术支持；

数字媒体产品和方案的营销能力。

2．毕业生应达到的基本要求（基本素质、基本知识、基本能力、职业态度）

1）基本素质

艺术修养；

学习能力；

团队合作及协调能力；

沟通能力；

身心健康。

2）基本知识

计算机基本知识；

设计基本知识；

数据库及数据库安全基本知识；

网络技术基本知识；

数字音视频相关知识；

客户服务知识。

3）基本能力

计算机操作基本能力；

互联网工具使用能力；

中级平面设计能力；
中级网页制作能力；
中级视频制作能力；
数字媒体设备的辨识、基本操作；
数字媒体系统的基本操作；
数据库技术应用能力；
交互设计能力；
初级三维制作能力；
流媒体服务应用能力；
客户沟通技巧。

4）职业态度

诚实守信，遵纪守法；
努力工作，尽职尽责；
发展自我，维护荣誉。

（七）职业证书

“数字媒体技术”专业职业资格证书如表7-2所示。

表7-2 “数字媒体技术”专业职业资格证书

分类	证书名称	内涵要点	颁发证书单位
岗位职业证书	网络编辑员三级	培训目标：利用相关专业知识及计算机和网络等现代信息技术，从事互联网站内容建设的人员 技术要求：能够进行网站素材的采集、网站内容的策划、运用信息发布系统或相关软件进行网页制作、网站内容的编辑、网站的内容管理 考试内容：侧重于网站信息编辑和发布能力的考核。同时还包含实际操作方面的训练，如熟练使用Word、Excel等信息发布系统和计算机办公自动化软件的应用	人力资源和社会保障部
	多媒体作品制作员三级	培训目标：利用计算机技术，从事多媒体作品制作的人员 技术要求：能够利用各种数码设备采集多媒体素材和从网上搜集多媒体素材、处理文字 、加工音频素材、加工图像素材、加工图形素材、加工动画素材、加工视频素材、素材简单合成、调试作品 考试内容：计算机基础知识，多媒体技术基础知识，多媒体作品制作基础知识，相关法律、法规知识	人力资源和社会保障部

续表

分类	证书名称	内涵要点	颁发证书单位
岗位职业证书	数字视频(DV)策划制作师三级	培训目标：从事一般数码影片策划、编辑、合成、制作的专业人员 技术要求：能够进行数字视频（DV）影片策划、数字视频（DV）采集、视音频编辑合成、数字视频（DV）影片输出与记录 考试内容：DV创意与策划、DV制作系统的配置、DV摄像、DV后期合成和DV作品输出与发布	人力资源和社会保障部
	Adobe平面视觉设计师认证	技术要求：能够熟练应用平面软件、掌握常见平面设计产品的设计制作方法、了解设计、印刷典型流程与关键要求，并且能够独立完成日常工作。 考试内容：Photoshop、InDesign和Illustrator	Adobe公司
	Adobe中国认证设计师(ACCD)—影视后期方向	考试内容：Photoshop、Illustrator、After Effects和Premiere	Adobe公司
	Adobe中国认证设计师(ACCD)—网络设计方向	考试内容：Photoshop、Flash、Dreamweaver和Fireworks	Adobe公司

证书选择建议：学生可以根据自身学习情况和就业需求选择拿两三个证书。

课程体系与核心课程（教学内容）：

数字媒体技术专业课程体系的开发紧密结合数字媒体技术、数字媒体产业的发展和人才需求，按照电子信息教指委在《专业规范（Ⅰ）》中提出的“职业竞争力导向的工作过程-支撑平台系统化课程”模式及开发方法进行开发。该方法以培养学生职业竞争力（以基本素质、基本知识、基本能力和职业态度支持的综合职业能力即职业核心能力而构成）为导向，设计符合学生职业成长规律的课程体系。其开发工作流程及课程体系如图7-1和图7-2所示。

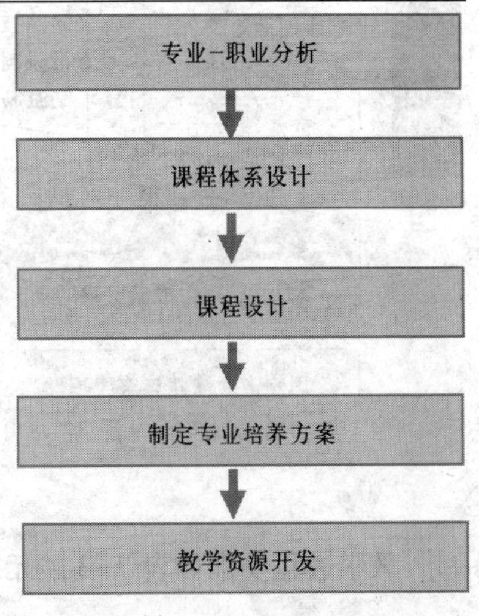

图7-1　开发工作流程

该课程模式和开发方法提出了“ABC 三类课程”的概念。其中，A 类课程是相对系统的专业知识性课程。B 类课程为基本技术技能的训练性实践课程。C 类课程是以培养学生解决工作中问题的综合职业能力（职业核心能力）为目标的实践–理论一体化的学习领域课程。本课程体系主要由 ABC 三类课程构成，以培养学生综合职业能力（职业核心能力）为主，注重基础知识学习和基本技术技能的训练，同时把基本素质和态度的培养贯穿始终，以保证学生职业竞争力的培养和学生职业生涯的长期发展。在教学过程中，推进教学改革，积极采用先进的教学方法，并注重全面的产学合作。

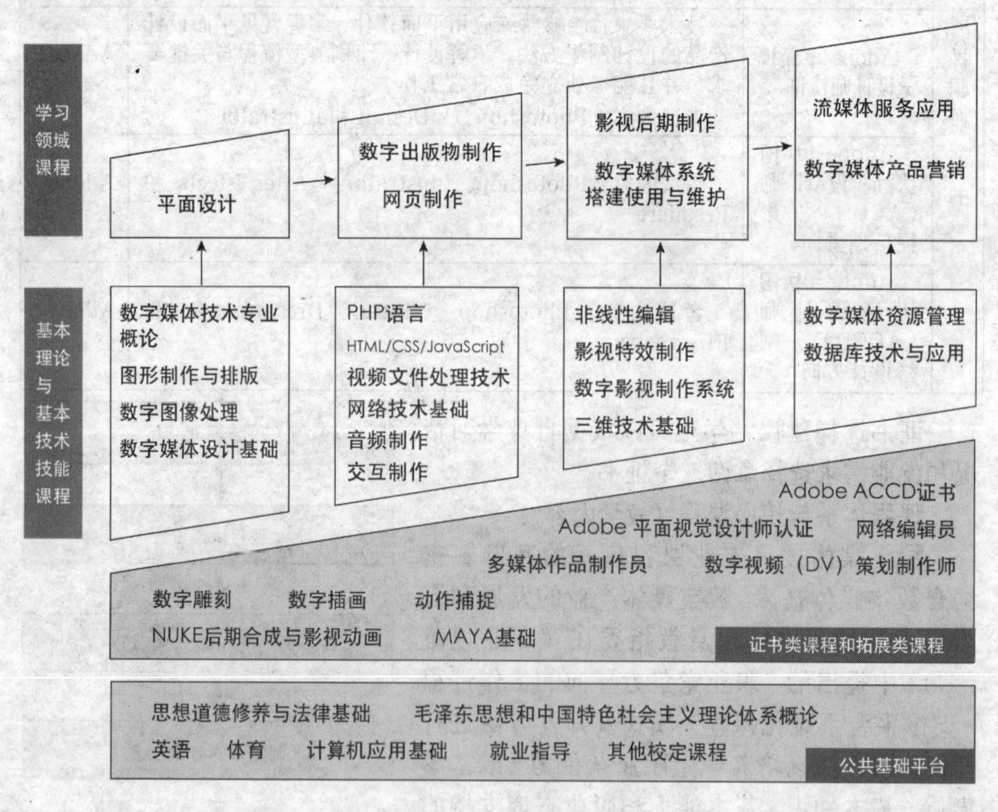

图 7–2　课程体系

教学进程安排如表 7–3 所示。

表 7-3　“数字媒体技术”专业教学计划表

课程类型	序号	课程名称	学分	学时	学时分配		学年学期分配						备注
							第1学年		第2学年		第3学年		
					理论	实践	一	二	三	四	五	六	
公共基础平台课程	1	思想道德修养与法律基础	3				√						
	2	毛泽东思想和中国特色社会主义理论体系概论	4					√					
	3	英语	10～16				√	√	√	√			
	5	体育	6				√	√					
	6	计算机应用基础	4～6				√						
	7	就业指导	2						√				
	8	其他校定课程	4～6										
		小计	33～43										
专业基础理论知识平台课程	1	数字媒体技术概论	2				√						
	2	网络技术基础	2					√					
	3	数字媒体设计基础*	4				√						
	4	HTML/CSS/JavaScript*	4					√					
	5	PHP 语言	4						√				
	6	数据库技术与应用	4						√				
	7	数字影视制作系统*	2					√					
	小计		22										
专业基本技术-技能平台课程	1	数字图像处理*	4				√						
	2	图形制作与排版	4				√						
	3	交互制作*	4					√					
	4	音频制作	2					√					
	5	视频文件处理技术*	4						√				
	6	数字媒体资源管理	2							√			
	7	非线性编辑*	6						√				
	8	影视特效制作	4							√			
	9	三维技术基础	4							√			
		小计	34										

续表

课程类型	序号	课程名称	学分	学时	学时分配		学年学期分配						备注
					理论	实践	第1学年		第2学年		第3学年		
							一	二	三	四	五	六	
学习领域课程	1	平面设计*	6					✓					
	2	数字出版物制作*	2							✓			
	3	影视后期制作*	8								✓		
	4	数字媒体产品营销	2								✓		
	5	数字媒体系统搭建使用与维护*	4						✓				
	6	网页制作*	6							✓			
	7	流媒体服务应用	4								✓		
		小计	32										
拓展课程	1	数字雕刻	2～4										
	2	数字插画	2～4										
	3	动作捕捉	2～4										
	4	NUKE 后期合成与影视动画	2～4										
	5	MAYA 基础	2～4										
	6	其他学校规定拓展课程	2～4										
	小计		12～24										
		毕业实践	18									✓	
合计			151～173				9	9	7	8	3	1	

说明：

（1）专业核心课程后以“*”标记，为必须开设的课程；

（2）建议第五学期至少安排 12 周课；

（3）拓展课是专业课程的延伸，建议在第 4、5 学期开设，学校可根据教学安排自行开设；

（4）选修课为公共选修课和专业选修课，预留 10～20 学分，未在专业教学计划表中列出；

（5）学时根据各学校的学分学时比自行折算。

（八）专业核心课程简介

1．数字媒体设计基础

本课程是数字媒体技术专业的一门核心基础理论课程，主要介绍数字媒体设计的基础，包括：构成、视听语言、字体知识。具体的理论有：平面构成、色彩构成、立体构成、视听语言基础、视觉元素、听觉元素、声画关系、蒙太奇、字体设计基本原理、字库知识等。

2．HTML/CSS/JavaScript 语言

本课程是数字媒体技术专业的一门基础编程语言课，通过本课程的学习，培养学生使用 HTML/CSS/JavaScript 进行网页制作的能力，掌握 HTML 语言各个标记的用法，CSS 的样式定义的方法，以及动态网页中所要用到的 JavaScript 语言。课程内容包括：HTML（基本知识、文本与段落、表格、超链接、层、框架、表单等）、CSS（字体、背景、边框与边距、特效等）和 JavaScript（基本语法、事件分析、对象等的应用）。

3．数字图像处理

本课程是数字媒体技术专业的核心技能课程。通过本课程的学习，使学生掌握计算机图形图像制作的基本理论知识和 Photoshop 软件的使用，培养学生使用计算机进行数字图像处理的能力，在此基础上，提高学生的分析问题和解决问题的能力；提高学生的艺术修养，为艺术设计做好铺垫；为平面设计、网页制作等课程奠定基础。

4．视频文件处理技术

本课程是数字媒体技术专业的核心技能课程。通过本课程的学习，使学生了解包括广播级视频应用、网络视频应用、视频出版物应用等多种标准视频制作的技术标准、相关参数和应用范围；并掌握在各种标准之间转换的相关软件操作、参数设置、性能优化等技术；为进一步的视频制作打下基础。

5．网页制作

本课程是数字媒体技术专业的核心课程之一，通过本课程的学习，学生可以掌握使用网页制作软件创建网站、设计与制作网页的方法，培养学生具有将平面、二维动画和网页三者相结合的能力；培养学生策划、设计、制作和维护网站的能力。课程内容包括：网页基本知识、创建网站、文本和图像的应用、超链接、框架、表格布局、CSS 样式、行为、综合案例（平面、二维动画和网页的结合）等内容。

6. 数字媒体系统搭建使用与维护

本课程是数字媒体技术专业的核心学习领域课程，通过本课程的学习，学生可以掌握录音，视频采集、制作，网络视频直播，视频会议，中心存储，集成渲染等数字媒体领域常用系统的设计、搭建，使用系统完成工作，并对系统进行日常维护和简单维修。

（九）专业办学基本条件和教学建议

1. 专业教学团队

数字媒体技术专业师生比建议为1:16。在操作类课程、（模拟）商业项目制作、工程实践类课程上建议聘请企业兼职教师或双师素质的教师。在职业核心课中专职和兼职教师的比例建议为1:1。

数字媒体技术专业的教师应具备数字媒体技术专业的任职资格，每个教师必须具备本科以上学历，具有相当的课程开发能力，较强的实训项目指导能力，热爱职业教育，工作态度认真负责，具备严谨、科学的工作作风。

1）专业核心技术课教师要求

学历：本科或以上。

专业：数字媒体类相关专业。

技术职称：副高级或以上。

实践能力：具有数字媒体行业企业两年以上实践经历。

工作态度：认真严谨、职业道德良好。

2）非专业限选课教师要求

学历：本科或以上。

专业：数字媒体类相关专业。

技术职称：中级或以上。

实践能力：具有数字媒体类行业企业一年以上实践经历。

工作态度：认真严谨、职业道德良好。

3）企业兼职教师要求

学历：本科或以上。

专业：数字媒体类相关专业。

技术职称：中级或以上。

实践能力：具有数字媒体类行业企业所任课程岗位两年以上实践经历；

工作态度：认真严谨、职业道德良好。

授课能力：有良好的表达能力，普通话标准，有授课技巧，并且热爱教育工作。

2. 教学设施

数字媒体专业课程体系中需要以下的专业实训室和通用实训室，根据各学院场地和设备的不同，可以自行选择设备的档次，以满足教学要求为原则。例如数字媒体系统搭建实训室可以是广播级设备，也可以是 HDV 等专业级设备，如条件有限，也可以使用电视台淘汰的二手设备进行教学。

数字媒体的发展非常迅速，教学设备的技术选择需要一定的前瞻性，例如配置几种不同系统平台的智能手机和平板计算机，用来对数字出版物和网络服务进行测试是非常必要的，可以使学生的技术和技术发展同步。为节约经费，可以多个实训室共用测试设备。部分专业实训室可以和其他数字媒体类专业共用。

数字媒体技术专业校内实训室如表 7-4 所示。

表 7-4　数字媒体技术专业校内实训室

实训室分类	实训室名称	实训项目名称	主要设备要求
数字媒体技术实训室	数字媒体系统搭建实训室*	数字媒体系统搭建 数字媒体系统检修 线材制作	摄录机、录相机、调音台、扬声器（音箱）、传声器（麦克风）、视频采集系统、网络直播系统、线材、接头、焊接器等
	平面设计实训室*	平面设计实训	计算机、高精度扫描仪、大幅面彩色打印机
	网页制作实训室*	网页制作实训	计算机、服务器、测试设备（包括普通计算机、手机、平板计算机）
	数字出版物制作实训室*	多媒体电子书制作 多媒体光盘制作 影碟制作	计算机、测试设备（包括普通计算机、手机、平板计算机、光盘播放设备、电视机）
	影视后期制作实训室*	影视非线编实训 影视合成实训	非线编制作系统、图形工作站、存储系统、摄录机、录像机、刻录机等

续表

实训室分类	实训室名称	实训项目名称	主要设备要求
	流媒体实训室	流媒体直播实训 VOD 系统设置实训	流媒体服务器、网络环境、测试客户端（包括普通计算机、手机、平板计算机）、摄录机等
通用实训室	计算机应用实训室	Office 应用软件	PC、Office组件
	计算机组装维修维修实训室	计算机组装与维修实训	组装 PC、防静电设备、计算机组装工具包
通用实训室	数据库应用技术实训室	数据库管理实训； 数据库程序开发实训；	PC、SQL Server 等数据库软件
	局域网组建实训室*	局域网组建与管理实训	PC、无线接入点 AP、无线网卡、常用网络服务器软件、中心存储

校外实训基地的基本要求：

学校要积极探索实践“订单培养、工学交替、顶岗实习”的产学研结合模式和运行机制，不断拓展校外实训基地，规范产学关系，形成良性互动合作机制，实现互利双赢，以培养综合职业能力为目标，在真实的职场环境中使学生得到有效的训练。为确保各专业实训基地的规范性，对校外实训基地必须具备的条件制定出以下基本要求。

企业应是正式的法人单位，组织机构健全，领导和工作（或技术）人员素质高，管理规范，发展前景好。

所经营的业务和承担的职能与相应专业对口，并且在本地区的本行业中有一定的知名度，社会形象好。

能够为学生提供专业实习实训条件和相应的业务指导，并且满足学生顶岗实训半年以上的企业。

3. 教材及图书、数字化（网络）资料等学习资源

建议：侧重有利于学生自主学习，内容丰富、使用便捷、更新及时的数字化

专业学习资源要求。

由于数字媒体技术发展十分迅速，教材选用两年之内的教材，图书馆资料也应该及时更新。对于网络资源，有条件的学校如：国家示范校，应按照国家资源库标准提供丰富的网络学习资料。

具体包括：课程PPT，课程实验指导，课程项目指导，课程电子教材，课程重点、难点动画，课程习题，网络在线练习，课程在线考试、课程论坛等网络资源，使学生随时随地都能学习。

4．教学方法

基本理论课，建议启发式授课方法方法，以讲授为主，并配合简单实验。针对高职学生多采用案例法、推理法等，深入浅出地讲解理论知识，可制作图表或动画，易于学生理解；基本技能课程，采用训练考核的教学方法。简单讲授原理，示范演示，以学生动手操作为主。可采用演示、分组辅导，需要提供较为详尽的实验指导书等资料；对于理论实践相结合的课程，可采用项目教学法：按照项目实施流程展开教学，让学生间接积累项目经验。项目教学法尽量配合小组教学法，可将学生分组教学，并在分组中分担不同的职能，训练学生的团队合作能力。

5．教学评价、考核建议

针对不同的课程有不同的考核方法：对于基本理论课，建议采取理论考核的方法；对于基本技能的课程，采用实操考核的方法，根据学校情况结合行业标准进行考核，也可以将职业资格证书考试纳入课程体系范围；对于理论与实践结合的课程采用项目考核的方法，针对不同的项目分别考核，同时注重过程考核和小组答辩的考核。锻炼学生的表达能力。

6．教学管理

高中毕业的学生，理论学习的能力比较强，在课程设置上可以在理论课程提高难度。但他们的实践经验比较少，应该在操作技能的课程上增加课时量。三校生在操作技能和先修课程上已经有3年的经验，因此在操作技能类的课程上应该提高难度，在初级或入门的内容减少课时，提高任务的复杂度，训练他们解决问题的能力，提高他们的学习兴趣。但是他们的理论基础薄弱，对于理论的课程很难接受，在理论课的讲解上要减低难度。

（十）继续专业学习、深造建议

本专业毕业的学生可以通过专升本的考试进入本科的数字媒体技术专业或计算机科学与技术专业进行深造；也可以根据个人的学习情况在某一专业方向上再深入学习，如选择视觉传达设计等专业。

第8章 “嵌入式系统工程”专业教学基本要求

（一）专业名称

专业名称：嵌入式系统工程。

（二）专业代码

专业代码：590226。

（三）招生对象

招生对象：普通高中毕业生/“三校生”（职高、中专、技校毕业生）。

（四）学制与学历

学制与学历：三年制，专科。

（五）就业面向岗位

“嵌入式系统工程”专业职业分析表如表8-1所示。

表8-1 “嵌入式系统工程”专业职业分析表

<table>
<tr><th>专业名称</th><th colspan="3">嵌入式系统工程</th></tr>
<tr><th>职业领域</th><th>初级岗位</th><th>发展岗位</th><th>晋升时间</th></tr>
<tr><td>嵌入式产品硬件设计调试</td><td>嵌入式产品硬件及调试员</td><td rowspan="3">嵌入式开发工程师</td><td rowspan="6">3～5年</td></tr>
<tr><td>嵌入式产品软件设计</td><td>嵌入式产品软件设计工程师</td></tr>
<tr><td>嵌入式PCB设计与制作</td><td>嵌入式PCB设计与制作员</td></tr>
<tr><td>嵌入式软件测试</td><td>嵌入式测试工程师</td><td rowspan="2">嵌入式测试工程师</td></tr>
<tr><td>嵌入式产品生产线及质检</td><td>嵌入式产品生产线及质检员</td></tr>
<tr><td>嵌入式销售及技术支持</td><td>嵌入式销售及技术支持</td><td>技术支持工程师</td></tr>
</table>

（六）培养目标与规格

培养目标：

培养与我国社会主义现代化建设要求相适应的，在德、智、体、美等方面全面发展的，具有本专业综合职业能力的人才。本专业的毕业生主要面向生产和经营嵌入式产品的中资、外资、合资企业、高新技术开发区、工业园区的企业。可以在嵌入式工程领域内从事产品生产、制造、产品调试、、技术支持与生产管理、售后服务等技术工作，以及嵌入式 PCB 设计与制作人员、嵌入式产品生产线在线质量员等第一线职业岗位要求的高素质技能型人才。

培养规格：

毕业生应具备的综合职业能力（职业核心能力）：

嵌入式产品硬件调试、生产及维护能力；

嵌入式系统测试的能力。

毕业生应达到的基本要求（基本素质、基本知识、基本能力、职业态度）：

1．基本素质

（1）独立自主的学习和总结能力；

（2）英文资料分析的能力；

（3）具有一定的沟通能力和团队合作能力；

（4）技术文档编写的能力；

（5）身心健康。

2．基本知识

（1）程序设计基础知识；

（2）嵌入式硬件基本知识；

（3）嵌入式 PCB 基本知识；

（4）嵌入式系统软件基本知识；

（5）嵌入式驱动程序基本知识；

（6）嵌入式应用程序基本知识。

3．基本能力

（1）计算机操作（Office 组件）的基本能力；

（2）计算机组装、维修的基本能力；

（3）嵌入式操作系统配置能力；

（4）嵌入式产品分析设计需求能力；

（5）嵌入式产品设计能力；

（6）嵌入式产品生产与管理能力；

（7）嵌入式产品硬件调试能力；

（8）嵌入式产品测试及维护能力；

（9）嵌入式产品软件设计能力。

4．职业态度

（1）培养责任感和奉献精神；

(2) 具有良好的职业道德；
(3) 培养科学严谨、操作规范的工作作风；
(4) 诚实守信、遵纪守法；
(5) 具有环境保护意识和责任感。

表 8-2 培养规格表

专业名称	嵌入式系统工程		
职业领域	岗位	典型任务	基础竞争力
嵌入式产品硬件设计调试	设备工程师；质量管理员、产品检验员、产品维修员、工艺员、电子产品硬件开发、产品测试及维护	嵌入式产品焊接与组装	1. 基本素质 (1) 工作认真细致 (2) 具有一定学习能力 (3) 具有一定团队意识 2. 知识要求 (1) 认识焊接工具 (2) 了解焊接操作要求 (3) 掌握嵌入式产品焊接 (4) 掌握嵌入式产品装配 3. 技能要求 (1) 学会使用焊接工具 (2) 能够把握焊接温度 (3) 掌握焊接操作技能 (4) 掌握产品装配技能
嵌入式产品生产线及质检	嵌入式产品设备工程师、嵌入式产品生产线及质检人员、质量管理员、产品维修员、工艺员	嵌入式生产辅助管理	1. 基本素质 (1) 工作认真细致 (2) 具有一定学习能力 (3) 具有一定团队能力 (4) 具有一定管理能力 2. 知识要求 (1) 了解嵌入式生产设备 (2) 掌握设备日常维护 (3) 掌握嵌入式生产安全管理 3. 技能要求 (1) 掌握设备维护和维修技能 (2) 掌握生产设备管理技能

续表

专业名称	嵌入式系统工程		
职业领域	岗位	典型任务	基础竞争力
嵌入式系统设计	嵌入式产品硬件及调试人员、嵌入式产品软件设计工程师、嵌入式PCB设计与制作人员、嵌入式测试工程师、嵌入式产品生产线及质检人员、嵌入式销售及技术支持	嵌入式项目辅助管理	1. 基本素质 (1) 工作认真细致 (2) 具有一定学习能力 (3) 具有一定团队能力 2. 知识要求 (1) 学会嵌入式项目设计 (2) 学会嵌入式项目规划 (3) 掌握嵌入式项目进度管理 (4) 掌握嵌入式项目质量管理 3. 技能要求 (1) 掌握嵌入式项目设计技能 (2) 掌握嵌入式项目规划技能 (3) 掌握项目进度管理技能 (4) 项目质量管理技能
嵌入式软件测试	嵌入式产品软件设计工程师、嵌入式测试工程师、嵌入式销售及技术支持、产品测试及维护	嵌入式软件测试	1. 基本素质 (1) 工作认真细致 (2) 具有一定学习能力 (3) 具有一定团队能力 (4) 具有一定沟通能力 2. 知识要求 (1) 学会嵌入式软件编写 (2) 学会嵌入式软件测试 (3) 学会测试软件 (4) 学会测试方法 3. 技能要求 (1) 掌握规范化编码技能 (2) 掌握软件测试技能 (3) 掌握软件应用技能
嵌入式销售及技术支持	采购人员、质量管理员、工艺员、设备工程师、嵌入式产品生产线及质检人员、嵌入式销售及技术支持	嵌入式产品生产物料采购与管理	1. 基本素质 (1) 工作认真细致 (2) 具有一定学习能力 (3) 具有一定团队能力 (4) 具有一定沟通能力 (5) 具有一定管理能力

续表

专业名称	嵌入式系统工程		
职业领域	岗位	典型任务	基础竞争力
嵌入式销售及技术支持	采购人员、质量管理员、工艺员、设备工程师、嵌入式产品生产线及质检人员、嵌入式销售及技术支持	嵌入式产品生产物料采购与管理	2．知识要求 (1) 学会嵌入式产品物料分类 (2) 学会嵌入式产品物料采购 (3) 学会物料标准库 (4) 学会物料管理 3．技能要求 (1) 掌握物料识别技能 (2) 掌握物料采购技能
嵌入式产品生产线及质检	嵌入式产品生产线及质检人员、质量管理员、产品维修员、工艺员、设备工程师、产品测试及维护	嵌入式产品质量控制	1．基本素质 (1) 工作认真细致 (2) 具有一定学习能力 (3) 具有一定团队能力 (4) 具有一定沟通能力 (5) 具有一定管理能力 2．知识要求 (1) 学会嵌入式产品质量标准 (2) 学会嵌入式产品质量认证体系 (3) 产品质量管理 3．技能要求 (1) 掌握产品质量控制技能 (2) 掌握质量管理技能
嵌入式系统设计	嵌入式产品硬件及调试人员、嵌入式产品软件设计工程师、嵌入式PCB设计与制作人员、嵌入式测试工程师、嵌入式销售及技术支持	嵌入式产品初级开发	1．基本素质 (1) 工作认真细致 (2) 具有一定学习能力 (3) 具有一定团队能力 (4) 具有一定沟通能力 2．知识要求 (1) 学会硬件电路设计 (2) 学会产品软件设计 (3) 产品调试 (4) 产品组装 (5) 产品方案规划与管理 3．技能要求 (1) 掌握电路设计技能 (2) 程序设计技能 (3) 软、硬件调试技能 (4) 产品组装技能

续表

专业名称	嵌入式系统工程		
职业领域	岗位	典型任务	基础竞争力
嵌入式销售及技术支持	嵌入式产品技术支持与服务人员、嵌入式产品生产线及质检人员、质量管理员、产品维修员、工艺员、设备工程师、产品测试及维护	嵌入式产品技术支持与服务	1．基本素质 (1) 工作认真细致 (2) 具有一定学习能力 (3) 具有一定团队能力 (4) 具有一定沟通能力 2．知识要求 (1) 了解嵌入式产品性能及用途 (2) 了解产品客户群 (3) 熟知产品各项性能指标 (4) 熟知产品使用方法及注意事项 3．技能要求 (1) 掌握产品营销技能 (2) 掌握技术支持技能 (3) 掌握产品维护技能
嵌入式产品生产线及质检	嵌入式产品生产线及质检人员、嵌入式产品硬件及调试人员、产品技术支持、质量管理员、产品维修员、工艺员、设备工程师、产品测试及维护	嵌入式整机调试与维修	1．基本素质 (1) 工作认真细致 (2) 具有一定学习能力 (3) 具有一定团队能力 (4) 具有一定沟通能力 2．知识要求 (1) 学会软件调试 (2) 学会硬件调试 (3) 学会嵌入式系统联调 (4) 熟知维修仪器使用 3．技能要求 (1) 掌握软件调试技能 (2) 掌握硬件调试技能 (3) 掌握整机调试技能 (4) 掌握仪器使用技能

续表

专业名称	嵌入式系统工程		
职业领域	岗位	典型任务	基础竞争力
嵌入式产品软件设计	嵌入式产品软件设计工程师、嵌入式测试工程师、产品技术支持	嵌入式软件模块开发	1．基本素质 (1) 工作认真细致 (2) 具有一定学习能力 (3) 具有一定团队能力 (4) 具有一定沟通能力 2．知识要求 (1) 学会开发软件使用 (2) 学会软件模块开发 (3) 学会软件模块应用 3．技能要求 (1) 掌握软件应用技能 (2) 掌握软件开发技能 (3) 掌握软件调试技能
嵌入式PCB设计与制作	嵌入式PCB设计与制作人员、嵌入式产品硬件开发及调试人员、产品测试及维护	嵌入式产品PCB设计	1．基本素质 (1) 工作认真细致 (2) 具有一定学习能力 (3) 具有一定团队能力 (4) 具有一定沟通能力 2．知识要求 (1) 学会电路原理图设计 (2) 学会元器件的封装设计 (3) 学会布线规则 (4) 熟知PCB板工艺要求 3．技能要求 (1) 掌握读图技能 (2) 掌握结构设计技能 (3) 掌握规范布线技能 (4) PCB工艺设计技能

（七）职业证书

职业证书的介绍如表8-3所示。

表 8-3 职业证书

序号	职业资格证书名称	内涵要点	证书颁发机关
1	应用电子技术工程师	培训目标：应用电子技术工程师是在各企事业单位中从事产品开发、生产管理质检、设备的检测与维修、工艺制作、销售与售后服务工作的人员 技术要求：能够运用基本技能与专业技能对电子设备、仪器及常见自动控制设备具有安装、调试、运行与维护的能力，具有分析电子产品(内含单片机控制单元模块)，在开发、生产过程中解决有关软硬件技术问题的专业能力 考试内容：电子电路的测试、印制电路板的设计、数字电路的硬件设计与制作、虚拟实验与传统的工程实验相结合的技能、单片机典型应用系统的工作原理、结构、常用设计方法	国家信息计算机教育认证
2	电子设计助理工程师	培训目标：电子设计助理工程师，即在各企事业单位中从事电子工程设计的人员。 技术要求：能够运用基本技能与专业技能对电子元器件的选购与使用、电路设计能力进行分析，并对电子产品进行安装、调试、运行与维护，具有在开发、生产过程中分析、解决电子产品（内含单片机控制单元模块）有关软硬件技术问题的专业能力。 考试内容：(1) 综合知识包括模电、数电、测试测量仪器的使用、电子元器件的选购与使用、单片机知识、电路设计等内容。(2) 实操考试包括电路硬件电路的设计，也包括软件 C 语言读程序、编程等方面的内容；硬件焊接并调试通过	电子学会颁发
3	嵌入式（助理）工程师	培训目标：嵌入式（助理）工程师是在各企事业单位中从事嵌入式行业的技术人员。 技术要求：具有运用基本技能与专业技能对嵌入式系统应用设计的能力，具有系统的开发能力和系统的性能以及程序代码的优化能力 考试内容：嵌入式硬件系统知识（ARM）、嵌入式软件知识（Linux）以及嵌入式系统应用的工作原理、结构、常用设计方法	电子学会颁发
4	电子设备装接工	培训目标：电子设备装接工是各企事业单位中从事或准备从事电子设备装接工作或需掌握本职业（工种）技能的人员 技术要求：能够完成各种电子设备的装接工作，并运用基本技能操作自动化插接设备和焊接设备、具有简单维修自动化装接设备、检修整机出现的工艺质量问题的专业能力 考试内容：理论知识包括各级别电子设备装接工要求掌握的基础知识，相关法律、法规知识及电气基础、电子电路及电子测量基础、计算机应用基本知识、安全用电和文明生产，实操包括对电子设备的工艺、准备、装接与焊接	国家信息产业部和劳动部颁发

续表

序号	职业资格证书名称	内　涵　要　点	证书颁发机关
5	无线电调试工	培训目标：无线电调试工是各企事业单位从事或准备从事无线电设备调试工作或须掌握本职业（工种）技能的人员 技术要求：能够完成各种无线电设备的装接工作，并具有运用基本技能进行设备的全部调试、检修和排除常见故障的专业能力 考试内容：理论知识包括电工电子基础知识，无线电发射与接收，电子测量知识，文明、安全生产知识，无线电识图基础知识	国家信息产业部和劳动部颁发

证书选择建议：学生获取证书可以选择电子学会颁发的嵌入式系统（助理）工程师资格证书。也可以根据学生的学习情况选择电子设计助理工程师、应用电子技术工程师。此外，可以结合工作情况选择相关的专项认证，作为职业资格证书的补充。

（八）课程体系与专业核心课程（教学内容）

1．课程体系开发流程

嵌入式工程技术专业依托企业，与企业联合，以工学结合为指导思想，按照学院“产学一体，实境再现，能力递进”的人才培养模式，结合本专业特点，“就业岗位需求为标准要求”课程体系。

该课程体系根据电子类专业岗位群的任职素质和专业技术水平要求，参照国家有关职业资格标准（嵌入式产品开发工程师、生产线工程师等）和行业职业资格证书标准(电子设计助理工程师证书、电子产品装配工证书等)，以职业能力为主线，结合高职学生的认知规律进行课程结构设计和教学设计。

为了保证课程体系符合人才培养目标，保证开发的规范性，本专业采用了以下流程开发课程体系，如图 8-1 所示。

课程体系开发流程提出了“ABC 三类课程”的概念。其中，A 类课程是专业知识性课程。B 类课程为基本技术技能的训练性实践课程。C 类课程是以培养学生解决工作中问题的综合职业能力（职业核心能力）为目标的一体化的学习领域课程。

2．课程体系结构

在课程体系开发过程中，以认知学习，重复加强，设计实践几个阶段培养过程是逐一实现的；从课程难度、实训项目复杂度、学生职业能力方面衡量，每个阶段的目标呈逐步提高的趋势，从而构建了“就业岗位需求为标准要求”的课程体系（见图 8-2）。

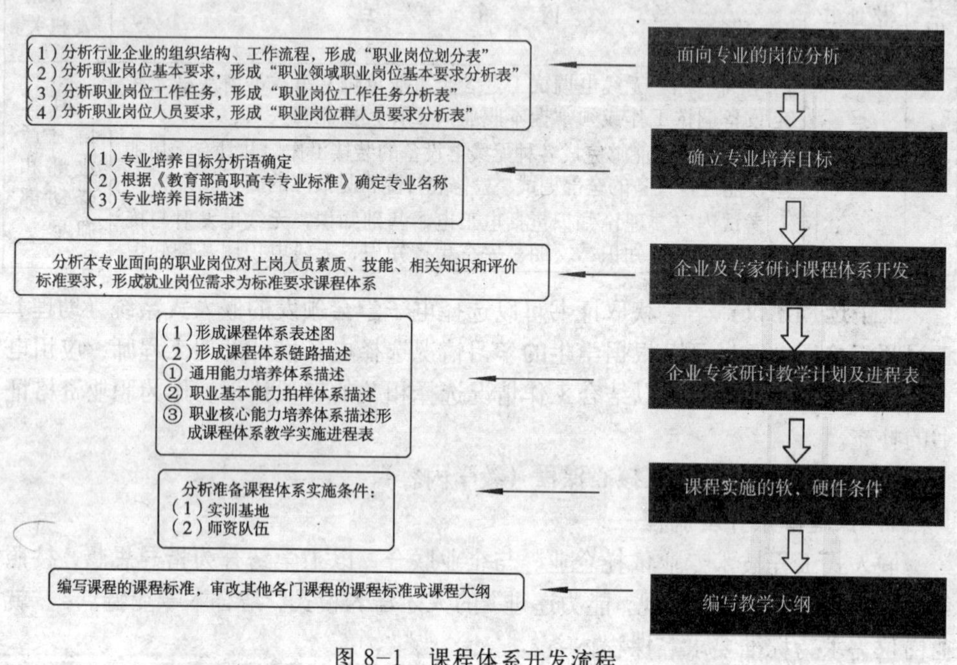

图 8-1　课程体系开发流程

图 8-2　嵌入式工程技术专业课程结构图

教学进程安排表如表 8-4 所示。

表 8-4　“嵌入式工程技术”专业教学计划表

课程类型	序号	课程名称	学分	学时	学时分配		学年学期分配						备注
					理论	实践	第1学年		第2学年		第3学年		
							一	二	三	四	五	六	
公共基础平台课程	1	思想道德修养与法律基础	3				✓	✓					
	2	毛泽东思想和中国特色社会主义理论体系概论	4						✓	✓			
	3	英语	10～16				✓	✓	✓	✓			
	4	高等数学	5～10				✓						
	5	体育	6				✓	✓					
	6	计算机应用基础	4～6				✓						
	7	就业指导	2						✓				
	8	其他校定课程	4～6				✓	✓					
	小计		38～53										
专业基础理论知识平台课程	1	电工基础	4				✓						
	2	程序设计基础	6				✓						
	3	工程制图	3				✓						
	4	上位机接口程序设计	4					✓					
	5	模拟电路应用*	6					✓					
	6	数字电路应用与FPGA/CPLD系统实现	4						✓				
	小计		27										
专业基本技术-技能平台课程	1	电子图绘制与PCB板制作*	4					✓					
	2	Linux 操作系统	4					✓					
	3	嵌入式产品生产工艺	3						✓				
	4	电路参数调测	4						✓				
	5	嵌入式系统实现*	6							✓			
	6	电子设计与制作	6						✓				
	小计		27										

续表

课程类型	序号	课程名称	学分	学时	学时分配		学年学期分配						备注
					理论	实践	第1学年		第2学年		第3学年		
							一	二	三	四	五	六	
学习领域课程	1	单片机系统与应用实践*	4						✓				
	2	（嵌入式）电子产品设计与制作	6							✓			
	3	传感器应用技术	2							✓			
	4	嵌入式产品生产制造*	4								✓		
	5	嵌入式产品应用软件模块开发	6							✓			
	6	嵌入式产品 PCB 的设计与制作	3								✓		
	7	高技术电子产品销售与维护	3								✓		
	小计		28										
拓展课程	1	嵌入式 SOPC 应用技术	2								✓		
	2	虚拟仪器设计与应用	2								✓		
	3	其他学校规定拓展课程	2～4							✓	✓		
	小计		6～8										
		顶岗实习与毕业设计	18									✓	
合计			144～161				9	8	8	7	6	1	

说明：

（1）专业核心课程后以“*”标记，为必须开设课程

（2）建议第五学期至少安排 12 周课

（3）选修课为公共选修课和专业选修课，预留 10～20 学分，未在专业教学计划表中列出

（4）学时根据各学校的学分学时比自行折算

专业核心课程介绍

1. 模拟电路应用（A类）

课程面向嵌入式产品生产线在线工艺员、嵌入式产品在线质量员、嵌入式产品维

修服务员岗位群培养学生应具备电子技术的应用能力，对嵌入式产品的组装、测试和设计开发能力，具备嵌入式产品的调试、维修能力。通过本课程学习，学生能够熟悉模拟电子技术基本的电路结构和基本原理，熟练掌握各种仪器仪表的使用及测试方法，掌握电子焊接工艺要求和标准，熟练掌握模拟电路的搭建及调试技术。同时应学会与他人沟通、合作共同完成工作；以积极的态度投入工作，在学习工作中承担相应的责任，逐渐培养良好的职业道德和科学的创新精神、团队合作精神。

2．电子图绘制与 PCB 板制作（B 类）

通过对本门课程的学习，使学生熟练应用电路板设计软件 Protel，能够使用 Protel 软件绘制电路原理图以及电路 PCB 板图，具备嵌入式产品电路板设计调试能力，提高学生的职业技能水平，培养学生的团队合作意识，养成诚信守时、吃苦耐劳的品质，最终能够胜任电路板绘图、电路板设计、电路板制作等多种岗位的工作。

3．嵌入式系统实现（B 类）

通过本课程的教学，帮助学生掌握嵌入式系统的基本概念，微处理器或微控制器的系统电路及其专用的软件系统，能学会嵌入式系统几种操作系统的安装、使用，并使用 C 语言编写完整的应用程序。要求学生通过嵌入式系统的学习，初步理解嵌入式系统的设计过程，初步完成简单应用。通过启发性的教学，提高学生的自学、创新意识。同时掌握这种技术为高校学生就业创造更多的机会。

4．单片机系统与应用实践（C 类）

《单片机系统与应用实践》是学生在学习了专业基础课之后，与实践相结合的一门非常重要的专业课程。本课程重点培养学生单片机技术的应用能力，能够按照企业项目开发的工作流程和电子工艺，实现单片机应用产品的设计、开发，同时具备对单片机产品调试和检测的能力。

5．嵌入式电子产品生产制造（C 类）

通过对本门课程的学习，使学生掌握嵌入式电子产品的设计方法，熟悉嵌入式电子产品的组装过程。能够理解电子产品的基本原理，实现对常见嵌入式电子产品的调试和维修，提高学生的职业技能水平，培养学生的团队合作意识，养成诚实守信、吃苦耐劳的品质，最终能够胜任电路设计、电路测试、产品维护、生产线管理等多种岗位的工作。

（九）专业办学基本条件和教学建议

1．专业教学团队

专业教学团队是保证人才培养质量的首要条件。按照一个标准班（40 人），每年招生1个班核算，根据课程教学实施和学生能力培养的需要，专业教学团队需10人，具体师资配制要求如表8-5所示。

表8-5　师资配置要求

师资来源	教师类别	要　　求	数量
校内师资	专业带头人	具备副高以上职称（含副高职称），高级工程师 具备专业发展方向把握能力、专业建设项目指导能力、课程设计与开发能力、教研教改能力、组织协调能力 能带领教学团队完成专业课程体系开发 主持1项省级以上的科研课题项目；主持或主要参与5项横向科研课题，参与过重大应用技术项目设计与实现 培养本专业青年教师	2
	骨干教师	具备讲师以上职称（含讲师职称），中级工程师或中级职业资格认证 具备课程设计与开发能力、教研教改能力、专业核心课程的教学能力、实践教学指导能力 能带领课程团队完成课程设计与开发、制定课程培养目标及课程标准 主持或参与1项省级以上的科研课题项目	3
	普通专业教师	具备教研教改能力、专业课程的教学能力、实践教学指导能力 能参与完成课程设计与开发、制定课程培养目标及课程标准 主持或参与1项院级以上的科研课题项目	3
	基础课教师	具备讲师以上职称（含讲师职称），中级工程师或中级职业资格认证 具备课程设计与开发能力、教研教改能力 对应用电子技术领域有一定了解	2
校外师资	技术专家	具有博士学位或副高级以上职称，年龄50岁以下 电子行业工作10年以上，具有丰富的实践能力和项目开发经验 在专业建设、校企合作等方面起到引领作用	2
	能工巧匠	具有工程师以上职称，年龄45岁以下 电子行业工作5年以上，具有丰富的实践能力和项目开发经验 参与教学、实践与实训指导、教材开发、课程资源建设、校内实训室及校外实训基地建设	4
	实训指导	企业工作至少3年，目前为电子产品企业的技术骨干，具有很强的实践工作经验 参与顶岗实习与毕业设计指导、参与校内实训室及校外实训基地建设	4

2. 教学设施

1）校内教学设施（见表 8-6）

表 8-6 校内实践教学条件配置与要求

序号	实训室名称	主要设备及数量	主要功能	支撑课程
1	嵌入式应用实训室2个	硬件：台式计算机、ARM 9 实验箱、ARM 9 创新实验开发板、单片机实验箱、单片机创新实验开发板、SOPC 实验箱、SOPC 创新实验开发板（各 25 套） 软件：嵌入式系统开发平台：ADS 集成开发环境；Linux 单片机系统开发平台 Keil uVision3 集成开发环境	（1）嵌入式 linux 驱动程序开发 （2）基于 WiFi 无线网络的智能小车设计 （3）基于 FPGA 数字示波器设计与实现 DDS 设计与实现 （4）指纹识别系统设计与制作	（1）单片机原理及应用 （2）嵌入式应用技术 （3）SOPC 应用技术 （4）数字电路与 EDA （5）数字电路应用与 FPGA/CPLD 系统实现
2	电子实验室1个	硬件：万用表、频率计、扫频仪、万用表、示波器、信号发生器、手工焊接工具（各 25 套）、产品工作台	电路焊接实训、电子设备调试	（1）模拟电子技术应用 （2）数字电子技术与 EDA （3）单片机原理及应用 （4）电路参数计算与测量 （5）电子产品设计与制作
3	电子通信车间1个	硬件：PLC 及柔性制造系统控制、传感器、虚拟仪器、NI 电路设计模块（20 套）、直流电源、数字示波器 软件：PLC 仿真软件 Labview	电子产品生产、通信设备检测、维修	（1）PLC 应用技术 （2）虚拟仪器设计与应用 （3）轨道通信信号设备维护 （4）高技术电子产品销售与维护
4	电子技术实训室	硬件：PCB 雕刻机、PCB 曝光机、PCB 钻孔机、线路板烘箱、PCB 丝印机、PCB 沉铜机（以上一套）、工具箱、万用表、示波器、信号发生器	电子焊接、电子产品组装、电子工艺等实训教学任务，为学生提供了技能大赛的场所	（1）模拟电子技术实训 （2）数字电路应用实训 （3）控制器实训 （4）小型电子设备设计与制作

续表

序号	实训室名称	主要设备及数量	主要功能	支撑课程
5	SMT生产线	硬件：SMT贴片机、SMT点胶机、SMT回流焊炉、SMT检修机、手动贴片机、手工焊接工具、产品工作台、电子维修台(以上一套)	电子产品SMT生产、电子工艺实训	(1) 电子工艺实训 (2) 电子产品生产与检验 (3) 半导体工艺技术实训

2）校外实践基地的基本要求

校外实训基地是高职院校实训系统的重要组成部分，是校内实训基地的延伸和补充，本专业与企业积极合作，以“订单培养、工学交替、顶岗实习”的产学研结合模式和运行机制，与北京地区众多的企事业单位建立了良好的校企合作关系，在校外开设实训基地，全面提高学生综合职业素质的实践性学习与训练平台。

为确保各专业实训基地的规范性，对校外实训基地必须具备的条件制定出基本要求。

(1) 企业应是正式的法人单位，发展前景好。

(2) 企业提供学生实习、实训岗位与相应专业对口，并且在国内知名度高，社会形象好。

(3) 接收学生人数多、满足学生顶岗实训半年以上的要求。

信息网络教学条件：

学校建设了核心课程的网络课程，建立了完善的网络教学资源。

3. 教材及图书、数字化（网络）资料等学习资源

教材职业教育规划相一致、近三年之内出版的工学结合教材。

建立了“单片机原理及应用”、“嵌入式应用技术”等课程的网络教学平台——网络课程。“网络课程”中提供丰富的课程资源，包括课程教学大纲、授课计划、电子教案、电子课件、企业电子产品设计流程视频、学习情境教学视频、企业案例、教学参考资料等。

4. 教学方法、手段与教学组织形式建议

1）启发式

第1阶段采用“教、学、做”的教学方法：

学生学习的初始阶段，采用任务驱动、教师演示和学生模仿教学法，教师为学生讲解完成项目的方法、途径，学生以模仿学习为主，引导学生进入项目。

第 2 阶段采用“引导、学、做”教学方法：

采用项目驱动、启发引导、分组讨论教学法，教师启发引导，师生共同讨论完成任务的方法，学生不再是项目模仿，而是在理论—实践—理论的基础上完成项目。

第 3 阶段采用“学、做、指导”的教学方法：

采用项目驱动、自学指导、分组实践教学法，强调学生做中学，分组实践，自主完成项目，教师发现问题予以指导。让学生学会学习、学会探索。

2）训练式

项目教学法：

在教学中把知识与技能进行有机的结合，充分发掘学生的创造潜能，提高学生解决实际问题的综合能力，为学生零距离就业奠定基础。教师提供项目，以工作过程为主线开展教学，按照完成一个实际工程项目完整的流程组织教学过程，企业教师参与教学，学生直接参与企业生产过程，让他们了解整个流程，包括产品功能、准备资料、硬件设计、硬件制作、软件设计、软硬件下连调、产品制作、产品测试 8 个工作步骤，引导学生通过项目实践寻找完成任务的途径和方法，最终得到项目结果。

分组教学法：

一般是让学生三五个人分成一组，每一组，设置多个题目；每个人在项目组中都有责任和义务。作出项目实施过程的计划书，流程等，并确定开发环境。项目操作的详细计划，以及项目实施日程表，并根据这些表格严格控制项目的操作。比如，每天做什么，工作量多少，项目进度怎样，得到的成果是什么，会遇到什么样的风险，风险的系数等。

3）行动导向

模拟企业项目实施法：

把企业实际的项目放到教学过程中，模拟企业真实工作环境，按照企业的实际要求进行教学实施。

5．教学评价、考核建议

课程考核成绩＝教学过程考核（70%）＋学期项目考核（30%）。

其中，教学过程考核由 n 个学习情境考核组成：

教学过程考核＝0.7×（学习情境 1 考核＋学习情境 2 考核+…＋学习情境 n 考核）/5。

学习情境[1…n]考核＝学生自评（20%）＋小组互评（20%）＋教师评价（60%）。

学期项目考核=[成果水平（20%）＋项目答辩（20%）＋文档撰写（20%）＋操作规范（15%）＋职业素质（15%）＋个人贡献（10%）]×0.3。

6. 教学管理

高中毕业生与三校生管理方式相同，在一起进行教学实施。但是由于三校生已经训练过焊接等生产性基本技能，所以要加强高中毕业生的生产性基本技能训练。

（十）继续专业学习、深造的建议

继续专业学习深造的途径有如下两种。

1. 学校推荐专升本

通过参加专升本考试，择优选择部分学生推荐到相关本科院校的相关专业继续深造，如应用电子专业、电子信息专业等。

2. 自主学习

通过企业实践获得更多最新知识，自主学习，获取相关的高级职业资格证书。

第9章 “电子信息工程技术（物联网工程应用方向）”专业教学基本要求

（一）专业名称

专业名称：电子信息工程技术（物联网工程应用方向）。

（二）专业代码

专业代码：590201。

（三）招生对象

招生对象：普通高中毕业生/“三校生”（职高、中专、技校毕业生）。

（四）学制与学历

学制与学历：三年制，专科。

（五）就业面向岗位

“电子信息工程技术（物联网工程应用方向）”专业就业面向岗位如表9-1所示。

表9-1 “电子信息工程技术（物联网工程应用方向）”专业就业面向岗位

序号	职业领域	初始岗位	发展岗位	预计平均升迁时间（年）
1	物联网相关电子和通信设备制造商的现场工艺技术	电子设备调试工 电子工艺员 设备生产管理员 设备测试工 设备维修助理工程师 设备集成销售专员	设备调试工程师 电子工艺工程师 设备生产经理 设备测试工程师 设备维修工程师 设备集成销售经理	4~5年
2	物联网工程项目的实施	物联网设备安装助理工程师 物联网现场应用助理工程师 物联网施工工程督导	物联网设备安装工程师 物联网现场应用工程师 物联网施工工程项目经理	4~5年

续表

序号	职业领域	初始岗位	发展岗位	预计平均升迁时间（年）
3	物联网系统运行与维护	物联网系统设备（维护/调试）助理工程师 物联网技术支持助理工程师 物联网系统管理员	物联网系统设备（维护/调试）工程师 物联网技术支持工程师 物联网系统高级管理员	4～5年

（六）培养目标与规格

培养目标：

培养拥护党的基本路线，具有良好职业道德，适应社会主义现代化建设事业需要的人才，能够综合运用所学知识进行系统日程管理；具有物联网工程布线、传感器安装与调试、自动识别产品安装与调试和软件产品安装能力；具有系统联调、工程验收、硬件维修、软件维护升级、实施方案设计、系统操作培训以及项目现场管理等技能，能够进行物联网工程项目的运行维护、管理监控、优化及故障排除；面向物联网设备制造、项目实施和管理一线的系统集成（服务）工程师、设备安装工程师、现场应用工程师、设备（维护/调试）工程师、技术支持工程师等工作。

培养规格：

毕业生应具备的综合职业能力（职业核心能力）：

(1) 物联网设备设计能力；

(2) 物联网工程系统施工和运行维护能力。

毕业生应达到的基本要求（基本素质、基本知识、基本能力、职业态度）：

1. 基本素质

(1) 具备自我学习和自我管理能力；

(2) 具有使用常用办公软件的能力；

(3) 具有一定的英文阅读能力；

(4) 团队合作及协调能力；

(5) 与人沟通的能力；

(6) 吃苦耐劳，诚实守信。

2. 基本知识

(1) 电路、通信网络、单片机和数据库基础知识；

(2) 设备选型基本知识；

(3) 常用电子仪器、仪表的使用、测量方法；

(4) 用电标准及电力施工规范；
(5) 工程布线标准及规范；
(6) 传感器、RFID 基本知识；
(7) 应用软件开发基础知识；
(8) 测试软件使用知识；
(9) 系统工程运行维护知识。

3. 基本能力

(1) 具有物联网日常管理能力；
(2) 具有设备选型与配置的基本能力；
(3) 具有系统集成测试方案的设计能力；
(4) 具有电路调测和设备检验能力；
(5) 具有施工项目进度管理能力；
(6) 具有系统集成产品调试能力；
(7) 具有物联网网络测试能力；
(8) 具备收集故障信息，能够掌握故障处理流程，对一般故障进行处理的能力；
(9) 具有系统运行与维护基本能力；
(10) 具有工程施工概预算和工程管理能力；
(11) 具有客户培训能力；
(12) 具有项目现场管理能力。

4. 职业态度

(1) 遵守国家法律法规和有关规章制度；
(2) 爱岗敬业，钻研业务；
(3) 以诚相待，恪守信用；
(4) 爱护仪器、仪表与工具设备，安全文明生产。

(七) 职业证书

“电子信息工程技术（物联网工程应用方向）”专业资格证书如表 9-2 所示。

表 9-2　“电子信息工程技术（物联网工程应用方向）”专业资格证书

序号	职业资格（证书）名称	发证单位	等级
1	网络管理员证书	人力资源和社会保障部以及工业和信息化部	中级
2	微型计算机调试与维修证书	人力资源和社会保障部	中级
3	信息处理技术员	工业和信息化部	初级
4	助理物联网工程师	工业和信息化部	初级

续表

序号	职业资格（证书）名称	发 证 单 位	等 级
5	物联网工程师	工业和信息化部	中级
6	全国计算机信息管理高新技术考试证书	人力资源与社会保障部	中级
7	全国计算机等级考试 C 语言二级证书	教育部	中级
8	网页设计师	工业和信息化部	中级
9	网络工程师	Cisco 公司、人力资源和社会保障部、工业和信息化部	中级

证书选择建议：学生获取证书可以选择国家人力资源和社会保障部颁发的职业资格证书，可以根据自身学习情况和就业需求选择 2～3 门课程的证书。

（八）课程体系与专业核心课程（教学内容）

“电子信息工程技术（物联网工程应用方向）”专业课程体系的开发紧密结合电子信息产业的发展和人才的需求，按照电子信息教指委在《专业规范（Ⅰ）》中提出的“职业竞争力导向的工作过程–支撑平台系统化课程” 模式及开发方法进行开发。该方法以培养学生职业竞争力（以基本素质、基本知识、基本能力和职业态度支持的综合职业能力即职业核心能力而构成）为导向，设计符合学生职业成长规律的课程体系。其开发工作流程如图 9–1 所示。

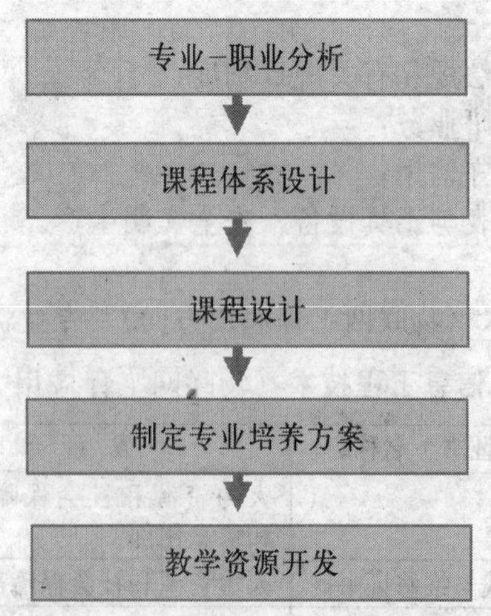

图 9–1 电子信息工程技术（物联网工程应用方向）专业开发工作流程

该课程模式和开发方法提出了“ABC 三类课程”的概念。其中，A 类课程是相对系统的专业知识性课程。B 类课程为基本技术技能的训练性实践课程。C 类课程是以培养学生解决工作中问题的综合职业能力（职业核心能力）为目标的实践–理论一体化的学习领域课程。本课程体系主要由 ABC 三类课程构成，以培养学生综合职业能力（职业核心能力）为主，注重基础知识学习和基本技术技能的训练，同时把基本素质和态度的培养贯穿始终，以保证学生职业竞争力的培养和学生职业生涯的长期发展。在教学过程中，推进教学改革，积极采用先进的教学方法，并注重全面的产学合作。

“电子信息工程技术（物联网工程应用方向）”专业课程体系图如 9–2 所示。

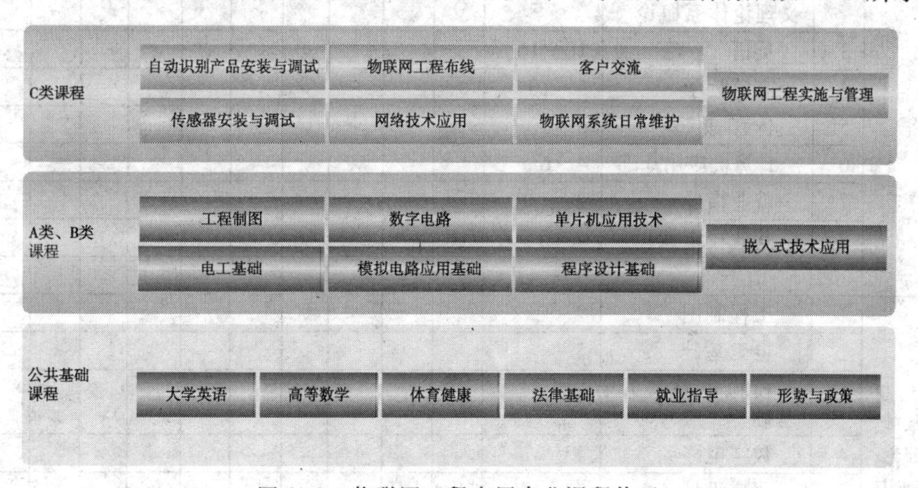

图 9–2　物联网工程应用专业课程体系

教学进程安排表如 9–3 所示。

表 9-3　“电子信息工程技术（物联网工程应用方向）”专业教学计划表

课程类型	序号	课程名称	学　分	学时	学时分配		学年学期分配						备注
					理论	实践	第 1 学年		第 2 学年		第 3 学年		
							一	二	三	四	五	六	
公共基础平台课程	1	思想道德修养与法律基础	3				✓	✓					

续表

课程类型	序号	课程名称	学分	学时	学时分配		学年学期分配						备注
					理论	实践	第1学年		第2学年		第3学年		
							一	二	三	四	五	六	
	2	毛泽东思想和中国特色社会主义理论体系概论	4						✓	✓			
	3	英语	10~16				✓	✓	✓	✓			
	4	高等数学	5~10				✓	✓					
	5	体育	6				✓	✓					
	6	计算机应用基础	4~6				✓						
	7	就业指导	2						✓				
	8	其他校定课程	4~6				✓	✓					
	小计		35~43										
专业基础理论知识平台课程	1	工程制图	2				✓						
	2	电工基础	5				✓						
	3	模拟电路应用基础	5					✓					
	4	数字电路	5					✓					
	5	程序设计基础	3					✓					
	6	单片机应用技术*	4							✓			
	7	嵌入式技术应用*	4						✓				
	小计		28										
专业基本技术—技能平台课程	1	传感器实训*	3					✓					
	2	物联网软硬件实训	4						✓				
	3	网络设备安装调试实训	4						✓				
	4	物联网综合布线实训*	4						✓				
	5	物联网通用实训*	4						✓				
	小计		19										

续表

课程类型	序号	课程名称	学 分	学时	学时分配		学年学期分配						备注
							第1学年		第2学年		第3学年		
					理论	实践	一	二	三	四	五	六	
学习领域课程	1	自动识别产品安装与调试*	5							√			
	2	传感器安装与调试*	4							√			
	3	物联网工程布线*	5							√			
	4	网络技术应用*	5							√			
	5	客户交流	3								√		
	6	物联网系统日常维护*	5								√		
	7	物联网工程实施与管理*	6								√		
	小计		33										
拓展课程	1	物联网工程新技术介绍	2								√		
	2	物联网工程相关技术拓展	2							√			
	3	其他学校规定拓展课程	2～4							√	√		
	小计		6～8										
		毕业实践	18									√	
合计			134～157				8	9	8	9	5	1	

说明：
(1) 专业核心课程后以“*”标记，为必须开设课程；
(2) 建议第五学期至少安排12周课；
(3) 选修课为公共选修课和专业选修课，预留10～20学分，未在专业教学计划表中列出；
(4) 学时根据各学校的学分学时比自行折算

专业核心课程介绍：

1）程序设计基础（B类课程）

课程目标：通过本课程学习，掌握 C 语言的基本语法和编程能力。能运用本课程知识解决实际问题的能力、提高算法设计和编写高效程序的能力。

内容简介与要求：本课程主要内容是 C 语言的数据类型、运算符和表达式、控制结构、数组、函数、指针、结构体和文件等，本课程要求学生掌握 C 语言程序设计语言的基本知识，并可运用 C 语言编写应用程序完成特定任务，通过本课程的学习，使学生深入理解编写 C 语言程序的基本思想，培养学生分析问题、解决问题的能力，培养学生掌握基本的、良好的程序设计能力。

2）单片机应用技术课程（B 类课程）

课程目标：通过本课程学习，能运用本课程知识独立设计和制作从简单到复杂的单片机应用系统，能运用本课程知识技能维修单片机应用设备和产品，具备进一步自学拓展单片机相关知识的能力。

内容简介与要求：课程主要内容包括单片机的硬件结构及指令系统、单片机开发设计流程、I/O 端口、中断系统、定时器原理及应用、单片机接口技术、串行通信技术、单片机总线技术等，以及单片机的传感器接口及应用、自动识别接口及应用和网络通信技术应用等，课程要求学生能够初步掌握单片机应用系统的开发技术。

3）传感器安装与调试（C 类课程）

课程目标：以掌握传感器产品在物联网应用技能为目标，通过理论和实践教学，培养学生掌握各类常用传感器的基础知识、测量调试方法和组网络技术，能够根据物联网应用要求，合理选择、安装使用、检测和调试常用传感器产品以及传感器网络设备，初步形成解决物联网中传感器应用面临的实际问题的能力。

内容简介与要求：课程内容主要包括常用传感器基本原理、特点、重要技术指标参数和应用场合，常用传感器信号测量电路及信号处理技术，温度、重量、压力、位移、环境变量等传感器产品及原理等；ZigBee、WSN 等无线传感器网和 RS485、RS422 等传感器数据传输技术以及相关网络设备及其安装调试方法。本课程要求学生能够了解常用传感器的作用、特点和工作原理，能读懂传感器产品说明书的性能指标，根据物联网应用的要求正确选择传感器产品并安装使用；能够识读常用传感器检测电路图，正确选择传感器测量仪器和仪表完成传感器产品的检测和调试；掌握常用的传感器网络技术，能够根据物联网应用要求，正确选择传感器网络设备组网并进行安装调试。

4）自动识别产品安装与调试（C 类课程）

课程目标：以掌握自动识别产品在物联网应用技能为目标，通过理论和实践教学，培养学生掌握各类自动识别技术的基本原理，常用的自动识别产品的技术指标和应用场合，理解自动识别系统的组成，具备选择自动识别产品和搭建自动识别系统的能力。

内容简介与要求：课程内容主要包括：自动识别的基本知识、各种识别码介绍、自动识别的概念、发展、基本原理及特性等基本知识、自动识别的编码标签及读写器、自动识别技术标准与通信协定、自动识别网络的特性、架构以及部署；自动识别安全与隐私、自动识别在物联网中的应用和发展趋势。本课程要求学生能够了解自动识别技术、理解自动识别技术的工作原理，了解自动识别技术标准与通信协定，理解自动识别系统的组成和产品选型，具备搭建自动识别系统的能力。

（九）专业办学基本条件和教学建议

1．专业教学团队

物联网工程应用专业最低生师比建议为 1:16。物联网工程应用专业的专任教师应具备物联网工程应用专业的教师任职资格，本科以上学历，热爱教育事业，工作作风严谨，认真负责，持有国家或者行业的职业资格证书，或者具有相关企业工作经历等，具备课程开发能力，能指导项目实训等。在工程项目实践类课程上建议聘请行业企业技术类人员作为兼职教师，企业兼职教师应具有二年以上相关工程类工作经验。在专业核心课中专职和兼职教师的比例建议为 1:1。

各类师资的要求：

1）专业核心课教师要求：

(1) 学历：硕士研究生或以上。

(2) 专业：物联网工程或电子信息工程类相关专业。

(3) 技术职称：副高级或以上。

(4) 实践能力：具有物联网或电子信息工程类行业企业两年以上实践经历，或有物联网或电子信息工程类职业技能资格证书，或具有工程师职称。

(5) 工作态度：认真严谨、职业道德良好。

2）非专业限选课教师要求：

(1) 学历：本科或以上。

(2) 专业：物联网或电子信息工程类相关专业。

(3) 技术职称：中级或以上。

(4) 实践能力：具有物联网或电子信息工程类行业企业半年以上实践经历、或有电子设计工程师、 弱电施工类职业技能资格证书、或工程师职称。

(5) 工作态度：认真严谨、职业道德良好。

3) 企业兼职教师要求

(1) 学历：本科或以上。

(2) 专业：物联网或电子信息工程类相关专业。

(3) 技术职称：中级或以上。

(4) 实践能力：具有所任课程相关的物联网或电子信息工程类行业企业工作经历两年以上。工程师的技术职称。

(5) 工作态度：认真严谨、职业道德良好。

(6) 授课能力：表达能力良好，普通话标准，有授课技巧，并且热爱教育工作，最好有实际工程类技术培训经验。

2. 教学设施

“电子信息工程技术（物联网工程应用方向）”专业，需要有必要的校内基础教学实训室和专项技能实训室，根据各学院场地和设施的不同，可以自行选择设备，以满足教学要求为原则。专业教学实训室如表 9-4 所示，其中，带*号的实训室是该专业开设时必须设置的实训室。对于专业核心实训室可以结合本校情况，适当地选择性实训。

表 9-4 “电子信息工程技术（物联网工程应用方向）”专业校内实训室

实训室分类	实训室名称	实训项目名称	主要设备要求
物联网工程应用实训室	物联网综合布线实训室	综合布线工程综合实训单元 综合布线基本技能训练单元 综合布线展示单元	单元模拟建筑墙体 跳线测试仪 IDC 端接实训仪 故障模拟箱 产品实物展示柜和样品箱
	物联网典型应用综合实训室	物联网商业模式操作演示实训 感知层设计实训，包括移动智能终端应用系统开发和智能溯源电子台秤应用系统开发 网络通信层技能类实训 物联网应用软件框架综合设计类实训 移动互联网设计实训	新大陆食品质量安全信息追溯实训系统 新大陆金融电子营销服务实训系统 新大陆车联网实训 新大陆现代物流实训

续表

实训室分类	实训室名称	实训项目名称	主要设备要求
物联网工程应用实训室	物联网通用实训平台产品	物联网传感教学实训 RFID 及二维码实训 ZigBee 无线自组网实训 物联网应用示例实训 物联网创新应用实训，包括：智能交通、智能家居、金融服务、物流管理、精细农业等	新大陆物联网通用实训平台产品
	传感器实训室*	环境检测网络工程现场安装、调试实训 安防检测网络工程现场安装、调试实训 流量远程检测工程现场安装、调试实训 电量检测工程现场安装、调试实训	环境检测网络工程实训设施 安防检测网络工程实训设施箱 流量远程检测工程实训设施 电量检测工程实训设施
	网络设备安装与调试实训室	模拟从小型 Soho 办公网络、网吧网络、中小型企业网络、大中型园区网、行业纵向网、各类政府部门的一、二、三级网络以及大型连锁企业的网络环境实训	控制管理器 拓扑连接器 多业务路由器 双协议栈多层交换机 安全攻防平台 无线控制器
基础课程实训室	计算机应用实训室	Office 应用软件	PC、Office 组件
	Linux 操作系统实训室*	Linux 安装、配置及安全防护实训	最新 Linux 版本、PC、局域网
	数据库应用技术实训室	数据库管理实训 数据库程序开发实训	PC、SQL Server 等数据库软件
	程序开发实训室	语言编程实训	PC、常用程序开发环境

续表

实训室分类	实训室名称	实训项目名称	主要设备要求
基础课程实训室	电子技术实训室*	电子元器件识别与测试 电子电路实验方法 数据处理与误差分析 电子电路设计与仿真 电子电路的安装与调试	模拟电子技术实验箱 数字电子技术实验箱 示波器 稳压电源

校外实训基地的基本要求：

学校要积极探索实践“订单培养、工学交替、顶岗实习”的产学研结合模式和运行机制，拓展紧密性的厂中校等校外实训基地，形成长期的互动合作机制，以培养综合职业能力为目标，在真实环境中使学生得到有效的训练，实现校企双方互利双赢。为确保各专业实训基地的规范性，对校外实训基地必须具备的条件制定出基本要求。

（1）企业应是正式的法人单位，组织机构健全，领导和工作（或技术）人员素质高，管理规范，发展前景好。

（2）所经营的业务和承担的职能与相应专业对口，并且在本地区的本行业中有一定的知名度，社会形象好。

（3）能够为学生提供专业实习实训条件，并且满足学生顶岗实训半年以上的企业。

（4）有相应的技术人员担任实训指导教师。

（5）有与学校合作的积极性。

3. 教材及图书、数字化（网络）资料等学习资源

充分利用网络上的数字化学习资源，提供学生查阅资料的方法，有效地利用学生的自主学习时间，尽量多布置一些课外的数字化学习任务，教材选用三年之内出版的高职教材，图书馆资料也应该及时更新。充分利用国家示范校提供的网络资源，还有国家精品课程资源等，以及已经建设完成的国家资源库，可以包括以下方面的内容：课程 PPT，课程实验指导，课程项目指导，课程电子教材，课程重点、难点动画，课程习题，网络在线练习，课程在线考试，课程论坛等网络资源，使学生随时随地都能自主学习。

4．教学方法、手段与教学组织形式建议

按照课程内容编写课程总体实施设计方案，再按照课程进度与课时安排，编写单元教学活动设计。完成单元的教学目标分析、重点和难点分析及应策方法。在教学过程中按照告知、引入、操练、深化、归纳总结及训练巩固的教学步骤实施课程内容。在操练中按照知识点和技能点由简到难，并逐步综合的过程使得学生掌握项目实施的初步基本能力，在深化中运用基本能力，形成项目的各功能子模块，最终综合成项目实施工程。在课外结合拓展项目的对应模块进行课外训练。

对于理论课，建议采用启发式授课方法，以讲授为主，并配合简单实验。针对高职学生多采用案例法、推理法、演示法等，深入浅出的讲解理论知识，可制作图表或动画，易于学生理解；对于实训课程，应加强对学生实际职业能力的培养，强化实训项目教学，注重以项目实训方式来诱发学生兴趣，应以学生为本，注重 “教、学、做”一体。通过选用合适的实训项目，学生在教师指导下，进行真实项目的实际操作，让学生在实训中增强专业和职业意识，掌握本课程的职业能力。可将学生分组教学，并在分组中分担不同的职能，培养学生的团队合作能力。

5．教学评价、考核建议

针对不同的课程可采用不同的考核方法：对基本理论知识性课程，建议采取理论考核的方法；对于操作性的实训课程，尽量采用实操考核、过程考核的方法。最好将形成性评价与总结性评价、职业素养评价相结合。根据学校情况结合行业标准进行考核，也可以将职业资格证书考试纳入课程体系范围；在项目考核过程中，要注重团队协作考核和小组汇报的考核，锻炼学生的合作意识，沟通能力。

6．教学管理

根据高职生源可分为两类：高中毕业生和三校生。高中毕业生，理论基础扎实一些，自我学习的能力比较强，可以在课程设置上加深理论课程方面的难度。考虑到他们的实践经验缺少，因此在实训方面应予以加强，适当增加课时量。三校生在操作技能和先修课程上已经有了部分经验，特别在操作技能方面，因此可以适当减少操作技能类课程的课时，或者在难度上有所提高，在综合项目训练方面适当增强，发挥专业技能特长，训练自我解决问题的能力。三校生由于理论基础较为薄弱，适当降低难度，使他们在理论知识方面达到基本的专业培养要求。

（十）继续专业学习、深造的建议

本专业毕业的学生可以通过专升本的考试进入本科的物联网工程应用专业或电子信息工程专业、通信网络技术专业进行深造；也可以根据个人的学习情况在专业方向上再深入学习。

第二部分 创新产学合作模式与机制

本部分推出了一个新的产学合作模式，即以电子信息教指委主导的产学合作平台模式，其主要特点是：教指委组织指导并主持开发，行业、企业、学校共同参与，完成专业课程开发和教学设计。由于专业课程开发和教学设计是由教指委组织行业企业专家和全国不同地区各高职学院相关专业骨干教师共同完成的，使其职业分析和课程开发更具代表性和广泛性；又由于高职教育理论专家和一线教师协手合作，既提升了课程开发的理论高度，又夯实了教学设计实践基础。以这种形式研发的专业人才培养方案为基础，构建电子信息教指委产学合作平台，形成产学合作的优质资源。在产学合作平台上开展产学合作项目，并进行产学合作的教学实践，就形成了产学合作的新模式，进而可以探索产学合作的新机制。目前已开展的产学合作项目包含专业、课程、实践环境、资源建设等方面。

第10章　电子信息教指委产学合作平台模式概述

10.1　产学合作是发展高等职业教育的根本途径

在我国加快推进现代化建设，建设人力资源强国的大背景下，在政府的大力发展和积极推动下，我国高等职业教育蓬勃发展，培养了大批高素质技能型专门人才。

目前，高等职业教育的改革进入到急需进一步深化改革、推广改革成果和全面提高教学质量的重要阶段。在教育部《关于全面提高高等职业教育教学质量的若干意见》（教高16号）中明确指出："各级教育行政部门和高等职业院校……要全面贯彻党的教育方针，以服务为宗旨，以就业为导向，走产学结合发展道路。"因此，产学合作、工学结合，是我国发展高等职业教育的根本途径。

一、高职教育必须实施全面的产学合作

在人才培养的过程中，任何类型的高等教育、职业教育都必须与其培养对象相应的工作机构和工作环境相结合。具体来说，学术性人才的培养，需要通过研究所、实验室的科研性项目来实现；工程性人才的培养，需要通过工程研发中心等机构的工程化项目来实现；而技能性人才的培养，则需要通过在行业企业中的实际锻炼和熟练掌握其工作过程来实现。

因此，在这一前提下，高职教育必须实施全面的产学合作。所谓全面的产学合作，并不是简单的一两个项目或短时间的合作，而必须从教学、科研、服务等教学全过程入手，将行业企业的工作过程整合、融入教学过程中，贯穿始终，才能使高职技能性人才的培养取得良好的成效。

二、高职教育发展过程中的产学合作

产学合作的本质是教育通过企业与社会需求紧密结合，高等职业院校要根据

企业需求培养人才，按照企业需要为企业员工开展职业培训，与企业合作开展应用研究和技术开发，使企业在分享学校资源优势的同时，参与学校的改革与发展，使学校在校企合作中创新人才培养模式。

无论是中国还是德国等职业教育较发达的国家，都历来重视产学合作，成功的职业教育课程几乎都是工学结合的，途径都是产学合作的。对于学校，产学合作人才培养模式已成为国际职教界公认的技能型人才培养的途径，许多国家根据自身情况采取了不同的实施方针与措施。这是一种以市场和社会需求为导向的运行机制，是以培养学生的综合素质和实际能力为重点的教育。

1. 国外的产学合作案例

1）美国高职的产学合作教育

美国是最早提出产学合作教育的国家，至今将近百年。早在1906年，产学合作的人才培养模式就在美国产生，只是受当时条件所限，一直未受重视，发展缓慢。直到1958年，在福特基金会的资助下，美国对产学合作培养模式开展研究，并形成了第一份关于产学研合作教育的评估报告。正是这份评估报告对美国后来的产学合作教育起到了巨大的推进作用。美国的社区学院和专科学院是美国高职的两种主要教育机构，它们的专业设置繁多，但专职教师并不多，大量聘用兼职教师。这些兼职教师大多是企业、行业内专业人才，他们工作经验十分丰富，社会阅历相当广泛，教学形式灵活，深受学校和学生欢迎。这些学校常采用同步的、平行的或者是时间共享的合作教育模式，主要特点是学生半天在校学习、半天下厂工作，也有一些专科学校以季度或学期为单位进行工学交替学习，其培养计划一般为两年半或三年。美国高职教育的这种主要以社区为基地，以当地企业、行业人才为依托的产学结合模式使得更多的年轻人通过学习、实习或其他计划，将自己融入社区的活动中，有助于他们未来的工作和生活，在真实的实践环境中培养能力，获得技能。

2）德国高职的产学合作教育

德国的职业教育采取“双元制”：一元是学生在公立的职业学校进行的理论学习；另一元则是在企业里顶岗接受职业培训。接受培训的学生每周有 3～4 天在企业的车间实习或工作，另有 1～2 天到职业学校去上课。在德国的毕业生中，50%～52%的年轻人接受了双元制的职业教育或培训。每个专业一般都有两个学期实习，大约连续 20 周甚至更长的时间，学生进行与本专业有关的职业训练。德国产学结合教育坚持的另一个原则是严格把好教师资关。德国高职院校从来都不聘请刚从大学毕业的博士生进行专业教学，而是到企业或行业精心挑选至少有5年工作经验的专门技术人才。这些措施保证学生能够接触到真实的工作环境，培养实践能力。

3）日本高职的产学合作教育

1951年日本出台了《产业教育振兴法》等一系列法规，规定如果各学校按国家规定标准充实设施设备的话，国家予以补助。为了加强职业教育，在产业教育方面国家补助1/3，开创了国库补助制度，这就使得职业教育的设施设备得到了极大的整顿和补充，大大促进了职业教育的发展。

4）澳大利亚高职的产学合作教育

独立设置的技术与教育学院是澳大利亚高职的实施机构，担任高职教学任务的教师必须具备三个条件：一是取得教育专业的四级证书；二是取得所授专业的大专文凭；三是取得教育专业的本科文凭。在教师队伍中，行业内的专业人才充当兼职教师的比例较大。

TAFE是澳大利亚技术与继续教育的简称，由1973年成立的技术与继续教育委员会倡议提出。他们明确主张把技术教育与继续教育糅合在一起，让学历教育与岗位培训相结合，走终身教育的路子。TAFE教育系统不仅解决了部分失业问题，延缓了就业的压力，也成了政府实现教育平衡、协调社会关系的“有力杠杆”。

2. 我国历来重视产学合作

随着我国经济社会的发展，高等职业教育改革不断深入。2002年、2003年、2004年，教育部先后召开了三次全国高等职业教育产学研合作教育经验交流会，确立了以服务为宗旨，以就业为导向，走产学研结合的高等职业教育发展之路。

10.2 探索产学合作新模式、新机制是当前高职教育的紧迫任务

目前，校企合作、工学结合在高职教学改革与发展中取得了很多重要的成果，但是也面临着一些问题。探索产学合作的新模式、新机制，保证产学合作的可持续发展是当前高职教育的迫切任务。

一、教学改革的形势要求

全国高等职业院校毕业生数从1999年的46万增加到2009年的285.6万，增加了5.2倍。多年来，高等职业教育为国家培养了近1 300万高素质技能型专门人才，为国民经济建设和社会发展做出了积极的贡献，社会对高等职业教育的

认可度显著提高。高等职业教育已经成为培养高素质技能型专门人才的主力军和基本阵地，在构建我国国民教育体系和终身教育体系中发挥着重要作用，其分布广泛、覆盖全面、数量庞大、贡献巨大，形成了高等职业教育在人力资源强国建设中的不可替代地位。

目前，全国90%以上的地市至少有一所高职院校。高等职业教育的快速发展，满足了人民群众对高等教育的强烈需求，丰富了我国高等教育类型结构，完善了职业教育层次结构，为我国在本世纪初实现高等教育大众化的历史性跨越发挥了重要作用。

其中，校企合作、工学结合在高职教学改革与发展中也取得了重大成果。

校企合作办学体制机制取得突破。高职院校与用人部门联合开展专业建设、人才培养和教学管理，聘请行业企业技术骨干和能工巧匠担任兼职教师，承担专业教学任务。

工学结合人才培养模式改革全面推进。高职院校将课堂建到生产车间、田间地头、社会服务场所，实践教学学时占教学总学时数比例显著增加，学生有大量时间在企业顶岗实习。毕业生就业率和就业质量显著提高。

二、产学合作、工学结合的成果和经验

在当前高职院校产学合作发展还处于初级阶段，尚缺少深入实践经验背景下，依然不乏一些走在产学合作、工学结合前列的高职院校和学术机构，不断探索新的产学合作模式和途径，并取得了丰硕的成果和经验，这为将来更多的学校推广产学合作，创新人才培养模式，提供了借鉴意义。

1. 董事会制度

以苏州工业园区职业技术学院和宁波职业技术学院为代表，在产学合作中实行董事会制度。

以苏州工业园区职业技术学院为例，该学院章程明确规定，董事会行使下列7项职权：(1) 负责公开招聘院长、副院长；(2) 审议学院内部管理机构的设置；(3) 审议学院的基本管理制度；(4) 审议学院的年度工作报告；(5) 审议董事提交的议案；(6) 执行股东会决议。

董事会被赋予了真实的权利，与关注学院发展的责任统一起来。每年固定召开董事会议，实行董事会领导下的院长负责制，既确立了董事会作为“举办者”的领导地位，也确立了院长“管理者”的法律地位，不但为校企合作打造了良好的制度平台，也为现代大学制度的建立积累了经验。

企业参与人才培养的全过程，参与专业开发与招生计划调整、参与人才培养方案修订、参与实践教学与顶岗实习、参与教学质量评估与监测。同时学院对企业开展全方位的服务，为企业提供优秀的技术员工、优质的培训课程和优惠的技术支持及“保姆式”的服务。实践证明，校企合作长效机制的建立，必须以互惠双赢作为逻辑起点。

2. 建立职教集团

以常州信息职业技术学院为例，集约共享，协同发展，建设高职教育园区。职教集团由政府主导，搭建平台，成立机构、建立公共服务平台，统筹园区管理。

园区管委会及园区高职院校积极探索产学研合作途径，与企业合作共建校内实训、技术研发中心。通过合作共建，院校与企业之间形成了一种需求驱动、利益共享的新型伙伴关系。产学研合作，还促进了学校、企业人力资源质量的共同提升。学校的专业教师到企业兼职，企业的技术人员到学校兼职，形成了“两栖”人才的培养机制。

成立了由园区各院校专业骨干和企业专家组成的专业建设指导委员会，合理规划高职教育园区的专业结构布局。实现跨校选课、学分互认以及共组团队，共同开发课程。常州高职教育园区的建设，破解了教学管理体制、资源共享协调等难题，营造了跨校合作共同培养学生的优良育人环境，促进了高等职业教育教学改革全面、协调、可持续的稳步发展。

3. 开办园中校，校中园

以广东岭南职业技术学院为例，探索了办“园中校”，建“校中园”，实现全球化背景下“校企深度融合”的新模式。

办“园中校”——形成了“三融合”办学模式。学校定位实现“区位融合”——专业设置、人才标准、培养方案和毕业生就业等融入园区产业链，使之符合国际化企业标准。培养模式实现“校企融合”——与标杆企业合办分院、合办专业。企业全程参与培养方案、教学安排、实训教学、顶岗实习和就业招聘，真正做到校企深度融合。企业在校内建设实训基地，与企业合作研发项目。教学过程实现“工学融合”——从课程设置、课程内容、课程标准，到教学方法、教学手段以及考核评价，都基于工作导向，反映新兴技术发展和绿色环保的要求，适应园区生产节奏。

建“校中园”——创新校企合作模式。寻求与标杆企业共建二级学院或专业，使学校的办学优势与企业的人才、技术、设备、行业资源优势相融合；校企合作开发课程，签约式课程外包，建科技园吸引行业教学资源，开设岗前“特训营”，建校内创新创业基地。

另外，教育部还多次举办各专业技能大赛，促进高职院校与行业企业的产学结合，更好地为高职教育改革与发展服务。

三、产学合作、工学结合存在的问题

1. 以“点”为主，尚未形成“面”

当前，绝大多数的高职院校意识到产学合作、工学结合的重要性，并响应教育部相关文件的要求，开始了初步的探索性工作。不同学校根据自身的办学定位、专业特点，与企业开展各种形式的合作，其中也产生了诸多亮点。

然而，从不同学校的总结报告或经验汇编中可以看出，这些学校的工作仅立足于对自身教学改革的探索，形成了学校层面的产学合作试点方案，缺乏针对更广泛的推广经验和可借鉴的材料。所以，如何解决“让更多的学校参与到产学合作中来”的问题，是目前教学改革的任务之一。

2. 以“设计”为主，缺乏“实施”经验

纵观当前进行产学合作探索研究和实施的高职院校，从专业设置、课程安排，到实习实训计划、企业合作计划等，都拟定了比较先进、完备的设计方案。然而，真正落实到具体操作中，限于经费问题、管理难度较大或企业用人标准等因素，这些方案往往流于形式或未能达到方案所预想的效果，最终还是停留在理论层面。真正成功实施并坚持经过多届学生论证其有效性的还比较少。

因此，当前高等职业教育教学改革进入到深化课程改革和落实成果、推广试点经验阶段，进一步加强产学合作，探索产学合作的新模式、新机制是当前高职教育的迫切任务。

四、产学合作、工学结合的紧迫任务

面对高等职业教育进一步深入产学合作、推动教学改革的发展趋势，产学合作经验的全面推广和可持续发展，是当前的重要任务。然而，要实现这一目标还必须解决不少根本性的问题，最主要的问题表现在产学合作的制度、机制和模式的建设方面。

其中，制度建设需要靠政府出台相关的政策文件加以引导；机制建设需要靠市场运行的杠杆作用来调节并形成；而模式建设需要靠产学合作的双方通过不断交流协调与改进来形成。有了这三方面的支持和努力，产学合作才能保持良好的可持续发展，为高职教育服务。

10.3　电子信息教指委对产学合作新模式、新机制的探索

一、电子信息教指委的产学合作工作基础与成果

(1) 电子信息教指委组织电子信息类高职院校开发了《专业规范(Ⅰ)》和《专业规范（II)》，根据目前高职院校电子信息类专业的特点和高等职业教育改革发展的总体趋势，提出了电子信息类专业规范的指导思想以及专业课程改革建设的思路、措施和具体实施案例。

(2) 全国高等院校计算机基础教育研究会发布了《中国高等职业教育计算机教育课程体系 2010》，解决了新形势下高职计算机教育的指导思想、专业及课程开发原则和解决方案，提出了推动改革实施的基本原则和方针。

通过上述两项工作，指导当前高等职业教育教学改革的工作思路已基本建立起来。在专业规范研制和试点实践的基础上，电子信息教指委的工作将把落实教学改革成果作为重点，探索实现产学合作的新模式和逐步形成产学合作的新机制是关键和核心内容之一。

二、建构产学合作平台，探索产学合作新模式、新机制

在上述工作的基础上，电子信息教指委创新性地提出和建构了产学合作平台——即由电子信息教指委组织指导，联合学校、企业、行业专家和高职教育课程研究专家，共同开发专业规范和专业课程，以专业规范和专业课程作为产学合作的基础平台，在这一平台上开展各种产学合作项目，推动专业建设和教学改革(见图 10-1)。

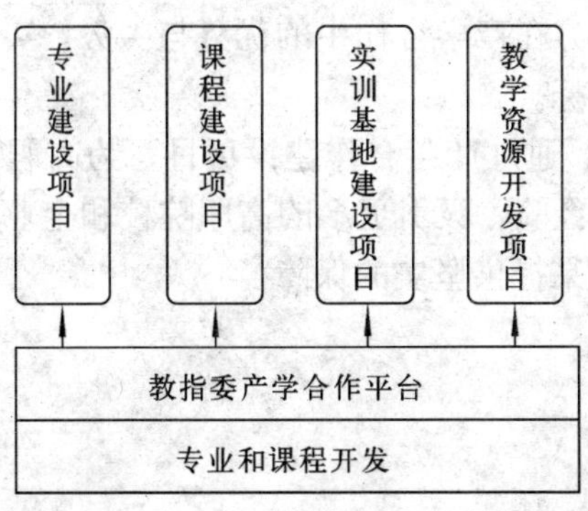

图 10-1　电子信息教指委产学合作平台

（1）产学合作平台建设。产学合作平台是在电子信息教指委组织指导由学校企业共同研制的专业规范和开发的人才培养方案，其成果即本规范第 2、3 章所述内容。专业教学的全过程和产学合作项目都建立在这一平台的基础上。

（2）基于平台的产学合作项目。借助于产学合作平台，可以在专业教学及专业建设的不同环节进行不同方面的产学合作项目建设，如专业建设、课程建设、实训基地建设及教学资源建设项目等，这些不同的建设项目都由企业、学校、电子信息教指委相互合作完成。

（3）产学合作项目的可扩展性。目前，已经形成的产学合作建设项目有上述四个方面。由于全部教学过程都可以依托产学合作平台开展，因而涉及的建设项目可以不断扩充，参与的学校可以不断增加。企业和学校可以根据需要，任意选择不同的教学环节构建不同的产学合作项目。

在校企合作项目开发过程中，通过对产学合作模式的探索，进行产学合作机制的研究，核心问题是找到和促进校企之间达到一个利益平衡点，使产学合作具有可持续性，这也是形成产学合作机制的关键点。随着本项目的进一步深入，电子信息教指委也将在这方面有更深入的研究，以期得到一个具有推广价值的结论。

三、电子信息教指委产学合作建设项目概述及意义

为了推动产学合作的发展，落实产学合作平台模式的改革成果，电子信息教指委组织学校、企业，开展产学合作建设项目研究。

（1）项目概述。产学合作建设项目分为校企合作专业建设项目、课程建设项目、实训基地建设项目和教学资源开发项目 4 部分。本书通过对各建设方案的简要介绍，分析校企双方在产学合作中的优势与劣势，实现优势互补，提高教学质量，达到教学改革目标。

（2）项目的意义。通过产学合作建设项目，为高职相关专业提供可资借鉴的方案，推广产学合作经验，吸引更多的高职院校和企业参与，促进产学合作发展，为落实教学改革成果提供坚实的保障。

第 11 章　“产学合作”专业建设项目

在电子信息教指委产学合作平台上，共有专业共建项目 7 个，本章对每个项目进行了介绍。产学合作需全面融入专业人才培养之中，并形成可持续发展机制。高职院校可从中学习借鉴并将这些产学合作专业建设项目进一步推广。

11.1　“电子信息工程技术（下一代网络及信息技术应用）”专业建设项目

（一）项目名称

项目名称：中兴通讯（天津电子信息职业技术学院）共建“电子信息工程技术(下一代网络及信息技术应用方向)”专业项目。

（二）项目简要介绍（合作模式）

2011 年天津电子–中兴通讯共同参与电子信息教指委“电子信息工程技术（下一代网络及信息技术应用方向)”专业规范研制项目，分别参与以下几项工作任务：

（1）确定“下一代网络及信息技术应用”专业典型工作任务。

“下一代网络及信息技术应用”专业有典型工作任务 16～20 个，其中核心典型工作任务 6～8 个，前沿性两三个（经济发达地区)。

（2）确定典型工作任务难度等级。

（3）确定“下一代网络及信息技术应用”专业培养目标。

（4）确定“下一代网络及信息技术应用”专业职业竞争力方案。

（5）请行业、专业的权威专家审定上述四项内容。

（6）学习领域分析。

① 学习领域；

② 完成典型工作任务所需的支撑知识点；

③ 完成典型工作任务所需的基本技术技能点；

（7）学习领域课程和支撑平台主干课程。

① 知识点分析：

明确进入学习领域课程的知识点和相对系统的专业知识点；

依据相对“系统”的知识点按“系统”构建支撑平台主干课程。

② 基本技术、技能分析：

确定基本技术、技能和基本技术要求；

按《高等职业教育电工电子类专业实训基地实训项目与设备配置推荐性方案（修订）》设置基本技术、技能训练平台课程。

(8) 确定专业课程体系结构图。

(9) 制订专业教学计划。

(10) 制作课程教学大纲：

学习领域课程、专业基础平台课程、基本技术、技能训练平台课程（各2门）。

① 教学（材）设计

② 环境设计。

（三）本项目校企合作基本要求或可持续发展机制

中兴通讯与天津电子信息职业技术学院共建共管二级学院。双方以有形或无形资源实现1:1的共建投入，并以此为基础，形成二级学院对应比例的权、责、利关系。二级学院建成后，校企共管二级学院、建立教学过程管理、专业发展管理的企业特区。同时，结合天津电子信息职业技术学院背景优势及中兴通讯的行业应用优势，把合作专业同时建设成为电子信息行业、通信行业的行业人才培养基地。通过中兴通讯学院具有的课程支持3G移动通信和下一代网络及信息技术应用两个专业的建设。

（四）本项目特色

中兴通讯根据学校的专业发展需求，结合企业的优势资源如现网设备、先进技术、课程体系等，为学校提供先进的系统教育解决方案，深入参与学校的专业建设。本项目通过以下方式将中兴通讯优势企业资源引入到学校专业建设中。

1. 校企共建

双方以有形或无形资源实现1:1的共建投入，并以此为基础，形成二级学院对应比例的权、责、利关系。

2. 校企共管

(1) 建立教学过程管理、专业发展管理的企业特区；

(2)企业专职院长聘任制（建议企业担任副院长，并具有明确专业管理分工）；

（3）专业课程教学管理以企业意见为主；

（4）专业课程教学实施绩效管理及企业聘任。

3．专业发展多轨制

1）教学双轨制

（1）基础竞争力培养教学：大学为主、企业参与。

（2）核心竞争力培养教学：企业为主、大学参与。

（3）高端竞争力培养教学：企业为主、大学参与。

2）发展多轨制

（1）大学主体的教学与科研突破与创新；

（2）企业主体的教学与技术应用突破与创新。

4．以市场驱动工程应用创新与实践

（1）以中兴通讯技术及产品为基础，开展工程应用创新与实践创新；

（2）学生与教师为工程应用创新的人员主体；

（3）企业提供工程应用的技术支持、人员训练支持；

（4）企业为主，进行工程应用创新的市场拓展管理和项目管理。

11.2　“信息安全技术”专业建设项目

（一）项目名称

项目名称：神州数码（北京信息职业技术学院）共建“信息安全技术”专业建设项目。

（二）项目简要介绍（合作模式）

在电子信息教指委指导下，神州数码网络大学与高职各院校合作建立神州数码网络技术学院，根据不同类型学校的特点为学生提供适合其学习层次和学习习惯的职业化网络技术教育。通过高职信息安全技术大赛，神州数码与各个院校建立信息安全专业的校企合作关系，成立网络技术学院。

合作内容包括：

（1）教材与教纲的开发；

（2）课程的设计；

（3）师资的建设；

（4）培训体系的建立；

（5）学生的就业实习；

（6）系列实训室的建立。

神州数码与电子信息教指委合作展开的“信息安全技术”专业体系符合“基于工作过程工学结合一体化”的教学模式，依托企业雄厚的技术资源和背景，打造全新的职业化、企业化教学，为社会培养高素质、技能型的信息化专门人才。

（三）本项目特色

神州数码与电子信息教指委合作展开的信息安全专业校企合作项目，帮助院校培养高素质、技能型的专门人才，具有下列特点：

1. 全方位的合作

并非单一的课程或项目实训合作。除了传统的实习实训外，神州数码还参与网络专业培养方案和课程大纲、教材、教学计划、专业课程的制订等，并且参与院校师资的培训，定期邀请院校的教师到企业中参加培训并进行顶岗实习。

2. 全阶段的合作

神州数码不仅参与培训过程，而且直接提供就业机会；不仅提供对学生的培训，而且提供对教师的培训，对社会人员的培训。

3. 良好的培养方式

从“学中做”到“做中学”，再到“做学合一”，在不同的阶段，给学生提供相应的培养方式；灵活教学，而不是采用单一死板的教学方式。神州数码开发的项目实战沙盘教学方法，可帮助院校完成这一目标。

4. 培养目标的先进性和全面性

神州数码可直接获取行业第一手用人需求并应用于校企合作培养中；在新兴技术出现时，第一时间将产品和技术转变为培训材料。企业强调综合素质而非单一技术能力的培养，这类人才更受用人单位欢迎，其职业发展前景更好。神州数码不仅提供技术、项目培训，而且提供职业规划方面的培训。

5. 高自由度的灵活校企合作

神州数码采用模块化合作方式，包括师资培养方向、教材开发方向、企业讲师授课方向、课程开发方向、实训室建立方向、学生就业考核方向等多种方向供院校进行选择，可针对院校的需求随意组合进行合作，而不是一次性全部接纳。

11.3 “电子信息工程技术（物联网系统工程方向）”专业建设项目

（一）项目名称

项目名称：新大陆（福建信息职业技术学院）共建《电子信息工程技术（物

联网系统工程方向)》专业项目

（二）项目简要介绍（合作模式）

(1) 福建信息职业技术学院与新大陆就物联网专业建设方案共同研讨、制定和实施。发挥双方各自优势，构建“双师”双向交流、校企双向服务的机制，借助双方的师资、技术、场地、设备的优势，以项目合作形式开展核心课程建设、新产品的研制、高技能与新技术培训、继续教育等方面的合作。

(2) 构建“互利共赢、共建共管”的实训基地共建机制，在这一模式下，新大陆不仅参与学校物联网教育的实训、实习和毕业设计环节，而且在物联网教育课题体系、实训室建设、毕业生实训等多个方面与院校深度合作，贯穿从招生、培养、考核到就业的全过程。

(3) 定期举办教师与企业技术人员座谈会，共同探讨技术开发和人才培养等相关事宜。定期组织校企人事部门负责人会议，了解企业发展情况、人力资源需求情况和在岗员工技术、技能提升的需求，及时为企业发展提供人才培训服务，落实双师双向交流计划，分析、交流工作的开展状况。

（三）本项目校企合作基本要求或可持续发展机制

1. 成立合作联络机构

为保证合作的实施，提高工作效率，福建信息职业技术学院与新大陆成立合作联络工作小组，工作小组由双方各委派一两名工作人员组成。联络小组负责日常联络工作，提出阶段性合作计划，协调解决合作中的有关具体问题。

2. 专业课程建设和资源建设

福建信息职业技术学院与新大陆根据物联网产业人才需求情况，共同开发物联网专业核心课程，建立突出职业能力培养的课程标准。新大陆提供物联网产业相关职业资格标准、行业技术标准、相关岗位知识与技能要求等资料。新大陆将利用自身在物联网应用项目实践中的各种素材，不断丰富校方的教学资源库，包括重大项目可对外披露的设计文档、架构图、流程图、实施关键控制点、PPT、视频资料、新产品样机等。

3. 教学实训基地建设

为促进校企深度合作，本着双向开放、体现新大陆回馈教育的社会责任感，新大陆协助校方建设物联网实训室，提供实训解决方案，并给予一定的支持。实训基地的建设将有效解决校方新专业建设过程中所涉及的课程设计、人才培养方案、培养目标的制定及配套实训设备投入等问题，加快了专业建设步伐，抢占物联网发展先机。实训基地建设分两期进行，一期建设“物联网通用技术实训室”、“物联网应用实训室”，二期建设“物联网创新应用实践室”，并计划在 2011 年建设完成一期建设，2012 年完成二期建设。校方提供场地和设备管理，双方积极建设，利用好物联网实训设备，共同努力使其成为省内乃至全国领先的示范点。

4. 顶岗实习、工学结合

(1) 为培养更多具有良好专业知识、实际操作技能和职业态度的高素质、高技能的应用型人才，校方可以按照双方商定名额派学生在新大陆进行相关专业的实习。

(2) 新大陆在学生实习前一个月，将当年可接纳的实习人数、专业、联系人及联系方式告知校方。校方要结合新大陆实际情况制订实习计划（包括学生人数、专业、实习时间、实习内容、负责人等），经双方确认后执行。实习期间，校方需派出实习带队老师负责具体实习实务，保证学生遵守有关法规和新大陆的管理制度。

(3) 此外，新大陆将成为校方的校外实训基地，为校方师生提供参观、实习场所，使学生对企业运营和项目实施有深入的了解，提高学生的实际动手能力，积累实际经验。

5. 交流与培训

新大陆派出技术专家为校方承担部分物联网实训课及相关课程教学任务；新大陆聘请校方的优秀教师作为“新大陆物联网大学特聘专家”，专家将享受免费的讲师升级培训。双方每学期进行一两次教学探讨。校方组织或参加同行业教学研讨、学习观摩等活动前通知新大陆，新大陆以校方合作者的身份参加上述活动。新大陆有义务密切跟踪物联网技术更新与行业发展动态，在举办新产品或新技术培训班时，有义务提前通知校方派人员参加。并且，新大陆有义务向校方提供专向不定期的物联网专业知识讲座，服务师生。

6. 教学、科研及产学合作

(1) 校方聘请新大陆相关专业的中高层领导为校方客座教授、专业带头人或兼职教师，进行企业文化与管理实务的系列讲座，并参与校方的教育教学工作。

(2) 新大陆聘请校方高层（院、系领导）担任新大陆企业顾问，并定期进行系列讲座。

(3) 双方合作进行各种类型、各个层次的科技项目研究开发，可以通过相关媒体刊登相应的科研成果。

(4) 项目合作：校企联合参与行业活动，双方利用各自优势资源，在符合海西区域经济特色的各种行业项目中深层次合作，争取政府支持，共同研究、共同开发、共同实施，促进地方经济发展。

7. 其他

(1) 校企双方利用各种学术会议、行业会议和有关推广资源，推荐介绍对方，以提高双方的知名度和影响。

(2) 校方将与新大陆合作举办多样化的活动（校企合作交流会、企业文化活动、企业调研活动、创业大赛、创业成果展示等），为在校大学生推介校企合作项目。这些活动将邀请政府部门、媒体、企业家、专家教授等前来参加。

（四）项目特色

福建信息职业技术学院与新大陆双方本着为加快推动中国物联网产业发展步伐，共同促进教育事业发展为宗旨，校企强强联手，共同培养物联网行业应用人才，提高学生的专业理论应用能力、实践操作能力和综合职业素质，提升学生的竞争力、创新力和创业力，为海西经济建设培养优秀的应用性人才。

新大陆作为国内知名的 IT 企业，是得到政府和资本市场认可的中国物联网龙头企业，凭借着雄厚的技术实力，拥有了一系列基于物联网技术的，具有自主知识产权、自主研发的物联网软硬件产品和行业整体解决方案，是多个行业物联网应用相关标准的倡导者和参与者。

基于新大陆对高等职业物联网教育的理解，以及对物联网产业技术发展特点的深刻领悟，新大陆认为高等职业的物联网实训室建设的关键点如下所述。

1. 可扩展性和适用性

我国物联网应用还在快速发展过程中，物联网在各个地域、各个行业的发展方向和水平也不尽相同，新的应用也将层出不穷，如何培养出能满足本区域当前以及将来物联网发展要求的技能型人才？这给高等职业物联网教育，尤其是投资较大的实训室建设提出巨大的挑战，新大陆公司认为，物联网实训室建设应该始终坚持“保护投资、资源共享”的建设原则，把实训室的可扩展性和适应性强摆在优先位置进行考虑，在对物联网应用本质及内涵进行深刻理解的基础上，以广阔的视野和分辨能力，规划设计出层次结构清晰、功能定位明确、各模块之间接口规范的物联网实训室系统的整体架构，保证物联网实训室建设的可扩展性和功能的灵活组合。

2. 促进实训管理模式变革

长期以来高校实训室的管理基本依靠人工来进行，有的实训室存在着管理难度大，管理模式落后等问题，严重阻碍了高校实训教学质量的提高，新大陆公司认为，必须构建以物联网为核心的高校实训室管理系统，该系统具有如下几个特点：对实训室资源进行统一标识，教师和学生凭借IC卡领用和归还，实训室管理人员利用移动设备进行识读，对实训设备及其耗材的使用进行信息化管理，及时掌握实训设备的使用情况，实现资源共享；采用Web Server技术建立高校实训室管理应用服务标准，它能够支持各种网络通信技术，例如Wifi、以太网、Zigbee等，新一代的实训设备必须支持实训室管理应用服务标准，实现实训数据的自动采集，通过对实训数据的统计分析，对实训教学进行智能化考勤，对实训教学情况进行客观评价，有针对性地改进理论教学和实训教学。此外，还要具有制订实训教学计划、实训教学信息发布等功能特点。

3. 模块化组合，协同工作

物联网实训室中的3个平台功能定位清晰明确，既相互独立，又能通过标准数据交换接口进行协同工作，最大限度地节约资源。例如，在物联网教学中必然存在着多个物联网实训应用系统，所有的物联网实训系统的应用软件均能够在系统应用运行平台上独立工作，共享数据库和平台资源，无须为每个实现系统独立进行投资建设。

在传感识别和网络通信实训平台的建设中，必须充分利用高校现有实训室的资源进行整合，实训平台中均采用模块化产品，各模块化的产品提供可融合的开放接口，各模块设备间可灵活组合，可根据独特的设计及应用，融合各种技术，进行创新教学与实训以及综合性的应用。

4. 来自于实际应用，面向于高职教育

高等职业教育的目的是培养应用型人才，物联网实训教学的核心是物联网应用系统实训，在物联网发展方兴未艾的时代，新的技术应用、新的商业模式层出不穷的情况下，如何能保证学生学以致用是高职教育面临的关键问题。新大陆公司认为：首先物联网实训系统的设计必须完全遵循行业标准，具有典型的代表性，实训系统必须来自于物联网建设水平领先的行业；物联网实训系统不仅必须来自于已经投入实际运行的物联网系统，而且具备物联网的基本要素：创新应用，而不能借物联网名义来“新瓶装旧酒”；通过实训学习，学生能够掌握物联网关键知识的应用技能，具有教学意义。

11.4　“应用电子技术”专业建设项目

（一）项目名称

项目名称：浙江求是科教设备有限公司（浙江机电职业技术学院）共建“应用电子技术”专业建设项目。

（二）项目简要介绍（合作模式）

本项目通过对电子信息产业所需要的工作岗位的调研，明确对应的岗位群；通过工人专家研讨会等方式，确定“电子电路的分析、制作与调试”、“微控制器的应用”等8个典型工作任务；将典型工作任务概括描述为行动领域，经过系统化处理转化为相应的学习领域课程。在工作领域到学习领域的转化过程中，将各学习领域中的一些相关的、共性的、基础性的、理论性的知识提炼归纳出来，形成一系列的专业支撑课程。考虑到学生的首岗能力的广泛性和岗位迁移能力的可持续发展性，同时设置了多门横向和纵向的拓展专业课程。这些专业课程的合理设置都是建立在良好的公共基础课程平台和3个不同阶段的顶岗实习的基础平台上的。最终，形成校企共建的“四平台三阶段”专业课程体系和应用电子技术专业人才培养方案。

（三）项目特色

1. 以典型电子产品设计为主线，构建学习领域课程体系

1）以典型电子产品设计为主线

按照工作任务过程设计学习过程，以典型电子产品为载体来设计活动，组织教学，建立工作过程与知识、技能的联系，增强学生的直观体验，激发学生的学习兴趣。典型电子产品的选择体现了浙江经济发展的要求，兼顾了先进性和通用性。

2）以产学合作为途径

新的专业课程体系开发应在行业、企业的合作下进行，专业课程体系与专业课程的设计应有行业、企业专家的密切参与，使专业人才培养目标与人才培养方案满足行业、企业的真实需求。

3）以职业能力递进为目标

根据认知规律，专业课程体系中职业能力训练的课程设计应遵循从简单到复杂、从基础到专业、从专项到综合思想的顺序，从而形成由职业基本能力到职业专项能力再到职业综合能力递进的体系。本专业在设计课程体系时，融通应用电子技术专业的职业标准，循序渐进，以职业素质提升为目标，为企业培养能在基层岗位和生产一线直接上岗的高素质技能人才。

2．课堂衔接车间，实施课程“内置、外移”

（1）课程内置：引入企业设备资源、人力资源、产品案例，建设校内“士兰微”电子产品生产车间，实施学练做一体化课程教学。

学生在理论实践一体化的课堂上，通过基于工作过程的情境化教学，围绕来自企业的产品案例，在企业兼职教师与校内专任教师的共同指导下，初步掌握够用的知识和基本技能。针对不同的环节采用恰当的教学方法、结合企业现场的一些实际做法，同时培养其基本的职业素养。

（2）课程外移：充分应用校内不易复制的企业资源，构建企业学院；校企组建教学团队，破解兼职教师聘请难题；部分专业课程内容进入企业，实施课程企业现场教学，落实专业顶岗实习。

在课程实施过程中，把部分专业课程移入企业，如《电子线路辅助设计与印制板制作》，因大型印刷电路板制作设备不可能完整地搬进学校，所以把学生送到相应的企业去学习并实践该学习领域。在杭州新三联电子有限公司，电子07级两个班在长达4个月的时间里，完成了PCB概述等理论学习，熟练了印制板设计、印制板制作、印制板检验等实践操作，同时还完成了6S与现场管理、TPM与生产管理等企业管理培训。

3．依托产学合作工作站，集中式顶岗实习实现“多赢”

根据浙江省产业集群的区域经济特点，依托本专业产学合作工作站管理平台的资源优势，为学生三阶段实习实施时提供了大量的岗位。同时构建由系部顶岗实习工作领导小组、专业顶岗实习指导小组和顶岗实习学生自律小组组成的三级管理机构。2009年，本专业与余杭产学合作工作站下属的杭州晶映（季丰）电器有限公司和杭州新三联电子有限公司合作，组织安排本专业电子0711班和电子0732班共92名学生，分别到两家企业进行为期4个月的校外集中式顶岗实习。学生在顶岗实习期间接受学校和企业的双重管理与指导，顶岗实习实行“双导师制”。从实习效果还看，学生受益良多，用人单位给予了很高的评价，为以后就业打下了良好的基础，真正实现了学校、企业和学生的“多赢”。

11.5　“软件技术”专业建设项目（1）

（一）项目名称

项目名称：中软国际（北京青年政治学院）共建“软件技术”专业建设项目。

（二）**项目简要介绍**（合作模式）

中软国际与北京青年政治学院计算机系的专业共建合作，是中软国际校企合作的典型模式。在这一模式下，中软国际不仅参与学校的实训、实习和毕业设计环节，而且在专业（或专业方向）申报、招生宣传、人才培养及考核体系、教学大纲设计、师资建设、就业服务等多个方面与院校深度合作，贯穿从招生、培养、考核到就业的全过程。

（三）**项目特色**

中软国际与北京青年政治学院共建软件专业的深度合作，具有下列特点：

（1）全方位的合作，而非单一的课程或项目实训合作。例如，除了传统的实习实训外，中软国际还参与软件专业培养方案和课程大纲的制定，参与院校师资的培训和考核等；甚至参与院校的招生宣传活动。

（2）连贯的、统一的、无缝衔接的全程合作，而非单一阶段的合作。例如，中软国际不仅参与培训过程，而且直接提供就业机会；不仅提供对高年级学生的培训，而且提供对低年级学生的培训。

（3）培养方式的合理性和适用性。从“学中做”（初级）到“做中学”（CDIO，中级），再到“做学合一”（高级），在不同的阶段，给学生提供相应的培养方式；而并不仅仅采用企业化项目实战这一种模式。

（4）培养目标的先进性和全面性。中软国际可直接获取行业第一手用人需求并应用于校企联合培养中；在新兴技术出现时，第一时间将产品和技术转变为培训材料。企业强调综合素质而非单一技术能力的培养，这类人才更受用人单位欢迎，其职业发展前景更优秀。中软国际不仅提供技术、项目培训，而且提供软技能、职业规划方面的培训。

11.6　“软件技术”专业建设项目（2）

（一）**项目名称**

项目名称：微软（中国）有限公司（福建工程学院软件学院）共建“软件技术”专业建设项目。

（二）**项目简要介绍**

福建工程学院软件学院是经福建省教育厅批准（闽教高[2004]20号文件）举办，招收计算机软件高等职业专科学生。学校坐落在国家级软件开发基地——福州软件园内，园内林木繁茂、景色迷人，有200多家软件企业落户其中，优美的自然环境和优良独特的软件开发环境是莘莘学子学习软件技术的理想之地。中国科学院、中国工程院两院院士沈志云等著名专家学者来校参观指导，并给予较好评价。

自2009年开始，福建工程学院软件学院就与微软公司、北京神州优胜教育科技有限公司共同开展了校企合作共建软件技术专业项目。三方共同制定了软件技术专业的教学方案，学院负责教学方案的实施工作，微软公司与神州优胜公司负责核心课程教材的编写、教学资源的研发及教师培训等工作。

在充分结合微软公司在行业中的优势情况下，福建工程学院软件学院更新了专业设置，不断推进教学改革，培养出了大量适合海西经济区需要的应用型高职软件人才。

（三）项目特色

1．更好地符合企业的需求

本专业培养方案的设计思路可概括为“面向就业，源于岗位；强化实践，注重实施”。制作过程可概括描述为：从社会需求出发，根据岗位技能要求确定适合高职培养的岗位；对岗位技能进行详细分析，得到量化的岗位技能分析卡片；以技能培养和实践为中心，建设针对不同岗位的专业方向；充分考虑我国职业教育的具体行业发展、师资、生源状况，并设置可确保实施的专业模块和课程模块。

2．方案实施过程的灵活性

本方案充分考虑了不同地区、不同学制对课程设置的不同需求，同时考虑到生源及学生个体之间的差异，专业课程设置上按照“大树理论”与“木桶理论”展开来进行布局。

3．职业素质培养与专业技能培养并重

本方案认为职业素质培养是一个长周期的工作，贯穿于各个学期。职业素质培养系列课程定位在服务于职教学生的就业，帮助学生顺利完成从学生到职员的角色转换。课程由人力资源专家专门就职教学生就业为出发点精心设计，内容涵盖了从个人基本素质、换位思考与团队合作能力、就职心理指导等多个方面。职业素质培养系列课程在实施过程中应采取更加灵活的授课方式，部分课程如团队合作可以与职业技能课程结合讲授。

4．专业技能培养更加注重提高学生的实践能力

本方案特别注重学生的实践能力的培养，并将实践能力的培养过程划分为实验、案例教学和职场背景模拟训练3种形式，具体情况如下：

实验：目的是验证课堂教学的内容，课时安排上和课堂教学交叉进行。

案例教学：目的是采用任务驱动的方式让学生真正将理论知识转化为实际技能。它更加注重与实际的项目开发紧密结合。实施上紧密结合专业核心课程，素材紧密围绕核心职业技能的培养。教学案例基本上每学期都有安排，学时安排上建议贯穿整个学期。

职场背景的模拟训练：让学生在真实的职场背景下进行职业素质和职业技能的培养，缩小学校环境和职业环境的台阶，帮助学生顺利完成从学生到职员的角色转换。

5. 与方案配套的课程提供丰富的课件资源

微软公司与神州优胜公司共同为本方案配套的课程提供了丰富的配套教学资源，如教学大纲、考试大纲、学生练习题等，为核心课程提供了成熟的来自于软件生产企业的教学案例，以帮助学生顺利实现从知识到技能的转换。

6. 权威的知名 IT 厂商认证

学生获得毕业证书的同时获得微软公司颁发的职业能力认证证书。

11.7 “软件技术（3G 手机软件开发方向）”专业建设项目

（一）项目名称

项目名称：乐成 3G 创意产业研发基地（呼和浩特职业学院）共建“软件技术（3G 手机软件开发方向）”专业建设项目。

（二）项目简要介绍（合作模式）

在电子信息教指委指导下，国内电子信息类高职高专院校在校企合作项目上取得了显著成效。呼和浩特职业学院牵手乐成 3G 创意产业研发基地，根据 3G 行业发展趋势及企业用人特点，在呼和浩特职业学院开设软件专业（3G 手机软件开发方向）。学制三年，第一、二学年学生在呼和浩特职业学院，由高校教师授课；第三学年学生到乐成 3G 创业产业研发基地进行项目实战与实习，由乐成 3G 创意产业研发基地项目经理进行项目实战训练，学员毕业后有乐成 3G 创意产业研发基地负责学员就业工作。

（三）项目特色

1. 前沿技术与专业建设紧密结合

2009 年 1 月 7 日，我国颁发 3 张 3G 牌照，标志着我国正式进入 3G 时代。伴随 3G 技术的应用普及，行业内新兴企业层出不穷，众多传统互联网行业、软件行业及文化行业的企业也纷纷将业务拓展到这一领域，但既熟悉专项 3G 移动开发技术，又精通通信相关技术的复合型人才出现紧缺。目前，国内数百所高校开设计算机相关专业，选修计算机专业的在校学生几十万人，但却鲜有高校开设

3G 手机软件开发专业。据计世资讯报道 3G 手机开发工程师三年内的人才缺口高达 50 万人。

乐成 3G 创意产业研发基地，经过两年时间在行业内 280 余家企业进行调研，按照企业用人岗位的标准并结合高校的特点制定详细的培养计划，联合呼和浩特职业学院计算机信息学院共同建设软件专业（3G 手机软件开发方向）。

培养目标：Android 手机软件研发工程师、Android 手机游戏开发工程师、Android 手机游戏移植工程师、Android 软件测试工程师。

2. 以企业真实项目为导向制定课程计划

专业课程包括：基于 Android 系统的嵌入式开发、移动通信编程语言(Java)、Java Web 移动开发技术、3G 移动应用软件开发(Android 实战项目)、手机游戏设计与开发实战(Android 实战项目)、职业素化素造等。所有课程均是按照 3G 行业内企业用人标准，由乐成 3G 创意产业研发基地历时两年经过 280 余家企业调研分析，结合高校特点精心编制而成，并根据 3G 行业发展情况定期对课程进行升级，确保学生所学技术与企业技术更新保持一致。

专业课程分为两部分，基础理论课程由高校专师进行教学，实践项目每学期期末乐成 3G 创意产业研发基地安排项目经理到高校，针对本学期学生学习内容进行企业真实项目实战，使学生能够将本学期学习内容在实践项目中融会贯通，激发学生的学习兴趣与好奇心，让学生学习由被动变为主动。同时，乐成 3G 创意产业研发基地每学期安排职业指导专家对学生进行职业化塑造，为后续学员就业打下坚实的基础。

3. 校企联合管理模式

由呼和浩特职业学院与乐成 3G 创意产业研发基地联合成立“乐成订单班管理小组”，严格按照企业管理流程对学员进行教学管理。乐成 3G 创意产业研发基地提供学员日志模板、周工作总结与计划模板、月工作总结与计划模板以及其中、期末考试试题题库，对学员阶段学习进行验收与指导，每学年安排学生到企业实训实习扩展视野提升项目动手能力。

4. 建立校企双导师机制

乐成 3G 创意产业研发基地项目经理融入高校教学过程当中，每学期到高校与高校教师按照企业项目开发要求共同指导学生进行真实项目开发，并选择优秀作品上传到网络商城实现商用。

乐成 3G 创意产业研发基地建立校企师资交流平台——手机开发者联盟，高校教师在日常教学过程中能够随时与企业项目经理进行沟通，定期举办骨干教师学习班，邀请高校教师到企业参与企业实践项目开发，保证高校教师掌握的技术与企业技术更新保持一致。同时，乐成 3G 联合行业内一百余家企业 CEO、CTO 等成立“乐成校董会”，定期安排校董会成员到高校进行专家讲座，拓展教师与学生的视野并及时了解行业的最新发展动态。

5. 完善的就业服务体系

随着 3G 行业不断的发展，乐成 3G 创意产业研发基地与国内 1 280 余家 3G 行业企业建立了良好的业务合作关系，按照企业的用人标准并结合高校学生特点建立了完善的就业服务体系和全新的就业理念：授人以鱼不如授人以渔。乐成 3G 创意产业研发基地从大一开始为学生开设就业指导课程，每年安排学生到企业参观感受企业文化，学员毕业后由乐成统一安排学员就业工作，学员就业后与高校教师共同对就业学员进行追踪调查并进行总结，确保学生学有所用、学有所成。

第12章　产学合作课程建设项目

在电子信息教指委产学合作平台上，共有课程共建项目7个，共建课程9门，本章对每个项目进行了介绍。产学合作能够在科目课程的设计与教学实施中落实，并形成可持续发展机制，将有效促进人才培养质量的提高。高职院校可从中学习借鉴并将这些产学合作课程建设项目进一步推广。

12.1　"红帽Linux系统管理"课程建设项目

（一）项目名称

项目名称："红帽 Linux 系统管理"课程项目。

（二）项目简要介绍

1. 项目开发阶段

共建项目由企业方——红帽软件（北京）有限公司及校方——北京联合大学应用科技学院共同完成。项目基于红帽企业版 Linux 为工作环境。

2. 项目推广和实践阶段

课程建设完成后，由各具有计算机相关专业的院校实施，并实时提供改进建议，及时调整。

3. 项目简要说明

信息产业的快速发展依赖于人才的培养和合理的人才结构，技能型人才紧缺使教育面临巨大的发展契机和挑战。本项目坚持面向能力培养的设计原则，把提高学员的职业能力放在突出的位置，建立技术标准，加强实践教学和技术训练环节，增强学员的实际应用能力，并将满足企业的工作需求作为课程及教材开发的出发点，以职场工作环境为背景，全力提高教育的针对性和适应性，同时做到教学内容与时俱进，开发最新、最主流教学内容，使学员熟练掌握新知识、新技术、新流程和新方法，实现专业教学基础性与先进性的统一。项目是针对红帽权威 RHCSA 认证和"红帽学院"课程开发的，学员在掌握技术的同时，参加红帽认证考试，为学员就业提供更多的机会，也为学员的技能提升提供有力的证明。

（三）本项目校企合作基本要求或可持续发展机制

1．企业

在课程开发的过程中，企业起到了主导作用。针对岗位需求和典型工作任务研发课程，根据 Linux 在企业中的实际应用编制相关的教学环节。企业和联合开发学校——北京联合大学应用科技学院共同按照教学规律将课程内容进行安排。

负责课程开发的企业——红帽软件（北京）有限公司是行业中的领导者，对技术最具有权威性。

2．学校

巨大的人才市场缺口使得学校有意愿和动力参与项目合作，并且这一供需不平衡的状况在一定的时间内都会存在。在项目实施过程中，实施的主体是学校，企业在教学和其他实施环节中提供支持和辅助。课程的教学过程由学校承担，要求教师不仅要掌握技术技能，更要了解这些内容如何传递给学生。

（四）项目特色

1．项目开发过程中的理念

1）提升学生的职业能力，增加就业机会

该课程的学习目标，是使学习者达到 Linux 系统管理员的水平。在服务器端操作系统市场，Linux 在很多方面都有着出色的表现，使得学员在掌握了 Linux 相关技能后就业机会大幅增加。

（1）稳定性。众所周知，Linux 系统可以无故障运行数年，事实上，很多 Linux 用户还从未见过系统崩溃。停机可能会给企业带来灾难性的后果。在处理巨量的并行任务方面，Linux 的表现也比 Windows 优异。事实上，大批量的并行处理任务往往会迅速地降低 Windows 的稳定性。

在 Windows 平台上，所有的配置修改，通常都需要重新启动系统，反观 Linux，通常情况下都无须重新启动系统。几乎所有的 Linux 的配置更改都可以在系统运行时进行，而且它也不会影响到不相关的服务程序。

同样的，Windows 服务器必须频繁地进行磁盘碎片整理，这样恼人的事情在 Linux 上根本不存在。

（2）安全性。就安全性而言，相比 Windows，Linux 无论是在服务器领域，桌面运用还是嵌入式环境，都可谓是拥有与生俱来的可靠性。这主要是因为 Linux

是基于 UNIX 开发的，从一开始它就被设计成一个多用户的操作系统。只有管理员或 root 用户，才具有管理权限，其他的用户和应用程序几乎都没有权限来访问内核或互相访问。这样的模式也使得整个系统呈模块化，并受到很好的保护。

当然，Linux 也较少受到病毒和恶意软件的攻击，而且其系统漏洞往往都能被即时发现，开发者和用户所组成的快速军团也能迅速地修复这些漏洞。

此外，Windows 系统的用户有时可以隐藏自己文件，并且并不被系统管理员所知晓。但在 Linux 上，系统管理员从始至终对文件系统都具有一个清晰明确的全局观，一切尽在管理员的掌控之中。

（3）硬件。Windows 系统通常都需要频繁的升级硬件，以适应不断增加的资源需求，而 Linux 则轻便，简洁，灵活并具备可扩展性，而且令人称羡的是，它几乎可以运行在所有的计算机上，丝毫不用去理会这台机器的处理器或机器架构到底是哪一种。

重新配置 Linux 也很轻松，只须运行那些相关业务的服务程序即可，从而进一步降低内存需求，提高性能。

（4）TCO（整体拥有成本）。Linux 的总体拥有成本之低无人可比，因为运行在 Linux 系统上的软件一般都是免费的。即使是具备支持服务的企业版本，其购买成本较 Windows 或其他专有软件而言，也更低。尤其是在安全性方面，Windows 或其他专有软件都是基于用户基础的授权，并包含一系列昂贵的附加条件。

综上所述，Linux 正在成为服务器端操作系统的标准，作为网络相关从业岗位，掌握 Linux 相关技能已成为必备的要求。对于课程的学习正是可以建立和提升学习者在这一领域的职业能力。

2）加强实践教学和技术训练环节，增强学员的实际应用能力

课程将满足企业的工作需求作为开发的出发点，以职场工作环境为背景，全力提高教育的针对性和适应。

3）先进性

课程内容与时俱进，开发最新鲜、最为主流课程内容，使学员熟练掌握新知识、新技术、新流程和新方法，实现专业教学基础性与先进性的统一。

4）关键能力的培养

课程设计并不局限于技能的培养和训练，而是在技能提升的同时同样注重学习者的关键能力的培养，以及如何在日常的学习过程中养成良好的 IT 工作习惯和思维方式。

2. 项目推广和实施特色

课程建设完成后，将在更多的院校进行推广，红帽会提供相应的支持，并且及时的院校交流，得到来自教学一线的反馈，调整课程中相应的教学环节，使得课程更适合院校使用。

1）授课教师培养

为了使教师具备足够的知识和技能水平以满足应用和教学工作的需要，提高授课质量和实践能力，确保教师能够胜任教学的要求，为红帽认证课程在院校的开设做好充分的教学准备，红帽每年定期组织面向教师的培训。

2）专家技术讲座和岗位指导

宣讲的主要目标是让学生更多地了解来自行业和企业的信息，为就业和学习做更充分的准备。向合作院校的学生讲解开源文化和理念，开源的益处和影响，企业对 Linux 相关技能人才的需求和学习 Linux 课程对择业的帮助，红帽课程的优势等。宣讲会以研讨会、讲演等形式在院校组织。

3）实习生计划

自 2007 年起，红帽公司每年面向中国高校公开招收实习生，掌握了 Linux 技能的红帽学院的学生当然是可以获得优先的选择。红帽会根据学校的教学进度安排和红帽项目而确定实习生在红帽工作时间的长度，在红帽工作期间，红帽提供基本生活保障，为学生规划未来的职业生涯发展提供宝贵的工作经验。表现优秀的实习生，有机会被红帽录用为正式员工。

4）认证考试

目前，红帽在合作院校提供 RHCSA 国际认证考试。学员掌握 Linux 系统管理员的基本知识，而获得红帽认证是这一能力的最好体现。红帽认证考试是一个以实际操作能力为基础的测试项目，主要考察学员在一个现有的生产网络中安装、配置和添加一个新红帽企业 Linux 系统的实际能力。

12.2 “基于 IC^3 的高职计算机应用基础”课程改革建设项目

（一）项目名称

项目名称：基于 IC^3 的高职计算机应用基础课程改革项目。

（二）项目简要介绍

随着计算机网络技术和多媒体技术的迅速发展，现代教育技术的理念将越来越多地在教学中应用。运用网络技术，学生自主学习已成为计算机基础教育的发展趋势。

中国铁道出版社引进了“IC^3在线辅助教学内容及其管理平台”，提供了一种创新教学模式。IC^3是由微软办公软件全球认证中心推出的，国际权威的计算机综合应用能力考核全球标准认证（Internet and Computing Core Certification，简称IC^3），该标准由来自20多个国家的产业界、教育界和IT领域专家通力合作所建立，涵盖了由271项单项能力组成的现代信息化环境中各行业工作人员所必须具备的计算机核心应用能力。

它建立了全球认可的计算机应用知识与操作技能的权威评价标准，是世界上首个针对计算机和网络基本技能的认证。配合该认证的教学辅助平台，具有在线学习、在线辅导和在线认证的一系列功能。高职院校将这一系统应用于计算机应用基础课程，是一个重大革新。

本项目由中国铁道出版社与北京青年政治学院合作开发，在教学内容和教学模式上，对该校大一新生开展基于IC^3的计算机应用基础课程教学改革。

（三）本项目校企合作基本要求或可持续发展机制

为保证项目的可持续发展，中国铁道出版社与合作学校签订长期合作的协议框架，以基于IC^3国际标准的内容大纲作为计算机基础课程的教学大纲，进行教学内容和教学方法和改革。

从企业的角度来说，每年通过国际权威机构跟踪计算机应用的新技术，保证大纲的不断更新。同时，拥有一支国内的本地化专家团队，为学校不断提供与课程相结合的各类资源。

从学校的角度来说，学校由专门负责计算机基础课程的教师跟踪项目，在教学同时进行改革的研究。

为推动项目开展，企业还与教指委、学会开展广泛合作，每年举办基于IC^3的计算机应用技能大赛，吸引学校参与，并逐步扩大影响，扩大项目所覆盖的学校数量。

（四）项目特色

本项目为参与该项目课程改革的教师提供全套的国际化、数字化创新教学模式解决方案，包括：基于IC^3国际标准的计算机基础课程内大纲、配合课程教学的课件、基于IC^3的在线学习、评测与管理系统（Benchmark/Mentor）、完善的考试平台及成绩报告，以及配合项目开展实施的教师培训，最后为学生提供获得国际权威的计算机综合应用能力考核.全球标准认证的机会。

(1) 本项目的特色在于教学内容与国际接轨，学生完成校内相应阶段课程的学习，自愿参加考试便可获得国际认证。

IC^3教学和考核内容，主要由图12-1所示的三部分组成。

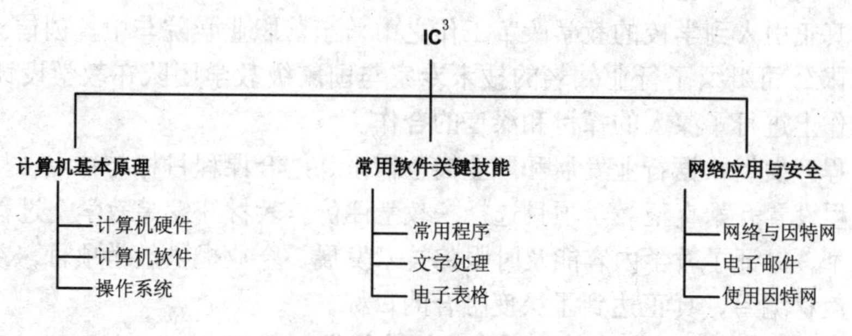

图 12-1 IC³教学和考核内容

该标准所涉及的计算机综合应用技能不仅被国际众多知名院校所接受，同时还获得了政府、企业界、主要行业和学术机构的广泛认可和支持。将此标准的内容应用于计算机基础课程中，可以切实培养学生的实际应用技能，满足企业对人才的计算机技能需求。

(2) 在线学习、评测与管理系统（Benchmark/Mentor）。

教师可以利用配合认证的在线平台，大胆地进行教学模式的改革与创新，组织多元化的教学。

为支持基于 IC³的计算机基础课程教学，本项目还提供在线学习、评测以及管理平台 Benchmark/Mentor。该平台以先进的理念、丰富的功能、简便的操作为基础，能够更加有效的帮助教师完成教学工作，达到教学目标。

系统中包含了 IC³认证考试的内容讲解、平时练习以及考试练习等全部教学内容。

对于教师来说，该系统可以帮助他们管理教学过程和学生的学习数据，并通过这些数据调整教学或进行研究、撰写论文。

对于学生来说，可以通过该系统获得全面的学习内容，进行大量的练习与评测，从而巩固所学内容。

12.3 “综合布线系统设计与施工”课程建设项目

（一）项目名称

项目名称：“综合布线系统设计与施工”课程项目。

（二）项目简要介绍（产学合作模式）

东营职业技术学院与中盈创信（北京）商贸有限公司在长期合作的基础上共同进行了“综合布线系统设计与施工”课程的开发。为了将产学结合、校企合作的模式真正引入到学校的教学改革工作之中，东营职业学院与中盈创信（北京）商贸有限公司组织了行业知名的技术专家与国家级教学团队在教学设计与教材编写工作上进行了深入的探讨和深度的合作。

课程开发组依据行业发展和职业岗位需求，结合课程目标与特点，从专业规划、课程设置开始直至教学项目选择、教学评价、教材开发等教学全过程校企共建、共享，保证了教学内容能及时跟踪技术发展，企业提供教学项目，参与教学设计、教材编写，真正达到了深度融合的目标。

（三）本项目校企合作基本要求或可持续发展机制

1．企业

对于企业来讲此项目要求企业具备两方面的素质。一是对于项目有关实际工程的专业性，即了解实际工作过程的国家标准，有完备的施工、监理、售后服务体系，有丰富教学经验。

2．学校

学校在此项目过程中应建设模拟实训环境并配套相关教师与学生进行专项工作，同时安排专门人员对项目过程中的各阶段进行跟踪及资料整理工作。

（四）项目特色

经过校企合作的课程开发，“综合布线系统设计与施工”课程已经在学校的教学中逐步展开，明确的教学目标、新式的教学方法、直观的实训环境等都为教学质量的提高带来了非常大的促进作用，同时也形成了作为“工作过程-支撑平台系统化”课程的特色。

“综合布线系统设计与施工”课程的开发及实施过程主要体现在3个方面：

1．校企合作的课程开发及课程设计

在“综合布线系统设计与施工”课程的设计和开发过程中，采取学校为主、企业为辅的方式。学校教学团队和企业专家团队在课程开发小组中充当了不同的角色，企业专家将典型案例及工作过程进行提炼后，由教学团队按照工作过程的主线在教学设计及教材中进行知识点的引入；企业专家进行教学场景及角色的设计，教学团队按照课堂教学的特点在学生间进行安排部署；企业专家将企业人员工作考核标准总结后由教学团队对原有考核方式进行修改及补充。

2．校企合作的实训环境建设

“综合布线系统设计与施工”课程作为一门基本技术-技能课程，对学生的动手操作能力要求较高，同时需要通过对此课程的学习为后续专业性较强的课程打下基础，课程中要求掌握的技能也是从事计算机及网络相关行业所需具备的一项必备的基本技能，这就要求有一套能够支撑教学的实训环境。中盈创信公司为学校提供的综合布线实训环境很好的满足学生的实训需求。在实训环境及设备在使用的过程中，学校的教学团队可以将综合布线实训设备的不足之处和改进意见及时向企业反馈，从而真正意义上的参与到了实训环境的开发和设计之中，实现了教学实训环境建设上的校企合作。

12.4 “技术文档写作”等课程建设项目

（一）项目名称

项目名称：技术文档写作（A 类）、Office 技能应用（B 类）、技术文档写作实训（C 类）课程项目

（二）项目简要介绍

北京华盛开元软件科技有限公司和北京职业信息技术学院合作，共同完成技术文档写作（A 类）、Office 技能应用（B 类）、技术文档写作实训（C 类）课程的建设工作。

在该项目的建设中，课程建设将秉承“专业化、职业化、实用化”的课程建设原则，坚持“培养职业能力、基于工作过程、以行动为导向”的课程设计理念，以企业的实际案例为核心，通过案例教学展示企业工作过程和企业对专业知识、职业技能和职业素质的要求。

在技术文档写作（A 类）课程中，介绍信息技术企业从商业计划、售前技术咨询、项目投标和项目实施过程中涉及的文档写作知识。

在 Office 技能应用（B 类）课程中，以企业典型工作任务作为案例，全面展示 Office 套件中 Word、Excel、Visio、PowerPoint 和 Project 的综合应用。

在技术文档写作实训（C 类）课程中，以软件开发企业的实际项目作为案例，按照软件开发生命周期，完成开发、测试过程中每个环节的技术文档写作训练。通过任务驱动、团队合作方式完成技术文档的写作。

课程建设完成后，将提出完整的课程目标、教学大纲、教学方法和考核方式，完成教材的编写，另外还将为课程配套相应的课件、参考答案、练习模板、考核标准。

本项目建设的课程适合高等职业学校的计算机信息管理、软件技术、计算机应用技术等专业使用。

（三）本项目校企合作基本要求或可持续发展机制

1．企业

由企业按照企业的实际业务过程，编制课程中的案例，完成项目案例的开发，以便将案例完整地贯穿在课程的教学过程中。配合学校编写课程的教材，以便将课程理念、全面地反映在教材中。课程开始教学后，企业为课程教学的正常进行为学校提供案例培训和技术支持。

2．学校

提出课程的目标、教学大纲、教学方法和考核方式，作为课程建设的指南，与企业联合编写课程教材。课程教学开始后，在学校中使用该项目建设的课程，并以学校教师为主体完成教学。

（四）项目特色

1．就业为导向的课程建设

体现企业真实工作过程，根据职业领域中的典型工作任务设计需要学习的职业能力、需要的知识点和工作技能等，以工作过程的顺序确立能力、知识点的学习过程，形成以工作为导向设计的课程，为学生就业打下基础。

2．职业能力作为课程建设的指导思想

通过学习完成企业全程业务过程的工作任务，学生在整体的、连续的工作过程中学习、理解和掌握每一个工作环节所需要的知识和技能，使学生在工作的每个环节上得到能力的培养，全面提升事业能力。

3．建立职业全能竞争力评价体系

围绕培养学生的职业能力，在对学生进行职业能力培养的同时，根据企业的要求设定多项考核指标，对学生完成每项任务都进行考核，最终形成综合能力评价结果，评价结果可作为企业招聘员工的参考。

4．训练性的课程可以实训平台无缝

通过这个项目建设的实训课程可以与华盛开元公司的实训平台紧密集成，充分利用实训平台提供的项目案例、参考答案、教学课件和管理平台，充分发挥实训课程和实训平台的集成应用的教学效果。

5．建设全面的课程体系

课程建设将形成包括课程目标、教学大纲、教学方法、考核方式在内的教学指导文件，还将为教材配套相应的课件、参考答案、练习模板、考核标准，达到“易教、易学、易用”的目的。

12.5 “电子电路分析制作与调试”课程建设项目

（一）项目名称

项目名称：《电子电路分析制作与调试》课程项目。

（二）项目简要介绍（产学合作模式）

职业技术教育要求以学生的实际应用能力为本位，在课程建设和教学实施中都强调培养学生的实践能力和动手能力。为改变这种传统式教学带来的诸多不良效果，本项目组对“电子电路分析制作与调试”课程采用校企合作共建的方式，完成课程的改革与建设。

本课程项目采用理论和实践相结合的方式设计，经过大量的企业调研与论证，确立了本专业的工作任务与职业能力分析，明确了课程实施的总体设计思路：以典型电子电路设计、制作的工作任务为中心，以多学习情境为切入点，学生通过理论教学和实际应用操作来理解理论知识，改变传统的灌输式教学模式，使学生通过具体应用电路的安装、调试、设计过程中开发创新思维和动手能力，完成相应工作任务，并构建相关理论知识，培养学生的职业技能。

本项目将充分发挥浙江求是科教设备有限公司在教学设备开发上的技术优势和工程化经验，以及合作高等职业院校的教学理念和人才优势。由“求是公司”负责硬件环境和软件系统的设计研发，并负责以后的生产维护和产品更新。由学校方负责实训环境的教学资源开发，包括实训项目、教学配套课件、资源库建设等校方擅长的内容。同时，学校还将派年轻教师参加企业方的设计研发工作，对实训教学环境的体系结构和内部机理能融会贯通，以提高实训效果。这项工作也可以作为学校双师培养计划的一种实施途径。

（三）项目特色

（1）力求从实例中得出规律，以增强学生对概念的理解和记忆。

（2）兼顾高职学生的生源差异，既能满足大多数学生的教学，也能适应优秀学生的创新能力的教学。

（3）关注初学者的学习规律与特点，力求从简单的器件着手，引导学生学习的兴趣，创建轻松和互动的学习氛围。

（4）通过案例分析、图解剖析、问题思考等环节的连贯学习，让学生能够从被动的学习变为主动思考问题、解决问题。

（5）学习情境的重点突出，能力培养有所侧重。学习情境的设置依托了数字电路和模拟电路的各关键知识点，教学任务的安排不仅考虑到本课程在专业课程体系中的位置，同时以电路分析设计能力、电路接线制板能力、技术文件整理归档能力为能力培养的主线，力求从浅入深，由易至难，循序渐进来培养学生全面技能。

(6) 在工作任务实施过程中，可促进学生的自主创新意识，并在相应的知识领域中引导学生对电子产品单元电路设计、制作、调试，并适当加强学生的团队合作能力。

(7) 校企合作，发挥各自所长：企业与学校紧密合作，由企业方负责硬件环境和软件系统的设计研发，由学校方负责实训环境的教学资源开发，包括实训项目、教学配套课件、资源库建设等校方擅长的内容。同时，合作学校也可承接部分电路和系统的研发，或派年轻教师到企业参加实训教学环境项目的研发工作；或由教师在学校完成，在锻炼年轻教师科研能力的过程中完成其双师培养计划。

12.6 “基于 FPGA 的 EDA/SOPC”课程项目

（一）项目名称

项目名称：基于 FPGA 的 EDA/SOPC 课程项目

（二）项目简要介绍（产学合作模式）

本项目是在校企合作的框架下，完成基于 FPGA 的 EDA/SOPC 课程建设，主要建设学生学习的内容和平台，学生通过校企合作平台，有机会学习最前沿的 EDA/SOPC 技术，有利于实现无缝就业。课程建设具体采用的模式主要有以下几种：

1. 企业案例教学模式

教材中的案例全部采用企业已经实施或者正在实施的经典项目。在课堂中讲授案例，使学生虽身在课堂，但实际上完全置身于企业开发的实际项目环境，参与项目的完整的开发流程。

2. 企业全程参与基于 FPGA 的 EDA/SOPC 课程设计

“企业全程参与”是课程项目“全面贴近企业需要，打造专业实用人才”的重要保障 ，在整个的课程开发过程中，企业一线的开发工程师与学校任课教师一起进行基于 FPGA 的 EDA/SOPC 课程教学的研究与设计。

3. 共建顶岗实习

学生在校完成教学计划规定的全部课程后，由学校推荐到企业进行为期一年或半年的顶岗实习，或接受企业短期岗前培训后再顶岗实习。学校和单位共同参与管理，合作教育培养，是学生成为用人单位所需要的合格技术人才。

4. 共建人才培养基地

利用学校设备、教育管理、师资和企业实训场所、技术指导等优势资源，展开形式多样的技能培训，培训企业所需的专业技术人才。

(1) 订单培训：学校应企业要求合理设置课程、制订培训计划，开展订单培训，为企业培养专EDA/SOPC技能人才，培训后即可实现就业。

(2) 师资培训：应学校要求，企业对学校任课教师进行最前沿EDA/SOPC技术培训，使教师时刻与行业新技术保持紧密接触。

(3) 在岗培训：应企业要求，对在岗职工进行新知识、新业务的培训，提升劳动技能。

(三) 项目特色

本项目在校企合作上注重企业项目转化，会持续不断地将企业的工程案例转化为教学资源，以项目组形式运作。

校企联合构建基于FPGA的EDA/SOPC精品课程，建立课程资源库，整理课程项目资料，进行课程体系规划、课程内容设计、案例开发、教材编写、教学资源建设、共建实践教学环境、教学方法改革、考核评估方法改进、联合申报等，进一步推进课程建设。

此外，企业的工程师来到学校辅助教师对学生进行授课，能使学生尽快与企业融合，使理论联系实际达到统一。

课程考核上，企业将参与学生的命题与学期成绩的判定，让学生置身于虚拟的实际企业中去，使学生能够在走出校门之前，就做好工作的准备，具备工程师的基本素质。

12.7　“信息安全评估和检测”课程项目

(一) 项目名称

项目名称：“信息安全评估和检测”课程项目。

(二) 项目简要介绍

北京信息职业技术学院“信息安全技术”专业是教育部电子信息教学指导委员会示范建设专业，该专业的培养目标是掌握信息系统安全保障基础知识、系统的日常维护、信息安全评估和检测、信息系统故障处理、信息系统安全事件响应和分析等专业核心技能的高技能专门人才。“信息安全评估和检测”课程是北京信息职业技术学院信息安全技术专业的核心课程之一。

课程教学目标是学生能够按照大型信息系统安全运营管理的工作需要，培养能够了解基本安全检测基础知识，具备专业的安全检测技术、熟悉专业安全检测评估工作方法的高级职业技术人才，以满足日益增长的大型信息系统对专业安全保障技术人员的需要。

信息安全评估和检测技术（见图 12-2）是信息系统安全保障的基础应用技术，广泛应用于各类型信息系统安全保障工作中。由北京信息职业技术学院与北京神州泰岳软件股份有限公司合作设立的“基于风险管理的信息安全评估和检测技术应用课程”，课程遵循 GB-T 20984—2007 信息安全风险评估规范、ISO27001-2005 国际标准、GB/T 22239—2008 信息安全技术、ISO-13335 国际标准制定。课程内容包括：信息安全评估和检测技术的基本原理；信息系统网络评估技术应用、主机评估技术应用、数据库评估技术应用、终端评估技术应用；安全风险评估报告技术等。通过该课程的学习，学生具备了应用各类信息安全风险评估和检测的常用技术工具进行信息安全风险评估和检测的能力，并能熟练编写遵循各类信息安全标准的风险评估报告。

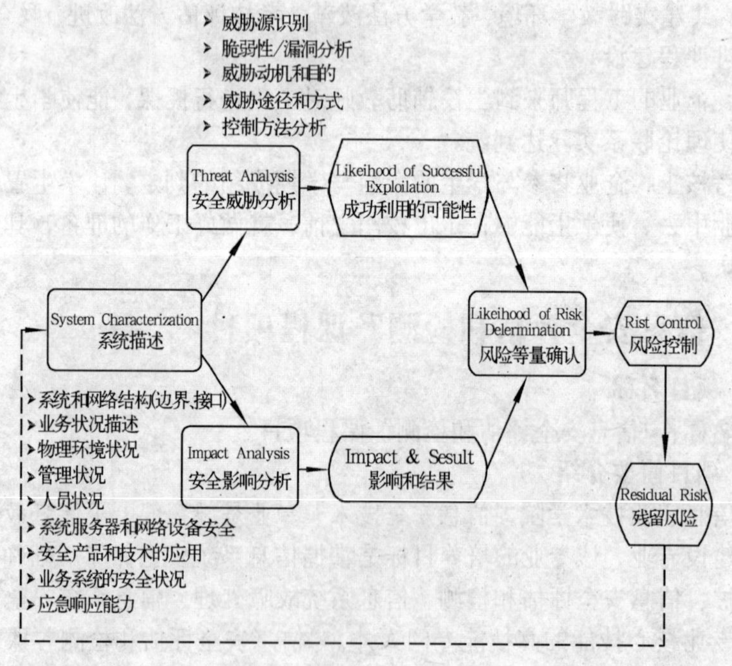

图 12-2 信息安全评估和检测工作流程

课程教授的信息安全风险评估和检测技术内容如图 12-3 所示，可满足当前各类信息系统评估工作的要求：

(1) 网络评估技术可广泛应用于对信息网络中常见的路由器、防火墙、VPN、负载均衡等各类网络设备安全评估和检测；

(2) 主机评估技术可广泛应用于对信息系统中常见的 Windows 主机、UNIX 主机、Linux 主机等各类主机安全评估和检测；

(3) 数据库评估技术可广泛应用于对目前常见的文档型数据库和关系型数据库等各类数据库安全评估和检测；

(4) 应用系统评估技术可广泛应用于对 Web 应用、文件应用、音视频应用、中间件应用等各类应用系统安全评估和检测。

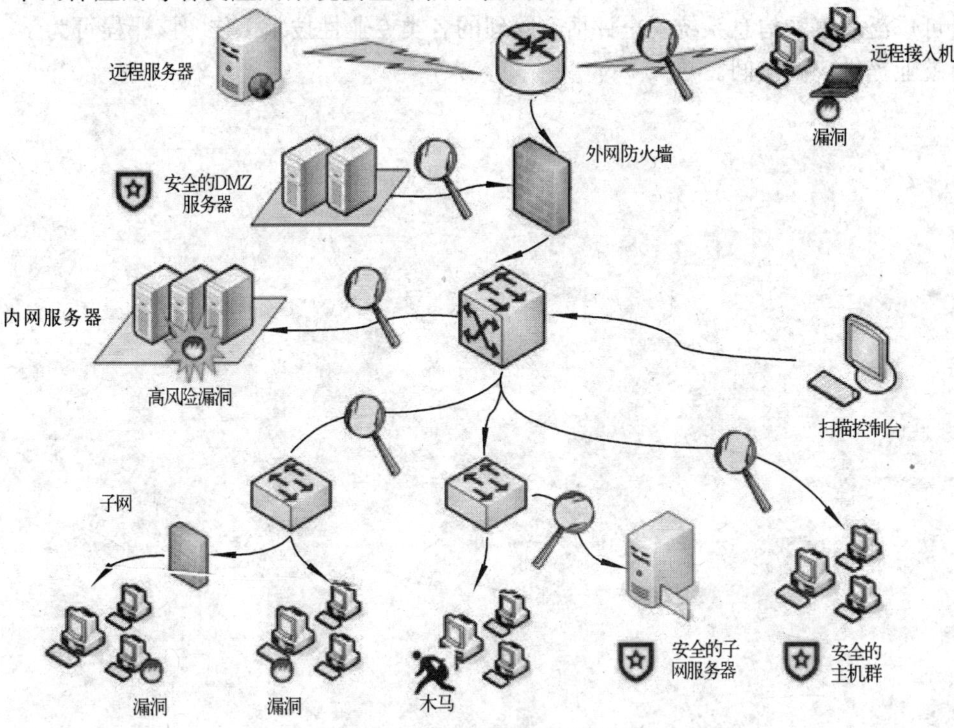

图 12-3　信息安全风险评估和检测的内容

(三) 项目特色

“信息安全评估和检测”课程是，神州泰岳公司结合自身在行业信息安全保障工作中的实际工作经验和需要，根据目前信息安全领域实用的评估和检测技术，并根据北京信息职业技术学院信息安全专业培养目标及职业岗位能力要求共同开发的专业核心课程，在课程方案设计过程中以神州泰岳公司实施过的工程项目为背景，北京信息职业技术学院的专业教师与企业一线工程师共同进行课程开发，教学设计是基于企业工作过程的，并引入公司使用过的测试用例，课程内容理论与实践相结合，使学生能更好地学习到与实际工程一致的知识和技能，培养学生掌握基于风险管理的信息安全评估和检测的核心，是一门典型的校企合作共同开发的课程。

课程教学内容涵盖电信网、广播网、互联网信息安全评估和检测中使用了各类常见技术，所选用和学习的技术工具具备较强的典型性和适用性，能够普遍应用于各类大型 IP 网络信息系统的安全评估检测工作，掌握此部分课程内容的学员可广泛从事和信息系统安全评估、管理的各类专业性技术工作。该课程可为学员就业提供广阔空间。

第 13 章　“产学合作实训基地”建设项目

在电子信息教指委产学合作平台上，共有 6 个实训基地（环境）共建项目，本章对每个项目进行了介绍。企业参与专业实训基地（环境）建设，根据人才培养目标的需要构建实践环境并提供软硬件的支持，形成可持续发展机制，为专业、课程建设与人才培养奠定了基础，提供了条件保障。高职院校可从中学习借鉴并将这些产学合作实训基地建设项目进一步推广。

13.1　“虚拟仪器实训教学基地”建设项目

（一）项目名称

项目名称：“虚拟仪器实训教学基地”建设项目

（二）项目简要介绍（产学合作模式）

北京百科融创教学仪器设备有限公司与北京电子科技职业学院共建“虚拟仪器实训教学基地”，该项目建立一整套适合高职教育体制的实训基地，以最少的硬件投资和极少的、甚至无须软件上的升级即可改进整个系统。在利用最新科技的时候，我们可以把它们集成到现有的测量设备，最终以较少的成本加速产品优化。实训基地对应电子技术专业的电子测量与仪器方向，具体合作内容如下所示。

(1) 校企共建实训基地，利用学校实训场所、集成到现有的测量设备，形成特色鲜明的新技术领域专业的实训基地。

(2) 培养电子技术专业电子测量与仪器方向的专门人才。

校企共同开发适合高职院校的虚拟仪器硬件设备和软件开发环境，图 13-1 所示为虚拟仪器硬件实验设备和软件开发环境。

① 虚拟仪器教学实验箱、特色教学平台、USB 高精度采集卡。

② 图形化软件开发工具、仿真工具。

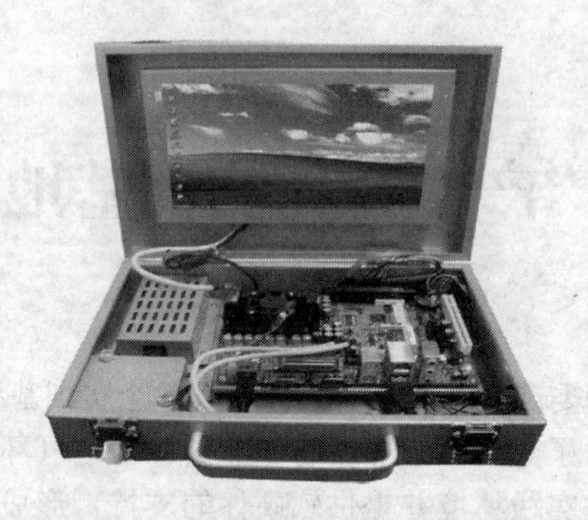

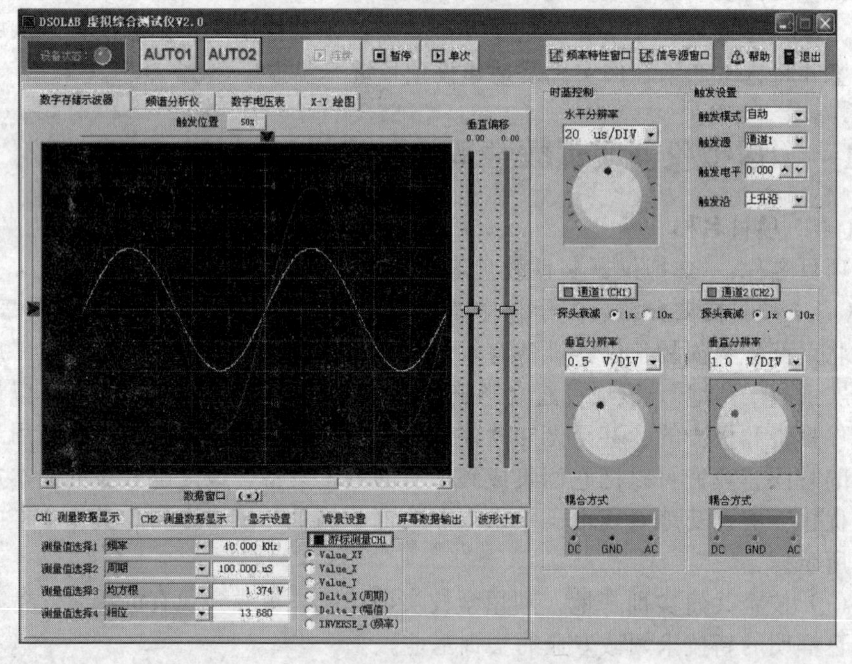

图 13-1 虚拟仪器硬件实验设备和软件开发环境

（3）校企合作共建虚拟仪器设计与应用课程及实训案例库，“企业全程参与”，企业专家与学校任课教师一起进行基于虚拟仪器设计与应用课程案例的研究与设计。

（4）虚拟仪器设计与应用课程作为专业核心课程，共建精品课程平台。

（5）共建顶岗实习培训基地，应学校要求，对就业学生进行岗前培训和在岗培训，提升劳动技能，图 13-2 所示为学生在企业顶岗实习的环境。

图 13-2 学生在企业顶岗实习环境

(6) 实训课程的授课，由企业派有经验的企业工程师和学校教师共同完成。

(7) 由企业负责，校企共同完成该类型职业岗位的职业资格认证。

(8) 按照企业产品检测工艺、开发新的测量技术与手段。

合作目标：

(1) 开设新的特色专业技术-虚拟仪器应用技术，稳定招生规模。

(2) 校企合作，新技术领域的专业领域开发，扩大学院知名度、使专业具有可持续发展优势。

(3) 校企合作，建设具有特色的校企实训实习基地，建立电子技术专业电子测量与仪器人才培养方案。

(4) 深化教学方法与教学手段改革，探索新的教学手段。

(5) 采用与企业一致的工作环境，改革授课过程与手段。

(6) 为合作企业提供适合的技术人才。

(7) 建立校企的科研合作，联合开发重大科研项目。

(8) 利用企业优势，对就业生进行岗位培训，提高学生职业综合素质，更快就业。图 13-3 所示为学生正在接受学校和企业培训。

项目推广：

以国家示范高职院校（北京电子科技职业学院）的为试点，建立虚拟技术领域的实训基地，建设与之相关的专业课程、核心课程、实训课程、教材、项目资源库，以虚拟技术为基础的电子技术专业电子测量与仪器方向人才培养方案等一系列成果，将带动北京及周边省市高职院校的虚拟技术实训基地及人才培养建设，并将成果逐渐推向全国高职院校。

图 13-3 学生培训

（三）本项目校企合作可持续发展机制

1. 企业

过去的 30 多年里，虚拟仪器技术为测试、测量和自动化领域带来了一场革新，虚拟仪器技术把现成即用的商业技术与创新的软硬件平台相集成，从而为嵌入式设计、工业控制以及测试和测量提供了一种独特的解决方案。

虚拟仪器实际上是一个按照仪器需求组织的数据采集系统。使用虚拟仪器技术，工程师们可以利用图形化开发软件方便高效地创建完全自定义的解决方案，以满足灵活多变的需求趋势——这完全不同于专门的、只有固定功能的传统仪器。目前，财富 500 强中 85%的制造型企业已经选择了虚拟仪器技术，大幅度减小了自动化测试设备（ATE）的尺寸，使工作效率提升了 10 倍之多，而成本却只有传统仪器解决方案的一小部分。

随着产品在功能上不断地趋于复杂，工程师们通常需要集成多个测量设备来满足完整的测试需求，而连接和集成这些不同设备总是要耗费大量的时间。虚拟仪器软件平台为所有 I/O 设备提供了标准的接口、协议，帮助用户轻松地将多个测量设备集成到单个系统，减少了任务的复杂性。为今后仪器应用技术网络化打下良好的应用平台。

与此同时，虚拟仪器技术本身也在不断发展和创新，由于建立在商业可用技术的基础之上，使得目前正蓬勃发展的新兴技术也成为推动虚拟仪器技术发展的新动力。例如 PCI Express 总线技术可以让更多的原始数据以更高的速度传送给PC；而多核技术则可以实现并行运算，从而直线提升系统的数据处理性能；可编程逻辑门阵列（FPGA）技术则允许工程师根据不同的测试要求通过软件重新定制硬件的功能。可以预见的是，这些主流的商业可用技术将让虚拟仪器技术向更多的应用领域敞开大门。图13-4所示为应用到各种领域的虚拟仪器的新功能。

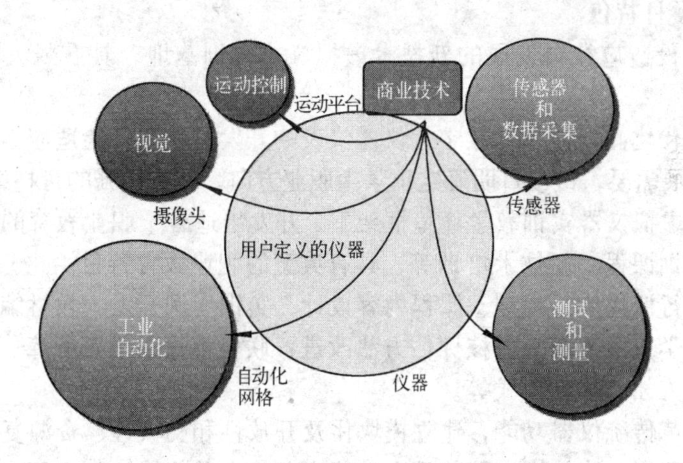

图13-4 应用到各种领域的虚拟仪器新功能

2. 学校

计算机和仪器的密切结合是目前仪器发展的一个重要方向。虚拟仪器技术就是利用高性能的模块化硬件，结合高效灵活的软件来完成各种测试、测量和自动化的应用。灵活高效的软件能创建完全自定义的用户界面，模块化的硬件能方便地提供全方位的系统集成，标准的软硬件平台能满足对同步和定时应用的需求。

通过北京百科融创教学仪器设备有限公司的软硬件产品，借助虚拟综合测试仪平台，教师可以实际操作这些设备，并动手演示实验过程，通过实训的方式帮助学生完成企业一些实际项目，建立一个理论学习、实训练习相结合的综合实训基地，在实验室里完成电路的设计、参数分析与计算，调试与测量，控制与通信、嵌入式技术等方面知识的学习，掌握并熟练使用各种电子设备及仪器、测量技术等，使学生适应社会新技术的发展要求。

通过该实训基地的建设，提高职业院校教学仪器设备的质量，进一步满足教学的要求，形成实训内容和企业实际生产相一致的课程、实训授课模式，使学生体验真实环境的工作过程，获得高质量的动手能力训练，建成具有先进技术、开放性的和高集成可扩展的实训基地，并可以完成实践教学、技术服务、项目开发、职业培训等实际任务的多功能实训中心。虚拟仪器教学平台拥有与传统仪器设备功能一致的高技术高精密仪器功能，这些仪器基于Labview图形化系统的设计，能够辅助完成大部分课程的课堂教学、学生竞赛及科研项目。

（四）项目特色

（1）建设适应社会发展的新技术虚拟仪器实训基地，具有强大的集成功能优势。

（2）现代化高新技术的数字化仪器仪表的开发与使用，能适应当前企业新技术岗位的发展需要，该项目明确定位学生职业方向，具有很强的可持续发展优势。

（3）在虚拟仪器实训教学环境框架下，开发出适合于职业教育的虚拟仪器系列课程，实训课程、新技术培训等，具有典型的职业教育特色。

（4）进行课程体系规划、课程内容设计、实训案例开发、教材编写、教学资源建设、教学方法改革、考核评估方法改进、联合申报教学资源库、精品课程、探索并建立人才培养新模式等。

（5）改革传统仪器功能，建立模块化及开放性和交换性、资源复用性的虚拟仪器；建立灵活、快捷、方便的具有功能定制的各种仪器，可方便、经济地组建或重构自动测试系统。

（6）课程学习更加集中，集合数字电路、模拟电路与电子测量技术等课程的学习，深化改革教学手段，帮助删减内容陈旧和重复的课程，整合内容交叉的课程，进一步强化专业核心课程、开设专业特色课程。

13.2 “信息安全综合实训教学环境”建设项目

（一）项目名称

项目名称：“信息安全综合实训教学环境”建设项目。

（二）项目简要介绍

信息安全综合实训教学环境校企合作项目，是由北京信息职业技术学院和北京神州泰岳软件股份有限公司共同参与、共同开发、共享成果，形成了以信息安全综合实训室为硬件培训基础的职业技能型人才的开发和培养模式，是校企合作进行强强联合、优势互补的专业技能培养和晋升的典型案例。

其产学合作的模式为：共建、共享式模式。共建，指的是学院建立信息安全综合实训室，企业协助学院进行实训项目和专业技能教学的改革。共享，是指企业共享他们在信息安全技术领域的真实项目经历及在信息安全技术领域技术热点和发展方向及时与学院分享。同时，学院向企业共享，整个实训课程体系，并为企业提供新员工等技术培训。通过这样的模式，学院获得了贴近企业实际应用的教学案例和最新的技术发展动态，能及时调整自身的教学内容，使学生职业技能的培训，不落后于企业运用。企业也通过和学院的深入合作，深入了解学生的专业技能水平，缩短了新员工的培训周期，大大节省了企业用人成本。并可以根据企业自身的人才需求实际，向学院要求相应的技能型人才。以此，达到深化产学合作，达到共赢目标。

通过该培养方案，最大的受益者是学习信息安全技术专业的学生，在信息安全综合实训环境中，能学习掌握企业信息系统日常维护技术、信息安全评估和检测技术、信息系统安全加固技术、信息系统安全事件响应和分析技术。这些专业技能正是目前大部分企业在信息安全技术人才所急需具备的技能。

神州泰岳和北京信息职业技术学院（见图 13-5）共同负责实训环境的整体设计及配套，共同开发专业技能晋升培训方案，以北京信息职业技术学院专业教师为主，神州泰岳技术工程师为辅，一起依托此套综合实训环境系统进行具体的专业技术培训。

图 13-5　神州泰岳软件股份有限公和北京信息职业技术学院

（三）本项目校企合作基本要求或可持续发展机制

1．企业

由于目前我国信息安全管理和技术人才的缺乏，直接导致了我国信息安全关键技术整体上比较落后，信息安全产业缺乏核心竞争力。因此，参与校企合作的企业在信息安全领域必须具备以下条件：

(1) 技术必须具有主流性、先进性和代表性；

(2) 必须遵循国内、国际主流信息安全技术标准；

(3) 必须强调专业信息安全技术综合化；

(4) 企业提供完整的信息安全技术培训服务体系；

(5) 企业提供完整的信息安全技术能力认证体系；

(6) 企业提供完整的信息安全人才储备计划。

神州泰岳公司多年来致力于职业教育的实训教学环境建设和实训项目开发，公司的重要战略之一是通过与多个院校合作共同培养信息安全专业高技能人才，针对当前信息安全技术专业人才需求量大，人才供应不足的现状，公司充分利用多年来从事信息安全技术领域的优势，将公司的功能案例与院校共享，与院校合作共同进行专业课程的实训教学环境的开发，为社会培养专业人才。

2．学校

北京信息职业技术学院计算机工程系信息安全技术专业是重点建设专业，是电子信息教指委试点改革专业。在专业建设过程中，学院组织专业教师通过进行广泛的企业用人单位需求调研并召开专家论证会，对专业设置、培养目标、课程体系设置进行了可行性论证，明确了信息安全技术专业的培养目标。毕业生具备进行网络安全产品的安装与调试、大型数据库的安全管理、网络的病毒防范、网站的安全管理、黑客攻击与防范、数据加密与数字签名等核心职业能力，并能从事网络安全产品测试与营销等技术工作。

计算机工程系具有一流的师资团队，现有北京市教学名师 1 名，北京市优秀青年骨干教师 3 名，完成了北京市网络技术专业创新团队建设。专业教师 80%以上是拥有博士、硕士学位的“双师素质”型教师，科研能力强、教学水平高、实践经验丰富，先后完成了国家级精品课程“网络安全产品配置与管理”、科研课题“GPTC 课程方案”、北京市级精品课程“网络互联技术”和“实用组网技术”等多项国家级、市级科研项目。

信息安全技术专业自 2007 年开始招生以来，现已有近 150 名学生在校学习。

通过校企合作的模式，我们在锻炼学生基本专业技能的同时，也培养学生较高的职业素养。在学生毕业前由“真实的企业任务、真实的工作环境、真实的企业项目经理”带领学生们完成生产性实习的教学活动，使得学生大大缩短了从新员工到能独立胜任企业工作任务的周期，深得用人单位的好评。

（四）项目特色

1. 以培养行业急需的信息安全专业技术人员为主导

信息安全技术专业技能晋升培养方案及配套课程重点培养当前行业急需的信息安全评估服务技术人员、信息安全运行维护管理技术人员、信息安全系统集成技术人员。

2. 校企协作促进就业

本项目通过依托高等职业学校的教学资源进行专业人才培养，依托神州泰岳在通信、金融、能源、电力等行业的庞大安全业务优势和持续的人才需求，所培养的专业信息安全技术人员可迅速投身于相关行业从事基础性的信息安全保障工作，校企合作具备良好的就业的推广和示范作用。

3. 强调信息安全综合技术技能的培养

本项目通过一套集中化的实训环境，能够完整地进行从信息系统环境的建立、信息系统评估、信息系统加固、信息系统监控实施的全过程技术演练，强调培养学员在信息系统维护、检测、加固处置、应急响应的综合技术技能的培养。

4. 培训标准化程度高，技术适用性强，具备良好的推广和适用价值

通过本项目培训的专业信息安全技术人员，可覆盖当前在信息安全服务方向上从事安全系统集成、评估服务，监控代维等主要的基础工作领域，具有良好的技术适用性，实训环境和相关课件配套程度极高，具备良好的可推广性，适用于各类专业技术院校专业建设使用。

13.3 “3G移动开发实训室”建设项目

（一）项目名称

项目名称：“3G移动开发实训室建设”项目。

（二）项目简要介绍

1. 行业背景

目前正处于朝阳行业的3G移动互联网行业，预计未来3年将有50万专业复合型人才缺口，这些人才不仅需要熟练掌握手机软件开发的主流技术，更需要拥有较强的项目动手能力。为加强高校自主培养具备 3G 移动开发人才的能力，并有效提高高校大学生的动手能力，乐成 3G 创意产业研发基地（原乐成 3G 创意产业研发基地）专门研发出“3G 移动开发实训室”（以下简称“3G 实训室”）项目。通过在高校计算机、通信、电子等专业的相关院系设立“3G 移动开发实训室”，以真实的项目案例辅助高校教师开展实训教学，使学生能够接触真实的企业开发环境，按照手机软件开发企业规范要求进行相关项目的开发，在提升动手能力的同时提升大学生就业竞争力，为高速发展的移动互联网行业输送专业人才。

2．合作内容

2009 年乐成 3G 创意产业研发基地与山东商业职业技术学院合作共建 “3G 移动开发实训室”，具体合作内容如下所示。

（1）由学院提供满足实训的机房场地，其中包括满足实训环境的计算机硬件（原有机房改造或者新建均可）。

（2）乐成 3G 创意产业研发基地提供手机硬件、实践项目软件、教学课件、教学 PPT、教师培训、实训室 VI 布置、模拟沙盘、实训指导手册、学生作品商用推广。

3．合作目标

通过共建“3G 移动开发实训室”，满足高校现有计算机相关专业课程设计和实训，提高学生动手能力，提升学生就业竞争力，为高速发展的移动互联网行业培养专业人才。

（三）本项目校企合作基本要求

1．企业

（1）有独立移动软件开发团队、百款以上各手机平台商用项目开发的成功案例及有持续项目开发能力。

（2）与运营商及行业内企业良好的合作关系建立绿色通道上传学生优秀作品实现商用。

（3）具有批量解决学员就业渠道。

（4）完善的移动软件开发人才实训教学课件及教学项目并根据 3G 行业技术发展情况每年做项目更新。

（5）建立校企教师交流学习平台，实现高校教师本地化培养并解决高校教师在日常教学中遇到的问题。

（6）提供符合高校教学使用实训指导手册、教学 PPT 辅助教学工作。

（7）提供实训平台测试手机及高校计算机配置要求。

2. 学校

（1）为本专业学生提供独立教学机房并按照企业要求配置计算机硬件。

（2）挑选专职骨干技术教师负责实训教学工作。

（3）定期安排本校实训骨干教师到企业交流学习。

（4）针对本专业学生利用实训室实施企业化的项目实训和课程设计。

（四）项目特色

1. 学生作品商用推广，真正产学一体化，实现经济效益、社会效益双丰收

校企以共建的实训教学环境为依托，联合发挥各自的资源优势、技术优势和人力优势，大力拓展 3G 移动互联网项目业务，包括手机软件、手机游戏及手机行业应用等。一方面通过真实商业项目锻炼学员项目实战能力；另一方面将学生自主开发产品上传到中移动 MM 商城、中国联通“沃”商城，中国电信“天翼空间”等软件在线商城，供手机用户下载，实现商用；实现学生在校园里通过创意、创新进行创业，学生创业服务于社会和企业的同时，成为学生、实训室的创收渠道，形成业务的良性循环，实现校企合作经济效益、社会效益双丰收。

2. 最新的开发技术、不断更新的全真实训室项目

继计算机、互联网之后，3G 移动互联网已经掀起了第三次 IT 技术革命浪潮，手机正在从通话工具转变为娱乐设备和商务工具，各种移动应用层出不穷，正在极大改变人们经济文化生活。3G 移动通信已成为我国发展最快、应用最广、影响最大的业务之一。实训室的项目覆盖所有主流平台的 3G 移动开发技术，均为企业真实技术需要以及企业真实项目，实训室项目组织均按企业化开发环境配置，按照企业项目开发模式与流程，通过环境设计、实训教学、企业项目演练等有机融合的实训教学模式，将有效培养学生的实践能力、创新能力、动手能力和积累项目开发经验。乐成 3G 创意产业研发基地对实训室开发项目每 12 个月进行定期更新，并会根据企业需求扩展新模块保持和企业同步，让学生实训项目和企业无缝对接。

3. 满足现有专业课程实训，并解决学生实训及毕业设计

计算机应用、软件工程、通信工程、网络技术、信息管理、电子等专业学生，可在其学习 C、C++、Java 等不同编程语言后，相对应地开展“3G 移动开发实训室”中包含的项目训练，促进学生对所学过理论知识的学习掌握。

实训室的项目案例，完全来自于企业真实的、最新的实际开发需求，项目涉及的技术高度、技术细节、项目管理过程跟企业完全吻合；通过项目实训，强化训练了在企业开发中频繁用到的开发技术，通过项目实训，学生能够接触真实企业开发环境，按照手机软件开发企业规范要求进行相关项目开发，提升了他们的实践能力、创新能力、动手能力并积累项目开发经验；完全能够满足大学生实训及毕业设计的需求。目前，参与实训室集中培训的学员已经在北京各 3G 企业实现 100%高薪就业。

4．完善的师资培训

针对各个高校的不同情况和不同需求，“3G 移动开发实训室”提供了完善的师资培训体系，由乐成 3G 创意产业研发基地提供不同模块方向的技术培训，使高校教师达到带领学生完成实训室相关项目实训的要求，并颁发技术证书；乐成 3G 创意产业研发基地还针对参加过师资培训实施实训室教学的老师提供持续技术支持服务，通过电话、E-mail、即时通信工具等方式进行技术指导和交流，确保实训顺利进行。

13.4 “电子产品设计与制作（电子电路分析制作与调试）实训环境”建设项目

（一）项目名称

项目名称：“电子产品设计与制作（电子电路分析制作与调试）实训环境”建设项目。

（二）项目简要介绍（产学合作模式）

职业教育的关键在于职业能力的培养，学生所学的无论是计算机工程、电子信息工程，还是控制工程、通信工程，最后从事的职业都要求具有综合职业能力。这不仅要求能将所学课程串联起来运用，职业岗位有时还要求跨越不同的专业。而目前全国各个院校的实训环境基本上对应于相关的课程，学生缺少综合训练的环节。

针对这一现象，浙江求是科教设备有限公司将与我国的高等职业院校共同合作开发适合电子信息类专业的“电子产品设计与制作”实训教学环境。该环境应满足如下条件。

(1) 硬件平台结构的灵活性，可以使各课程的内容有机地融合在一起进行实训。

(2) 根据需要，实训内容可以扩展和更新。

(3) 既能满足课程实训要求，也能满足学生毕业设计和大赛训练的要求。

(4) 实训环境可满足学生创新的欲望。

本项目将充分发挥浙江求是科教设备有限公司在教学设备开发上的技术优势和工程化经验，以及合作高等职业院校的教学理念和人才优势。由“求是公司”负责硬件环境和软件系统的设计研发，并负责以后的生产维护和产品更新。由学校方负责实训环境的教学资源开发，包括实训项目、教学配套课件、资源库建设等校方擅长的内容。同时，学校还将派年轻教师参加企业方的设计研发工作，对实训教学环境的体系结构和内部机理能融会贯通，以提高实训效果。这项工作也可以作为学校双师培养计划的一种实施途径。

（三）项目特色

(1) 集硬件环境和软件教学环境于一体完整的实训环境项目。实训环境除了硬件平台实训设备以外，还应配备实训用的各种资源库、实训教学配套的课件等，使之成为完整的具有参考意义的实训环境。

(2) 适合电子信息各专业职业能力的综合训练。突破原有满足对应课程的实训模式，将电子信息专业各课程（电子技术、电路原理、单片机、传感器、虚拟仪器、FPGA、嵌入式等）的知识点融合在一起进行综合职业技能实训。

(3) 实训环境能很好地解决课程设计、毕业设计和大赛前训练的硬件环境问题。

(4) 培养了学生动手实操、系统集成、团队合作等能力和习惯。

(5) 模块化的硬件结构和理实一体化的实训教学模式。

本实训教学平台由控制平台、标准模块和实际对象等组成，各种知识点实训是通过标准模块来体现的。综合训练采用实际对象和一个或多个标准模块来完成，通过实训学生可以知道单一知识点的应用和系统的关系，使所学的内容相互串联起来。

(6) 校企合作，可满足不同地域院校的实训。企业与学校紧密合作，由企业方负责硬件环境和软件系统的设计研发，由学校方负责实训环境的教学资源开发，包括实训项目、教学配套课件、资源库建设等校方擅长的内容。同时，合作学校也可承接部分电路和系统的研发，或派年轻教师到企业参加实训教学环境项目的研发工作，或由教师在学校完成，在锻炼年轻教师科研能力的过程中完成双师培养计划。

13.5 “商业人像实训基地”建设项目

（一）项目名称

项目名称：“商业人像实训基地”建设项目。

（二）项目简要介绍（产学合作模式）

现在广泛发展的商业影楼、婚庆公司、数码设计公司、广告公司以及影视制作公司等，都需要数码图片处理、模板设计、影像视频设计等专业人员，进行数码唯美修片、数码创意设计、数码相册设计、MV 录制编辑、视频制作等相关工作。

商业人像设计基地所培养的人才是具有熟悉现代企业运作流程及掌握工作技能的应用性人才。具有较强的行业针对性、技术专业性和职业素养的复合型人才。在工作就业以及自主创业方面均具有良好的竞争力。

针对数字媒体技术专业、广告设计与制作专业、计算机应用技术等专业，提供图形图像处理、多媒体技术、非线性编辑、摄影摄像技术、数字媒体美术等课程。

提供 3 种类型的实训基地来满足学校不同的教学及实训需求。即标准实训基地、校内数码工作室和专业影楼。

（三）本项目校企合作基本要求

院校要求提供场地、硬件设施、软件采购和师资人员。同时院校根据自身情况设定实训基地建设方式和规模。

企业要求提供建设方案、支持软件、师资培训、交流平台及就业服务平台等，以满足院校实训基地建设。

院校为实训基地的主体，企业为提供服务的支持者。

（四）本项目特色

1．此项目具有行业先进性

此项目的设定以飞速发展的商业人像相关行业为支撑，具有良好的就业前景和行业发展空间，同时此项目复合了国际行业发展趋势。

2．实训课程规划具有系统性

实训课程不但分析了摄影的流派，同时分析了商业人像设计的不同风格、软件特色等，来系统化的规划专业所应该学习和掌握的理论知识与技术技能。

3. 实训基地理论学习与实践相结合

理论学习包括摄影理论、商业人像理论等多方面理论知识，并且结合实训平台提供的实训案例，让学生了解及掌握理论知识的同时，锻炼了技术技能，做到基于工作过程的一体化课程及实训。

4. 实训基地配套完善

包括商业人像设计相关软件及教学实训支持软件。其中商业人像设计相关软件包括：图像处理入门软件 Corel Paint Shop Pro Photo 及多种图像处理工具、全球唯一美术专业级仿真绘图软件 Corel Painter、矢量插图及设计软件 CorelDRAW Graphics Suite 等。教学实训支持软件包括：实训平台、实训库管理平台、交流平台、内部流程管理软件等多种软件。

5. 实训基地能够有效缩短学生就业岗位适应周期

实训基地提供的教学内容、课程体系、实训和教学方法与工作岗位要求一致，使学校所学针对未来工作岗位的性质、任务和要求，从而基本实现毕业即"就业"。

6. 基地配套资源可扩展性强

教学和实训平台具有良好的扩展性，可以通过扩展教学实训案例库来扩展教学和实训方向和范围。同时内部交流平台及内部流程管理平台均可扩展。

13.6 "信息工程实训教学环境"建设项目

（一）项目名称

项目名称："信息工程实训教学环境"建设项目。

（二）项目简介

本项目由北京信息职业技术学院和北京华盛开元软件科技有限公司共同建设，包括技术文档写作、MS Office 技能、软件开发及测试的综合实训环境。按照社会对信息工程人才在知识、技能和素质三个方面的要求，由学校和企业共同完成实训环境的建设。

技术文档写作按照软件开发生命周期整个过程进行实训，需要编写的技术文档涵盖了软件开发生命周期的全部文档，包括开发和测试的全部文档。每个技术文档的写作不仅提供模板，还通过写作步骤指导学生完成写作，即文档写作周期如图 13-6 所示。

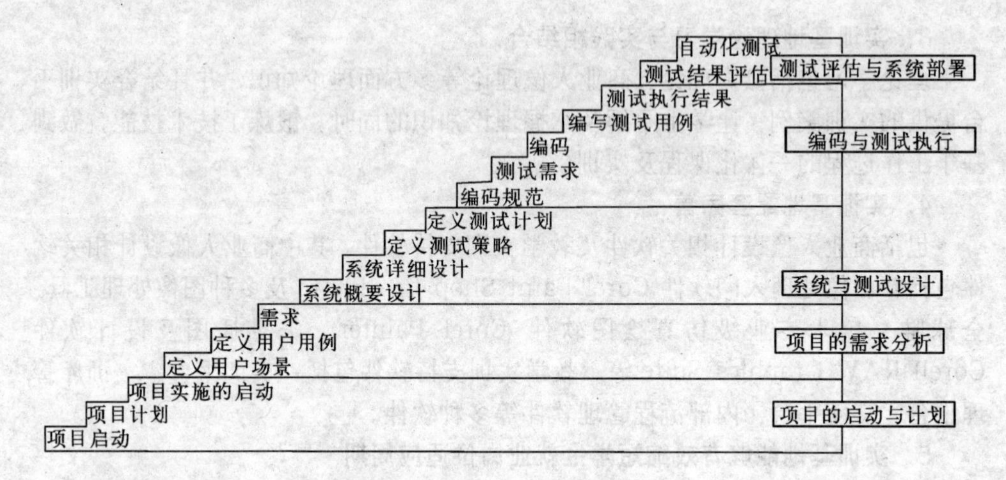

图 13-6 技术文档写作周期

MS Office 以企业年度业务总结工作作为案例，按照起草报告、制作图表、制作幻灯片、工作过程回顾的顺序，全面展示 MS Office 套件中 Word、Excel、Visio、PowerPoint 和 Project 的综合应用。每个应用工具的训练不仅提供模板，还通过写作步骤指导学生完成相关文档的写作。

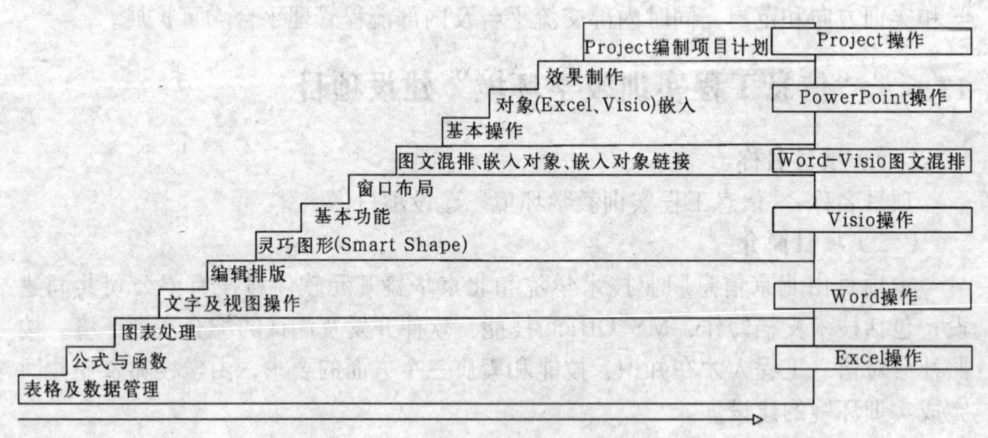

图 13-7 MS Office 套件的综合应用

软件开发实训提供 Java 开发和 .NET 开发两种实训，按照软件开发企业中软件开发人员需要经历的项目启动、需求分析、系统设计、编码和部署 5 个阶段为学生提供软件开发训练，使学生毕业后能从事初级软件工程师的工作。

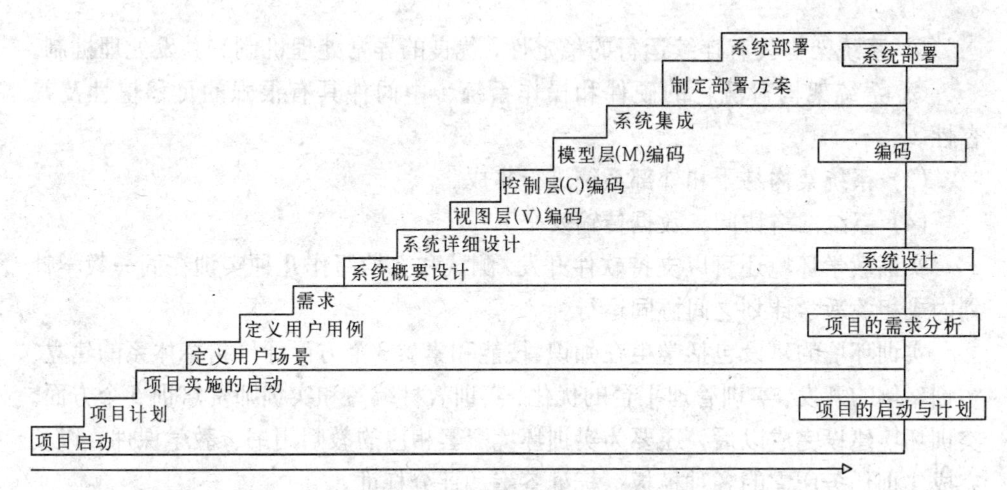

图 13-8　软件开发实训

软件测试实训既可以和软件开发实训同步进行，也可以单独进行。学生按照软件开发企业中软件测试人员需要按照软件开发生命周期为学生提供软件测试训练，使学生毕业后可以从事初级软件测试工程师的工作。

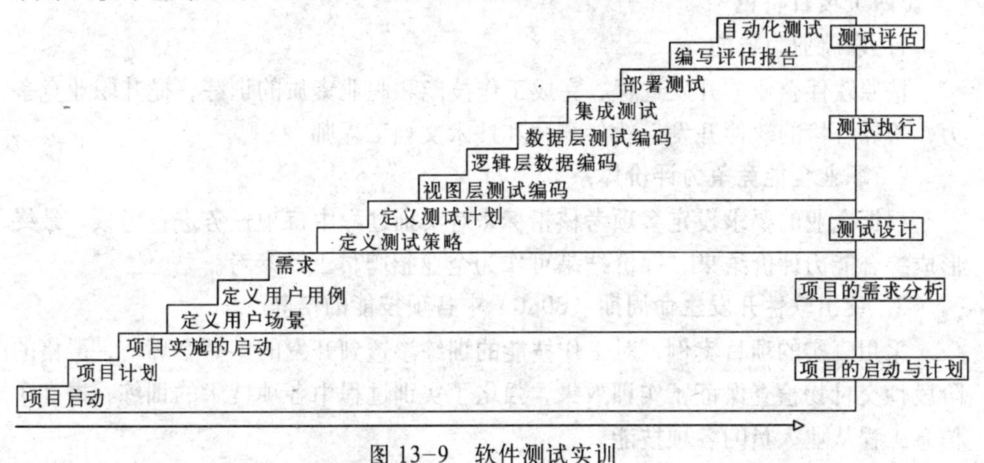

图 13-9　软件测试实训

（三）实训教学环境技术特点

(1) 技术架构遵循开放的行业标准。

(2) 系统架构便于进行维护和功能扩充。

① 系统架构支持简便快捷地对应用系统的业务范围进行扩展或对应用系统所在的物理结构进行伸缩。

② 系统架构具有连续运行的稳定性，优良的异常处理机制和并发处理机制。

③ 系统架构对流行的硬件和操作系统、中间件具有很强的可移植性及兼容性。

(3) 系统架构易于和外部系统进行集成。

(4) 系统网络访问、数据传输安全。

实训教学环境还可以支持软件开发/测试和文档写作几种实训在同一教学计划内或相关教学计划之间协同运行。

实训环境的建设包括学生在知识、技能和素质3个方面评价指标体系的建立、实训案例的开发、实训管理平台的优化、实训教材编写和实训师资培训5个方面。实训环境建设完成以后，还要为实训环境配套相应的教师用书、教学课件，以及完成实训任务所需的各种模板、标准答案和评分标准。

本项目建设的实训环境适合应用型本科的信息管理与信息系统、信息工程、软件工程、计算机科学与技术等专业以及高等职业学院的计算机信息管理、软件技术、计算机应用技术等专业使用。

（四）项目特色

1. 以就业为导向

按照软件企业的开发过程，完成工作技能和职业素质的训练，提升职业竞争力，培养合格的软件开发、软件测试和技术文档工程师。

2. 职业全能竞争力评价体系

根据企业的要求设定多项考核指标，对实训过程中每项任务进行考核，最终形成综合能力评价结果，评价结果可作为企业招聘员工的参考。

3. 突出软件开发生命周期（SDLC）中各项技能的培养

采用真实的项目案例，对工作技能的训练渗透到开发的每一个环节，严格的阶段性交付物检查保证了实训效果，强化了实训过程中各项技术的训练，提高了信息工程从业人员的各项技能。

4. 全程的开发指导

按照软件企业完成案例项目的过程组织全书内容，开发过程中的每项任务都按照软件开发企业的要求，通过明确任务、列出实施步骤、指出每一个实施步骤的完成要求和关键环节，全程指导实训过程，并提供实训成果的评分标准。

5. 提高职业技能和职业素质

以团队方式完成案例项目的实训，突出开发过程中不同岗位的职责和技能要求，强调团队分工与合作，在针对岗位进行技能训练的同时培养了团队合作精神，既提高了IT行业的职业技能，又提高了职业素质。